"十三五"江苏省高等学校重点教材（编号：2020-2-283）

面向新工科普通高等教育系列教材

Python 程序设计——从基础到应用

袁红娟　主编

李　生　李金海　副主编

彭海静　仲崇高　孙　剑　郦　丽　花　丽　蒋辉芹　参编

机械工业出版社

本书系统介绍了 Python 语言的语法基础知识，包括 Python 基本数据类型、程序控制结构、组合数据类型、函数与模块、类和对象、文件，以及 Python 常用标准库；并围绕 Python 网络爬虫、Python 数据分析、Python 票据识别的具体实例，详细介绍了 Python 第三方库的相关应用，阐述其应用程序的开发方法和开发过程，实现知识到能力的进阶。

本书第 1～9 章为 Python 学习的基础内容部分，夯实基础，万丈高楼方能有望。第 10～12 章为 Python 学习的应用和提高部分，遴选有趣且实用的案例，通过翔实的讲解和丰富的代码带领读者充分领略 Python 的强大之处。

本书既可作为高等学校程序设计类课程的教材，也适用于初学 Python 语言的读者，还可作为计算机等级考试二级 Python 语言程序设计的参考书。

本书配有授课电子课件，需要的教师可登录 www.cmpedu.com 免费注册，审核通过后下载，或联系编辑索取（微信：13146070618，电话：010-88379739）。

图书在版编目（CIP）数据

Python 程序设计：从基础到应用 / 袁红娟主编. —北京：机械工业出版社，2023.8

面向新工科普通高等教育系列教材

ISBN 978-7-111-73345-4

Ⅰ. ①P… Ⅱ. ①袁… Ⅲ. ①软件工具－程序设计－高等学校－教材 Ⅳ. ①TP311.561

中国国家版本馆 CIP 数据核字（2023）第 105519 号

机械工业出版社（北京市百万庄大街 22 号 邮政编码 100037）

策划编辑：解 芳　　责任编辑：解 芳

责任校对：韩佳欣 陈 越　　责任印制：李 昂

河北鹏盛贤印刷有限公司印刷

2023 年 9 月第 1 版第 1 次印刷

184mm×260mm · 16 印张 · 453 千字

标准书号：ISBN 978-7-111-73345-4

定价：69.00 元

电话服务

客服电话：010-88361066

010-88379833

010-68326294

网络服务

机 工 官 网：www.cmpbook.com

机 工 官 博：weibo.com/cmp1952

金 书 网：www.golden-book.com

机工教育服务网：www.cmpedu.com

前　言

Python 自诞生始，“高效的编程语言”“简洁的编程语言”“干净优雅简单易用的编程语言”等一众词汇便伴随在其左右；更甚之，Python 语言在 2021 年度 TIOBE 编程语言排行榜中位列第一。学生在学习的时候能清晰地体会和感受 Python 语言的特质吗？能将 Python 语言的优势充分掌握并为己所用吗？

编者深耕高校计算机学科教育多年，对于学生理论应试能力充沛而动手实战能力欠缺等弊端深有感悟。然而，课程设置往往只有小半部分课时用于实践教学，但内容单一，形式呆板，所见成效不高。课程结束，相关理论知识往往被学生束之高阁，鲜再接触。能否将基础的实践内容和商业应用的实际案例融合，更好、更生动地引导学生实践，这个念头一直萦绕于编者心头。

为此，编者将 Python 程序设计的知识内容，按照从基础到应用的过程循序渐进地进行了编排，实现网络爬虫、数据处理、图像识别等进阶应用，希望能带领学生在理论和实践领域更好、更直观地领略 Python 的魅力与精彩。

古语有云“师者，传道授业解惑也”，编者认为，其中三者皆重要，理论实践教学为“授业”，课后答疑为“解惑”，其中最为重要的应该为“传道”。通过“传道”能够让学生潜心并喜爱上这门课程、这项技术，能够在“授业”范围之外，自由地、自主地开辟自己学习的内容，这才应该是高校教育的根本之道。希冀本书能成为师者“传道授业解惑”的工具，更能成为学生成长的阶梯，从而真心喜爱上计算机学科，一路披荆斩棘，勇攀高峰。

本书内容丰富、循序渐进，是江苏省一流本科课程“Python 程序设计——从基础到应用”（中国大学 MOOC）的配套用书。建议读者借助在线开放课程平台，深入学习本书内容。本书配有混合式教学方案，适合开展线上线下混合式教学。每章配有习题，以指导读者深入地进行学习。

本书由袁红娟任主编，李生、李金海任副主编，参加本书编写工作的还有彭海静、仲崇高、孙剑、郦丽、花丽、蒋辉芹等老师。感谢王会涛、苟俊同学对本书所有案例进行了调试。

由于时间仓促，书中难免存在不妥之处，请读者见谅，并提出宝贵意见。

编　者

目　录

第1章　Python语言概述

Python是一门面向对象的、解释型的计算机编程语言，可应用于科学计算、数据分析、Web开发等领域。那么，什么是编程语言？Python语言有什么特点？本章将认识Python语言，了解Python程序的开发环境，并理解Python程序的执行过程。

【学习要点】

1. 程序设计语言的发展。
2. Python语言的发展与应用。
3. 程序设计的基本方法。
4. Python基本语法元素。
5. 输入/输出函数：input()、print()。
6. 格式化输出format()方法。
7. Python开发环境的使用技巧。

1.1　程序设计语言

1.1　程序设计语言

1.1.1　程序设计语言发展

程序设计语言，也称编程语言，是用来描述计算机所执行操作的语言。

从电子计算机诞生到现在，程序设计语言分为以下三类：机器语言、汇编语言和高级语言。

1. 机器语言

二进制是计算机的语言基础。计算机发明之初，人们只能写出一串串由0和1组成的指令，让计算机执行，这就是机器语言。机器语言能够被计算机直接识别和执行，可以表示简单的操作，如加法、减法、数据移动等。

例如，使用机器语言编程，完成8+4加法运算。

```
10000110   00001000
10001010   00000100
10010111   00000110
11110100
```

首先使用指令10000110，把二进制的数据8，送到累加器A中。再使用指令10001010，把二进制的数据4，和累加器A中的数据相加。其次，使用指令10010111，将累加器A中的内容存储到地址为（6）的单元处。最后，使用指令11110100，结束程序。

使用机器语言编程，书写复杂，记忆困难。而且不同型号的计算机，具有不同的机器指令，特别是程序有错误需要修改时更为困难，因此使用机器语言编程是非常复杂的，编程效率低下。

2. 汇编语言

为了减轻使用机器语言编程的痛苦，人们进行了改进，用一些简单的字符串来代替一个特定指令的二进制串，例如，用ADD表示加法、SUB表示减法、MOV表示数据传递等。也就是将机器指令映射为一些助记符，程序易读易懂，这就是汇编语言。

例如，使用汇编语言编程，完成8+4加法运算。

```
MOV   A,8
ADD   A,4
MOV   (6),A
HLT
```

首先，用指令 MOV，把数据 8 送到累加器 A 中。再使用指令 ADD，把数据 4 与累加器 A 中内容相加。接着将累加器的数据内容，存储到地址为（6）的单元处。最后，用指令 HLT 结束程序。

汇编语言虽然提高了编程效率，但是同样依赖于机器硬件，程序难以移植。人们把机器语言、汇编语言都称为低级语言。

3．高级语言

经过机器语言、汇编语言的发展，人们意识到应该设计一门这样的语言，该语言接近于人的自然语言，同时又不依赖于计算机硬件，编出的程序能在所有机器上通用，这就是高级语言。Python 就是一种高级语言。

例如，用 Python 语言编程，完成 8+4 加法运算。程序实现，就一行代码，简单易懂。

```
n=8+4
```

高级语言抽象层次比较高，屏蔽了机器的细节，可以方便地表示数据运算和程序控制结构，描述各种算法。

1.1.2　编译与解释

用高级语言编写的程序，不能被计算机直接识别和执行，需要经过翻译程序翻译成机器语言程序后，才能执行。翻译程序有两种：编译方式和解释方式。

1．编译方式

源程序是用高级语言书写的程序；目标程序是机器语言程序。编译是把源程序编译成二进制机器语言，连接成可执行文件。

源程序经过编译程序处理后，生成二进制的目标程序；再经过连接，形成可执行程序，如图 1-1 所示。计算机可以直接运行此程序，运行时就不需要源代码，速度很快。缺点是，编译之后如果需要修改，就需要重新编译整个模块。

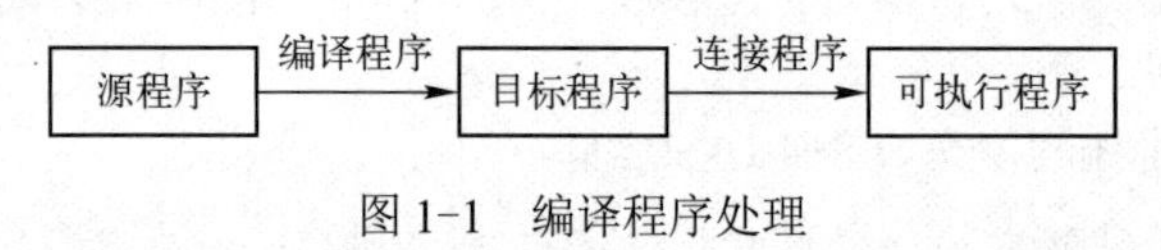

图 1-1　编译程序处理

2．解释方式

解释是在执行程序时，一条一条地解释成机器语言给计算机来执行，也就是边翻译边执行，不产生目标程序。

源程序经过解释程序逐条解释、逐条运行，所以运行速度不如编译后的程序快。优点是在安装了解释器后，任何环境中都可以运行，而且灵活，直接修改代码就可以，不用停机维护。

Python 语言就是一种解释型脚本语言。

1.2　Python 语言简介

1.2.1　Python 的历史

Python 语言由 Guido van Rossum 设计并领导开发，最早的可用版本诞生于 1991 年。1982 年，

Guido 考虑启动一个开发项目来度过自己的圣诞假期，决定为当时正在构思的脚本语言写一个解释器，因此 Python 语言诞生了。Python 语言由作者的“偶然”所思而诞生，但经过 30 余年的发展和应用，已经成为当代计算机技术发展的重要标志之一。

Python 语言解释器的全部代码都是开源的，可以在官网（https://www.python.org/）自行下载。

2000 年 10 月，Python 2.0 版本发布，标志着 Python 完成自身涅槃，开启了广泛应用的新时代。2010 年，Python 2.X 系列发布了最后一个版本——Python2.7，终结了 Python 2.X 系列版本，不再进行重大改进。

2008 年 12 月，Python 3.0 版本发布，这个版本解释器内部完全采用面向对象方式实现，在语法方面做了重大改进，这些重要的修改所付出的代价是 3.X 系列版本无法向下兼容 2.X 系列版本。因此，所有基于 Python 2.X 系列版本编写的代码都必须经过修改后才能被 3.X 版本解释器运行。

从 2008 年开始，用 Python 编写的几万个标准库和第三方库开始了版本升级的过程，截至目前，所有的 Python 重要的标准库和第三方库都已经在 Python 3.X 版本下进行演进和发展。

1.2.2　Python 的应用

Python 的应用领域覆盖了人工智能（AI）、网络爬虫、Web 开发和数据分析等诸多方面。

1．人工智能

利用计算机模拟人类智力活动，主要应用于机器人、语音识别、图像识别等。目前，Python 在人工智能科学领域被广泛应用，例如，机器学习、神经网络、深度学习等方面。人工智能相关的各种库和框架，都是以 Python 作为主要语言开发出来的，例如，谷歌的 TensorFlow，大部分代码都是 Python。

Python 虽然是脚本语言，但是因为容易学，迅速成为科学家的工具，从而积累了大量的工具库、架构。人工智能涉及大量的数据计算，用 Python 实现起来自然、简单、高效。因此，Python 是最适合人工智能开发的编程语言，可以无缝地与数据结构和其他常用的 AI 算法一起使用。

2．网络爬虫

网络爬虫是按照一定的规则自动浏览万维网并获取信息的程序。网络爬虫通过网页中的超链接信息不断获得网络上的其他页面，因此，网络数据采集的过程就像一个爬虫在网络上漫游，所以才形象地称为网络爬虫。网络爬虫主要应用于搜索引擎、社交应用、舆情监控、行业数据等方面。

合理地应用网络爬虫，可以从网页中获取数据并从中提取出有价值的信息。Python 自带的 urllib 库，以及第三方的 requests 库和 Scrapy 框架，让开发爬虫变得非常容易。

3．Web 开发

Web 开发是 Python 语言应用的一个重要方向，国内一些知名网站，像知乎、网易、豆瓣都是用 Python 开发的。Python Web 开发框架主要有 Django、Pyramid、Flask 等，使程序员可以更轻松地开发和管理复杂的 Web 程序。

4．数据分析

数据分析是指在大量数据的基础上，结合科学计算、机器学习等技术，对数据进行清洗、去重、规格化和针对性的分析。Python 是数据分析的主流语言之一。Python 拥有一套功能强大的软件包，例如 NumPy、pandas、Scipy 等数据分析模块，可满足各种数据科学和分析需求。

此外，Python 还被应用于游戏开发、桌面软件开发、自动化运维等。

1.3　程序设计基本方法

1.3　程序设计基本方法

程序设计不仅要有很强的逻辑和编码能力，更重要的是要讲究

方法，这样在开发测试过程中才能做到事半功倍。按一定方法进行的程序设计，可以清晰地分析问题、处理问题和解决问题。

1.3.1　程序设计的 IPO 模式

所谓 IPO 模式，即 Input Process Output，详细内容如下。

1）用户输入 I：Python 程序的输入包括文件输入、网络输入、用户手工输入、随机数据输入、程序内部参数输入等，输入是一个程序的开始。

2）运算部分 P：程序对输入的数据进行处理，输出产生结果。处理的方法也叫算法，是程序最重要的部分。可以说，算法是一个程序的主要灵魂。

3）结果输出 O：Python 程序的输出包括屏幕显示输出、文件输出、网络输出、操作系统内部变量输出等，输出是一个程序展示运算成果的方式。

【例 1-1】 输入圆的半径值 r，计算并输出圆的周长 c 和面积 s。

【问题分析】

首先输入半径 r，分别计算出圆的周长 c 和面积 s 的值，最后输出圆的周长和面积值。

【程序代码】

```
r=eval(input("输入圆的半径值:"))        #输入半径值
c=2*3.14*r                             #计算圆周长
s=3.14*r*r                             #计算圆面积
print(c,s)                             #输出周长和面积值
```

整个代码段，大致可以分为输入 input、处理 process、输出 output 这 3 个阶段。

r,c,s 是 3 个变量，分别用来保存圆的半径值、周长值和面积值。

输入阶段：通过 input()函数输入圆的半径值。

处理阶段：通过 c=2*3.14*r 和 s=3.14*r*r 这样的运算，分别计算圆的周长和面积。

输出阶段：通过 print()函数，输出圆的周长和面积值。

1.3.2　程序编写的步骤

一般来说，程序设计的完整步骤如下。

（1）分析问题

认真分析任务，研究给定的条件，分析最后要达成的目标，找出解决问题的规律，选择解题的方法，完成实际问题。

（2）确定问题

算法为解决实际问题而设计。因此，在设计算法之前，应当搞清楚实际问题的输入、处理和输出是什么，尤其是处理过程，即问题的计算特性，如图 1-2 所示。

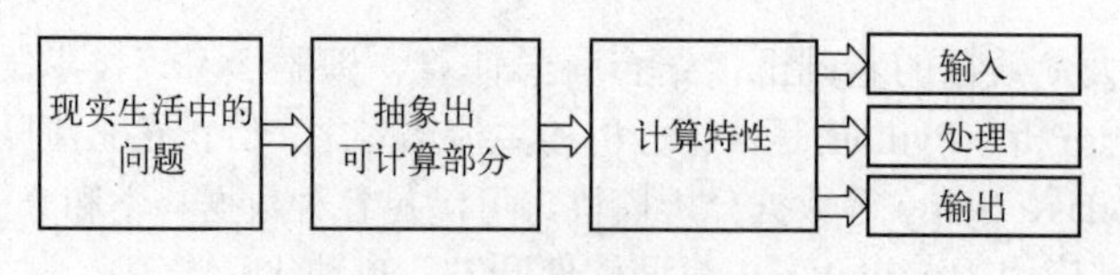

图 1-2　问题的计算特性

（3）设计算法

根据分析结果设计算法，列出基本的实现步骤。对于一个问题的算法不止一种。如果有需要，还要考虑有没有更简单快捷的算法，以节约时间，最大化机器性能。

（4）编写程序

如果设计出了算法，并且对将要使用的程序语言十分了解，编写程序就不是什么难事。但是，对于不同的语言，由于支持的逻辑结构、功能不同，可能需要改变算法的细节内容。

（5）调试测试

这一步主要是检查程序运行的效果，如果有问题需要修改，可再检查。程序需要很好地检查输入的数据，数据类型错误、数字的大小错误等都会带来严重的后果。

（6）升级维护

若要使程序长期正确运行，适应需求的微小变化，需要对程序进行维护。这实际上是一个修改程序错误（bug）或功能的过程，简单说就是“写程序→调试”的循环。

【例 1-2】 阶乘 n！的计算。

【问题分析】

问题：输入正整数 n，计算并输出 n！的值。

输入：正整数 n。

处理：计算 n！=1×2×3×…×n，重复累乘，实现循环。

输出：n！。

【算法设计】

设计出解题方法和步骤，本例分别用自然语言和流程图描述算法。

1）自然语言描述算法。

① 输入 n 值。

② 设置变量 s=1，存放乘积值。

③ 用 i 遍历 1～n 的数值，若遍历结束转步骤⑥。

④ s=s×i。

⑤ 重复步骤③④。

⑥ 输出 s。

2）流程图描述算法，如图 1-3 所示。

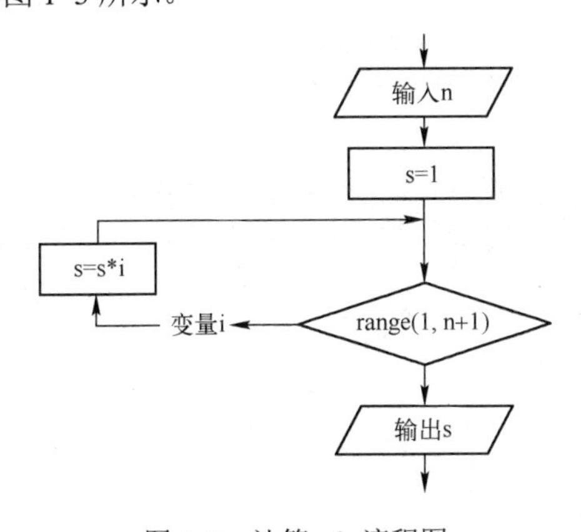

图 1-3　计算 n！流程图

【程序代码】

用 Python 语言编写以下代码并运行，分析运行结果。

```
n=eval(input())
s=1
for i in range(1,n+1):
    s=s*i
```

```
print (s)
```

【运行结果】

```
4
24
>>>
```

1.3.3 结构程序设计的基本方法

对于比较大的面向过程的程序设计，一般来说有两种方法。

1．自顶而下、逐步求精的设计方法

采取逐步分解、逐步求精的方法。先从总体入手，保证把精力集中在主要问题上，而暂不考虑细节。然后把问题逐步分解为几个部分，每一部分都针对上一部分的某个问题使之精细化，直到能方便地写出简洁而严谨的结构程序为止。这种方法符合人们解决复杂问题的普遍规律，因此可显著提高软件开发的成功率和生产率。而且，由这种方法开发的软件有清晰的层次结构，易读、易理解、易维护。

2．模块化设计方法

把问题的处理过程按功能和需要分解为若干块——模块，每一个大的模块可以分解为若干个小的模块——子模块。各模块的程序功能应是相互独立的，因此可分别设计、编程、调试和运行模块，各模块之间又可以通过一定的逻辑关系连接起来。

1.4 Python 语法

1.4 Python 语法 

1.4.1 Python 语法元素

下面通过简单的 Python 编程举例，来了解 Python 的相关语法元素。

【例 1-3】 输入行政楼的一个办公室编号，判断该办公室的朝向：朝南？还是朝北？例如，D2315，判断规则：双数编号的朝南，单数编号的朝北。

【问题分析】

解决该问题，大致可以分为：输入、处理、输出 3 个阶段。

首先输入办公室的编号，如 D2315；然后判别该编号能否被 2 整除；能，则是双数，输出“办公室朝南”；否则，是单数，输出“办公室朝北”。

采用 Python 语言编写代码，并进行调试。

【程序代码】

```
#输入编号，判断办公室朝向
n=input("输入编号：")
n=eval(n[1:])
if n%2==0:
    print("办公室朝南")
else:
    print("办公室朝北")
```

【运行结果】

```
输入编号：D2315
```

```
办公室朝北
>>>
```

根据以上程序代码，分析 Python 的语法元素。

1）注释：以#开头的，表示单行注释。注释语句是辅助性文字，可提高程序的可读性，程序运行过程中不会被执行。

2）input()函数：根据提示信息，从键盘输入数据，当作字符串看待。例如，输入“D2315”，字符串用单引号或双引号括起来。

3）赋值语句：“n=input()”中的 n 是变量，“=”是赋值运算，整条语句表示将键盘输入的字符串赋值给左侧变量 n，使得 n 取值为“D2315”。

4）字符串：“D2315”是字符串，既包含字母，又包含数字字符。

这里来了解一下字符串的位置概念，从左向右，从 0 开始递增编号，分别是 0、1、2、3、4，这是正向递增序号。

也可以从右向左，从−1 开始递减编号，−1、−2、−3、−4、−5，这是逆向递减序号，如图 1-4 所示。

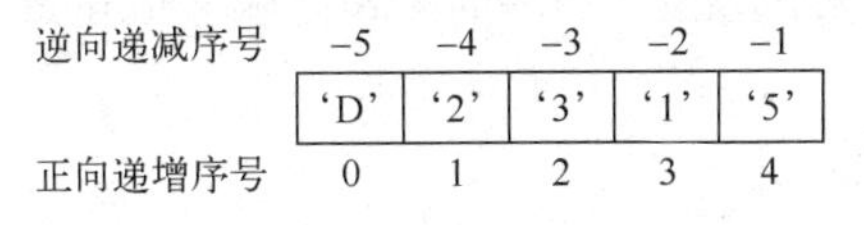

图 1-4　字符串及其序号

5）字符串切片：为了获取字符串中的数字字符部分，可使用切片技术，例如，n[1:]就是获取从位置序号 1 开始、从左向右、到末尾位置字符的序列“2315”。

6）eval()函数：对于通过切片获取的数字字符串“2315”，还需要进一步加工，外面加上 eval()函数，将它转化为数值 2315。这里 eval()函数的作用是将字符串两端的引号去掉，转化为表达式。结果为 n=2315。

7）取余运算：使用取余运算，来判别 n 的奇偶性。这里使用 n%2，将 n（n=2315）和 2 进行取余运算，得到余数，用来判断 n 是奇数还是偶数。

8）关系运算：n%2==0，这里两个等号连写，表示相等的关系运算，结果是布尔值 True 或 False。若 n%2==0 为 True，判定 n 是偶数；若 n%2==0 为 False，判定 n 是奇数。例如，当 n=2315 时，n%2==0 的值为 False，判定 n 是奇数。

9）分支语句：Python 使用 if…else 语句来实现分支结构。条件判断为 True，则执行 if 后的语句；否则，执行 else 后的语句。例如，当 n=2315 时，条件判断为 False，执行 else 后缩进的语句。

10）print()函数：用来将参数的值输出，这里输出“办公室朝北”。

11）缩进：例 1-3 的程序采用了分支结构，根据数值的奇偶性，选择执行相应的语句。在 if…else 语句后，代码都自动进行了缩进处理。所以，Python 程序框架是通过严格的“缩进”来表示程序代码之间的包含和层次关系。

1.4.2　Python 程序书写规范

根据以上程序举例，可以总结出 Python 程序设计的书写规范，主要体现在语句的格式、代码块与缩进、注释等方面。

1）Python 通常是一行书写一条语句。如果一行内要书写多条语句，语句间使用分号分隔。若一条语句过长，可以使用反斜杠“\”作为续行符，来实现分行书写的功能。

2）代码块由多行代码组成，能完成相对复杂的功能。Python 中的代码块使用缩进来表示，例如，例 1-3 中 if…else 语句后缩进的就是代码块。

3）注释用于说明程序或语句的功能。Python 注释分为单行注释和多行注释两种。单行注释以#

开头；多行注释使用三引号'''开头和结尾。

1.4.3　Python 语言的特点

下面归纳总结一下 Python 语言的特点。

1）Python 语法简单，学习起来很容易上手，而且底层用 C 语言编写，运行速度非常快。

2）开发效率高，相对于 C、C++、Java 等语言，Python 的开发效率提升了 3～5 倍，代码量是其他编程语言的 1/5～1/3，而且无编译、链接步骤，提高程序的开发效率。

3）Python 是完全面向对象的语言，函数、模块、字符串、列表、字典等都是对象。

4）Python 拥有强大的标准库，提供系统管理、文本处理、网络通信等额外功能。拥有大量的第三方库，功能覆盖科学计算、人工智能、机器学习、Web 开发等多个领域。

5）免费、开源，用户可以自由地发布这个软件的副本，阅读它的源代码，并对它做改动。

6）可移植性强，Python 程序能不做任何修改，即可在所有主流计算机平台上运行。

Python 程序需要通过输入/输出来实现程序与外部世界的交互。接下来学习 Python 的标准输入 input()函数，标准输出 print()函数，以及字符串的格式化输出 format()方法。

1.5　Python 输入/输出

1.5　Python 输入/输出

1.5.1　输入函数：input()

一个程序要能实现人机交互功能，必须能够接收从键盘上输入的数据。在 Python 中，使用 input()函数将用户输入的字符串保存到变量。

语法格式如下。

```
变量 =input("提示信息")
```

input 函数返回的是字符串类型，例如，输入姓名：

```
>>> name = input()
```

当写完 name = input()按〈Enter〉键时，光标闪烁即为在等待用户输入内容。此时，可以输入任何字符串，输入的内容会存放到 name 变量中。

那该如何查看刚才输入的内容存放在哪里呢？可以查看 name 变量的值，输入 name 然后按〈Enter〉键即可查看。

```
>>> name
```

读者可以测试以下代码。

```
sex = input("请输入你的性别：")
print("你输入的性别是：",sex)
```

无论用户输入什么内容，input()一律作为字符串对待，必要时可以使用内置函数 int()、float()、eval()来对用户的输入内容进行类型转换。

例如，让用户从键盘输入两个数字，然后计算出它们的和。

```
a = input("请输入第一个数字：")
b = input("请输入第二个数字：")
c = int(a) + int(b)   #转换数据类型：str 转换为 int
```

```
print('c 的值是：',c)
```

1.5.2　eval()函数

eval()函数用来将字符串当成 Python 表达式来求值。格式如下。

```
变量=eval(字符串)
```

使用 eval()方法的示例如下。

```
>>> x=7
>>> eval('3*x')
21
>>> eval('pow(2,2)')
4
>>> eval('2+2')
4
>>> n=81
>>> eval('n+4')
85
>>>
```

1.5.3　输出函数：print()

经过 Python 代码运行后的结果怎样输出并展现给用户看呢？这就需要用到 Python 的 print()函数。print()函数用于打印输出，语法格式如下。

```
print(*objects, sep=' ', end='\n', file=sys.stdout)
```

print()函数的参数说明如下。

- objects：可以一次输出多个对象。输出多个对象时，需要用“,”分隔。
- sep：用来间隔多个对象，默认值是一个空格。
- end：用来设定以什么结尾。默认值是换行符'\n'，可以换成其他字符串。
- file：要写入的文件对象。

输出整数的示例如下。

```
>>> print(100)
100
>>> print(100+300)
400
```

输出字符串变量的示例如下。

```
>>> print('bai')
bai
>>> a = 'bai'
>>> print(a)
bai
```

输出多个对象时，“,”默认间隔一个空格，设置间隔符，示例如下（注意看示例结果的区别）。

```
>>> print('www','baidu','com')
www baidu com
>>> print('www''baidu''com')
wwwbaiducom
>>> print('www','baidu','com',sep='.')
www.baidu.com
>>>
```

print 默认输出是换行的，如果要在 Python 3 中实现不换行需要在变量末尾加上 end=""。换行输出与不换行输出的示例如下。

```
x="a"
y="b"
# 换行输出
print(x)
print(y)
print('---------')
# 不换行输出
print(x,end="")
print(y)
# 不换行输出
print(x,y)
```

【运行结果】

```
a
b
---------
ab
a b
>>>
```

1.5.4 字符串的 format()方法

1.5.4 字符串的 format()方法

字符串类型格式化采用 format()方法，调用 format()方法后会返回一个新的字符串。基本使用格式如下。

```
<模板字符串>.format(<逗号分隔的参数>)
```

其中，模板字符串是一个由字符串和槽组成的字符串，用来控制字符串和变量的显示效果。槽用大括号({})表示，对应 format()方法中逗号分隔的参数。

format()参数序号从 0 开始编号,在模板字符串的槽中指定序号，用以输出对应参数，示例如下。

```
>>> '{0}{1}{2}'.format('圆周率是',3.1415926,'...')
'圆周率是 3.1415926...'
```

如果模板字符串有多个槽，且槽内没有指定序号，则按照槽出现的顺序分别对应 format()方法中的不同参数。

```
>>> '{}{}{}'.format('圆周率是',3.1415926,'...')
```

```
'圆周率是 3.1415926...'
```

format()方法可以非常方便地连接不同类型的变量或内容，如果需要输出大括号，采用“{{”表示“{”，“}}”表示“}”，例如：

```
>>> "圆周率{{{1}{2}}}是{0}".format("无理数",3.1415926,"...")
'圆周率{3.1415926...}是无理数'
```

1.5.5　format()方法的格式控制

format()方法中<模板字符串>的槽除了包括参数序号，还包括格式控制标记。

槽的内部样式如下。

```
{<参数序号>: <格式控制标记>}
```

其中，<格式控制标记>用来控制参数显示时的格式，包括**<填充> <对齐> <宽度> <,> <.精度> <类型> 6 个字段**，这些字段都是可选的，也可以组合使用，见表 1-1。

表 1-1　格式控制标记

:	<填充>	<对齐>	<宽度>	<,>	<.精度>	<类型>
引导符号	用于填充的字符	>右对齐 <左对齐 ^居中	设定输出宽度	数字千分位分隔符	浮点数小数部分精度或字符长度	整数类型 b,c,d,o,x,X 浮点数类型 e,E,f,%

1）**<填充>**指<宽度>内除了参数外的字符采用什么方式表示，默认采用空格，可以通过<填充>更换。

2）**<对齐>**指参数在<宽度>内输出时的对齐方式，分别使用<、>和^三个符号分别表示左对齐、右对齐和居中对齐。

3）**<宽度>**指当前槽的设定输出字符宽度，如果该槽对应的 format()参数长度比<宽度>设定值大，则使用参数实际长度。如果该值的实际位数小于指定宽度，则位数将被默认以空格字符补充。

4）**逗号（,）**用于显示数字的千位分隔符。

5）**<.精度>**表示两个含义，由小数点（.）开头。对于浮点数，精度表示小数部分输出的有效位数。对于字符串，精度表示输出的最大长度。

6）**<类型>**表示输出整数和浮点数类型的格式规则。对于整数类型，输出格式包括以下 6 种。

- b：输出整数的二进制方式。
- c：输出整数对应的 Unicode 字符。
- d：输出整数的十进制方式。
- o：输出整数的八进制方式。
- x：输出整数的小写十六进制方式。
- X：输出整数的大写十六进制方式。

对于浮点数类型，输出格式包括 4 种。

- e：输出浮点数对应的小写字母 e 的指数形式。
- E：输出浮点数对应的大写字母 E 的指数形式。
- f：输出浮点数的标准浮点形式。
- %：输出浮点数的百分形式。

浮点数输出时尽量使用<.精度>表示小数部分的宽度，有助于更好控制输出格式。

使用字符串的 format()方法，格式化输出数据，示例如下。

```
>>> s = "PYTHON"
>>> "{0:30}".format(s)                      #默认左对齐
'PYTHON                        '
>>> "{0:>30}".format(s)                     #右对齐
'                        PYTHON'
>>> "{0:*^30}".format(s)                    #居中并插入*
'************PYTHON************'
>>> "{0:3}".format(s)                       #字符长度大于设定宽度时，输出原字符
'PYTHON'
>>> "{0:20,}".format(123456789)             #数字前 0 占位
'         123,456,789'
>>> "{0:<20,}".format(123456789)
'123,456,789         '
>>> "{0:-^20,}".format(123456789)                #用，设置数字的千位分隔符
'----123,456,789-----'
>>> "{0:H^20,.3f}".format(1234.56789)       # .3f 设置保留小数位数
'HHHHH1,234.568HHHHHH'
>>> "{0:.4}".format('PYTHON')
'PYTH'
>>> "{0:b},{0:c},{0:d},{0:o},{0:x}".format(425)
'110101001,Σ,425,651,1a9'
>>> "{0:E},{0:e},{0:f},{0:%}".format(3.14)
'3.140000E+00,3.140000e+00,3.140000,314.000000%'
>>> "{0:.2E},{0:.2e},{0:.2f},{0:.2%}".format(3.14)
'3.14E+00,3.14e+00,3.14,314.00%'
```

1.6 Python 的安装和运行

1.6 Python 的安装和运行

1.6.1 Python 开发环境的安装

运行 Python 程序需要安装 Python 语言解释器。解释器的安装程序是一个轻量级的软件，下载网址为https://www.python.org/downloads。下载页面如图 1-5 所示。

图 1-5 Python 开发环境的下载页面

根据操作系统环境，选择安装的版本。例如，目前计算机是 Windows 10 操作系统，可选择最新的 Python 版本下载，本书以安装 Python 3.8 版本为例。

在安装解释器时会启动一个引导过程，该过程如图 1-6 所示，在该页面中，选中“Add Python 3.8 to PATH”复选框。

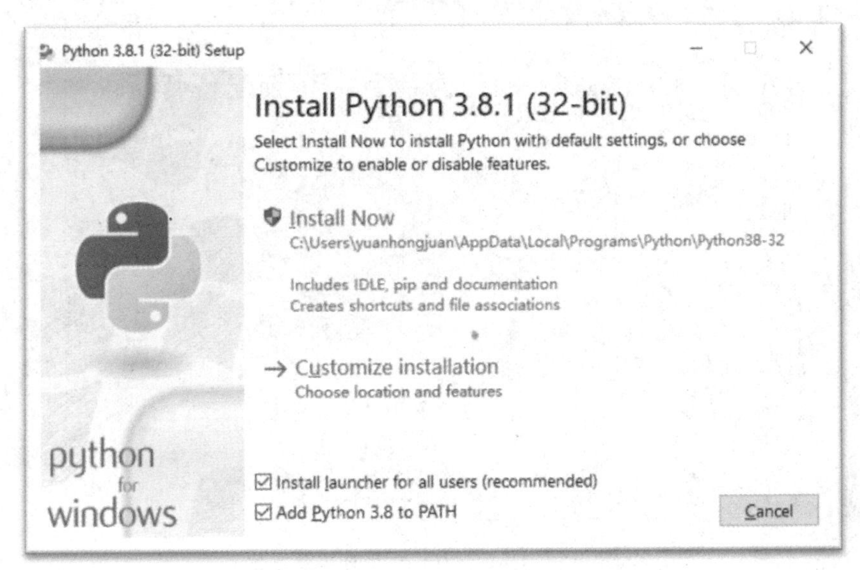

图 1-6　安装 Python 3.8

安装成功后将会出现如图 1-7 所示的界面。

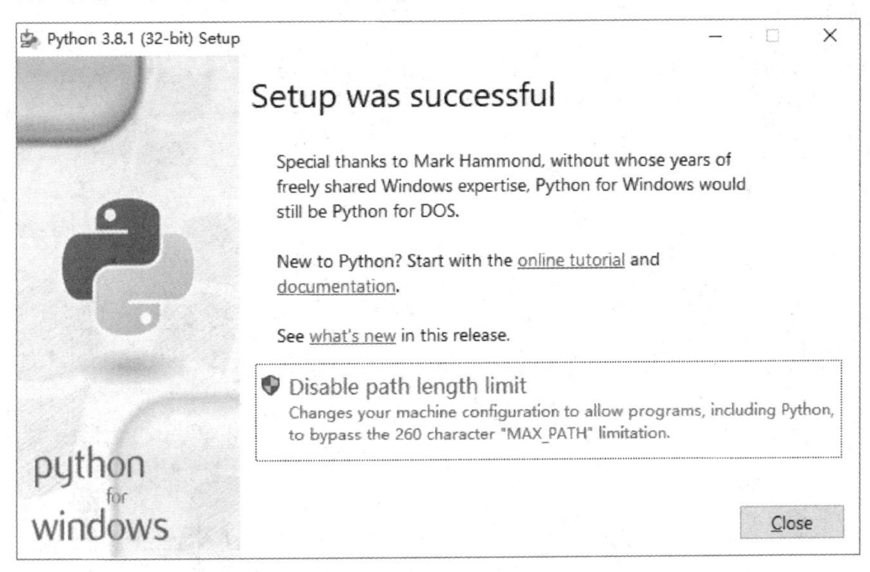

图 1-7　Python 3.8 安装成功

1.6.2　Python 程序的运行

Python 开发环境安装完毕后，可以在“开始”菜单中找到最新安装的 Python 解释器的重要工具 IDLE。IDLE 是 Python 的集成开发环境，用来编写和调试 Python 代码。对于初学者，建议使用 IDLE 进行代码开发。

编辑并运行 Python 程序有两种方式：一种是命令行方式，另一种是文件方式。

1．IDLE 命令行方式

启动开始菜单中的 IDLE Python 3.8，就会打开 Python 3.8.1 Shell 交互式界面，如图 1-8 所示。在提示符>>>后输入 Python 程序代码：print("Hello")，会交互式显示运行结果：Hello。

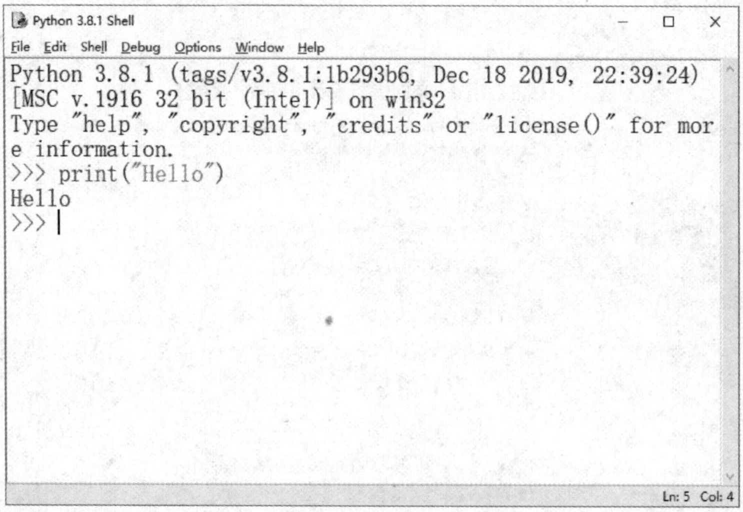

Python 3.8.1 Shell
File Edit Shell Debug Options Window Help
Python 3.8.1 (tags/v3.8.1:1b293b6, Dec 18 2019, 22:39:24)
[MSC v.1916 32 bit (Intel)] on win32
Type "help", "copyright", "credits" or "license()" for mor
e information.
>>> print("Hello")
Hello
>>>
Ln: 5 Col: 4

图 1-8　IDLE 交互式运行环境及结果

2．IDLE 文件方式

在 Python 3.8.1 Shell 交互式界面中，选择“File”→“New file”命令，新建了一个 Python 文件，如图 1-9 所示。

hello.py - C:/Users/yuanhongjuan/AppData/Local/Programs/Python/Python38-32/he...
File Edit Format Run Options Window Help
print("Hello")
Ln: 2

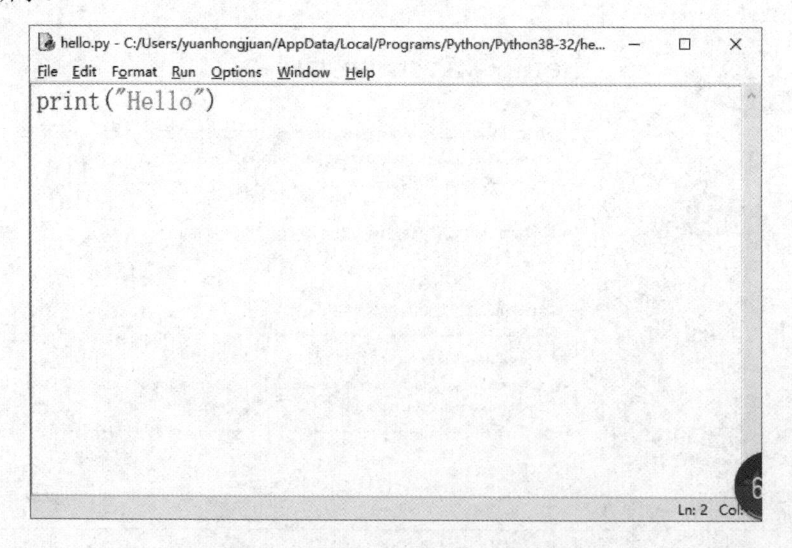

图 1-9　IDLE 文件方式运行环境

在其中输入代码：print("Hello")，并选择“File”→“Save”命令，文件名为 hello.py，用.py 作为扩展名进行保存。

选择“Run”→“Run Module”命令，或者按〈F5〉键运行程序。运行结果将显示在 Python 3.8.1 Shell 交互式界面中，如图 1-10 所示。

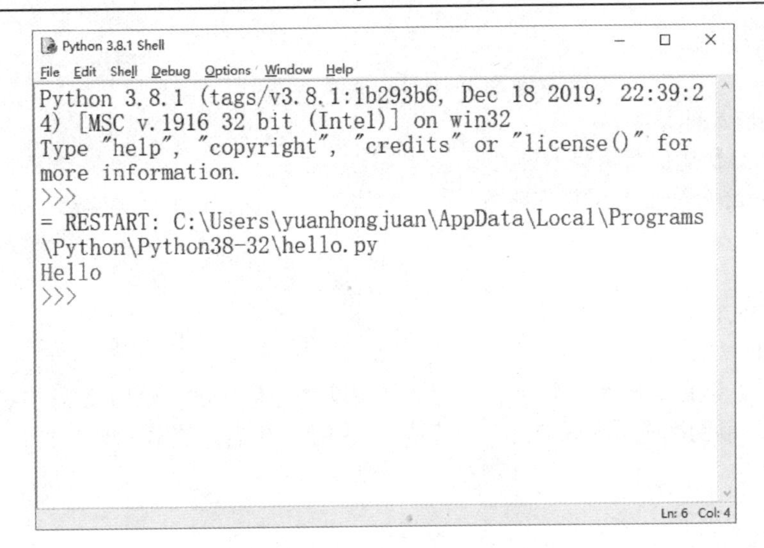

图 1-10　IDLE 文件方式运行结果

1.7　习题

1. 根据自身的硬件配置（如操作系统是 64 位的还是 32 位的）到 Python 官网下载安装包。安装包下载后，执行安装后的启动界面，安装时请选中“Add Python 3.8 to PATH”复选框，观察安装成功界面。

2. 利用系统“开始”菜单的程序组，启动“IDLE Python 3.8（64-bit）”，尝试使用 IDLE 交互式运行，以及 IDLE 文件式运行，输入代码：print("Hello World！")，查看运行过程和结果。

3. 编写程序，输入圆柱体的底面半径和高，要求输出圆柱体的表面积和体积。

1.7　习题

【解题思路】 参考例 1-1。

输入阶段：输入圆柱体半径和高的值。

处理阶段：计算圆柱体表面积和体积的值。

输出阶段：输出圆柱体表面积和体积。

4. 编写程序，要求进行汇率换算，如 1$=7.2¥。要求结合 if…else 语句以及字符串的切片技术实现。

【解题思路】 参考例 1-3。

输入阶段：输入要兑换的面值。

处理阶段：采用字符串切片技术，获取金额数值，并进行判断。

若面值末尾是$：兑换为相应数额的人民币。

若面值末尾是¥：兑换为相应数额的美元。

输出阶段：输出兑换后的结果。

5. 根据身份证号获取出生日期的信息。

问题描述：从键盘交互式输入一个人的 18 位身份证号，现编程要求输出该人的出生日期，格式如：“****年**月**日”。

输入：身份证号。

输出：1979 年 12 月 07 日。

6. BMI 计算器。

问题描述：编写程序，从键盘上输入两个数 w、h，分别表示体重和身高，根据 BMI 计算公式，输出 BMI 指数值。

体质指数 BMI=体重（kg）÷身高^2（m）

输入：键盘输入两个数。

输出：BMI 指数值,保留两位小数。

7．编写程序，输入一个 8 位的整数，将其分解为 4 个两位的整数并输出，其中个、十位为一个整数，百、千位为一个整数，万、十万位为一个整数，百万、千万位为一个整数。使用字符串切片技术实现。

输入：12345678

输出：12,34,56,78

8．编写程序，从键盘输入一个 4 位正整数（假设个位不为 0），输出该数的反序数。反序数即原数各位上的数字颠倒次序所形成的另一个整数。使用字符串切片技术实现。

输入：1357

输出：7531

第 2 章　基本数据类型

在第 1 章已经学习了如何创建和运行最基本的 Python 程序。接下来将学习如何使用 Python 程序来处理各种类型的数据，不同的数据属于不同的数据类型，支持不同的运算操作。Python 语言中，数据表示为对象。对象在本质上就是一个内存块，拥有特定的值，并支持特定类型的运算操作。

【学习要点】

1．Python 中变量的定义和使用。
2．数字数据类型的特点及其操作方法。
3．字符串类型数据的特点及其操作方法。
4．Python 的基本运算、表达式和优先级。

2.1　变量

2.1　变量

2.1.1　变量定义

【例 2-1】 某人进行股票交易。以每股 25.625 元购入 400 股，请问需要投资多少钱？

【问题分析】

这个问题的算法很简单，关键在于设置 3 个量 cost、number、amount，分别表示股票的单价、购买股票的数量和最终的投资金额。

根据数学知识可以用到以下公式。

$$amount=cost*number$$

【程序代码】

```
>>> cost=25.625
>>> number=400
>>> amount=cost*number
>>> print(amount)
```

【运行结果】

```
10250.0
```

在例 2-1 程序中，cost、number、amount 等是变量。

变量代表一个有名字的、具有特定属性的存储单元。它用来存放数据，也就是存放变量的值。在程序运行期间，变量的值是可以改变的。

请注意区分变量名和变量值这两个概念，如图 2-1 中 cost 是变量名，25.625 是变量 cost 的值，即存放在变量 cost 的内存单元中的数值。变量名实际上是一个名字代表的一个存储单元。在对程序解释时由解释器给每一个变量名分配对应的内存地址。从变量中取值，实际上是通过变量名找到相应的内存单元，从该存储单元中读取数据。

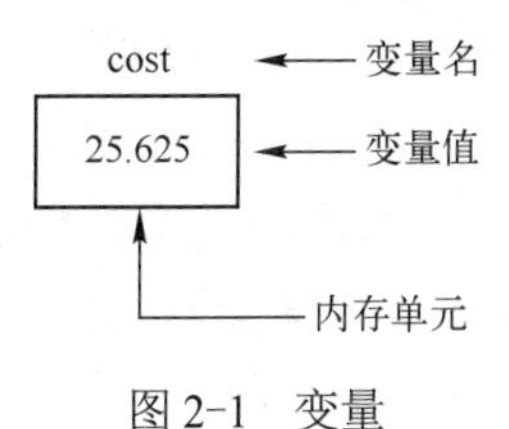

图 2-1　变量

在 Python 中，变量未被定义，不能访问，如下述。

```
>>> x
Traceback (most recent call last):
File "<pyshell#4>", line 1, in <module>
x
NameError: name 'x' is not defined        #错误提示：变量 x 没有被定义
```

Python 中没有专门的变量定义语句，变量定义是通过对变量第一次进行赋值来实现的。如下述代码，对变量 x 的第一次赋值，也就是对 x 的定义。此后，x 变量就存在了。

```
>>> x=3
>>> x
3
```

Python 中的变量比较灵活，同一变量名可以先后被赋予不同类型的值，定义为不同的变量对象参与计算，如下述代码，变量 x 开始是整数 3，之后对 x 再次赋值为 1.5，则变量 x 保留最后一次赋值。

```
>>> x=3
>>> x=1.5
>>> 2*x
3.0
```

在 Python 中，允许多个变量指向同一个值，例如：

```
>>> x=3
>>> id(x)
140704652514400
>>> y=x
>>> id(y)
140704652514400
```

继续上面的示例代码，需要注意的是，当其中一个变量修改值以后，其内存地址将会变化，但这并不会影响另一个变量。例如，接着上面的代码继续执行下面的代码。

```
>>> x=x+6
>>> id(x)
140704652514592
>>> y
3
>>> id(y)
140704652514400
```

在这段代码中，内置函数 id()用来返回变量所指的内存地址。可以看出，在 Python 中修改变量的操作，并不是修改变量的值，而是修改了变量指向的内存地址。这是因为 Python 解释器首先读取变量 x 原来的值，然后将其加 6，并将结果存放于新的内存单元中，最后将变量 x 指向该结果的内存空间，Python 内存管理模式如图 2-2 所示。

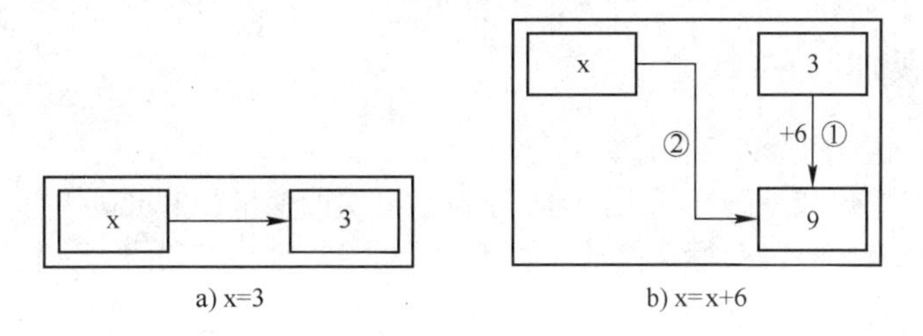

a) x=3　　b) x=x+6

图 2-2　Python 内存管理模式

Python 采用的是基于值的内存管理方式，如果将不同变量赋值为相同的值，这个值在内存中只有一个，多个变量指向同一块内存地址，前面的几段代码中的变量 x、y 也说明了这个特点。再如下面的代码。

```
>>> a=10
>>> id(a)
140704652514624
>>> b=10
>>> id(b)
140704652514624
>>> b=5
>>> id(b)
140704652514464
>>> id(a)
140704652514624
```

Python 具有自动内存管理功能，会跟踪所有的值，并自动删除不再有变量指向的值。因此，Python 程序员一般情况下不需要太多考虑内存管理的问题。尽管如此，显式使用 del 命令删除不需要的值，或显式关闭不再需要访问的资源，仍是一个好的习惯，同时也是一名优秀程序员的基本素养之一。

2.1.2　删除变量

使用 del 命令可以删除一个对象（包括变量、函数等），删除之后就不能再访问这个对象了，如下面的代码。

```
>>> del x    #使用 del 命令删除 x 变量，之后变量 x 就不再能被访问
>>> x
Traceback (most recent call last):
  File "<pyshell#32>", line 1, in <module>
    x
NameError: name 'x' is not defined
```

当然，也可以通过再次赋值重新定义变量。

变量是否存在，取决于变量是否占据一定的内存空间。定义变量时，操作系统在将内存空间分配给变量，该变量就存在了。当使用 del 命令删除变量后，操作系统释放了变量的内存空间，该变量也就不存在了。

Python 具有垃圾回收机制，当一个对象的内存空间不再使用（引用计数为 0）后，这个内存空间就会被自动释放。Python 的垃圾空间回收系统是系统自动完成的，而 del 命令相当于程序主动地进行空间释放，将其归还给操作系统。

2.1.3 变量命名规则

在命名变量时，需要注意以下问题。

- 变量名必须以字母或下画线开头，但以下画线开头的变量在 Python 中有特殊含义。
- 变量名中不能有空格以及标点符号（如括号、引号、逗号、斜线、反斜线、冒号、句号、问号等）。
- 变量名不能是 Python 保留字。

例如下面变量，有些是合法的，有些是不合法的。

abc_xyz：合法。

HelloWorld：合法。

abc：合法。

xyz#abc：不合法，标识符中不允许出现“#”号。

abc1：合法。

1abc：不合法，标识符不允许以数字开头。

注意不要使用保留字作为变量名。Python 包含了如表 2-1 中所示的关键字。

表 2-1 关键字表

False	None	True	and	as
assert	break	class	continue	def
del	elif	else	except	finally
for	from	global	if	import
in	is	lambda	nonlocal	not
or	pass	raise	return	try
while	with	yield	async	await

实际上 Python 非常方便，开发者可以通过 Python 程序来查看它所包含的关键字。例如，对于如下程序。

```
>>> import keyword
>>> keyword.kwlist
```

从上面代码可以看出，程序只要先导入 keyword 模块，然后调用“keyword.kwlist”命令即可查看 Python 包含的所有关键字。运行上面程序，可以看到如下输出结果。

```
['False', 'None', 'True', 'and', 'as', 'assert', 'async', 'await', 'break', 'class', 'continue', 'def', 'del', 'elif', 'else', 'except', 'finally', 'for', 'from', 'global', 'if', 'import', 'in', 'is', 'lambda', 'nonlocal', 'not', 'or', 'pass', 'raise', 'return', 'try', 'while', 'with', 'yield']
```

不建议使用系统内置的模块名、类型名或函数名以及已导入的模块名及其成员名作为变量名，这将会改变其类型和含义，可以通过 dir(__builtins__)查看所有内置模块、类型和函数。

变量名区分英文字母的大小写，例如 student 和 Student 是不同的变量。

2.2 Python 基本数据类型

2.2 基本数据类型

Python 有丰富的数据类型，包括基本数据类型和组合数据类

型，其中列表、元组、字典等组合数据类型将在后面章节中详细介绍，本节主要介绍基本数据类型：数字和字符串。

2.2.1　数字

数字属于 Python 不可变对象，即修改整型变量值的时候，并不是真的修改变量的值，而是先把值存放到内存中，然后修改变量，使其指向新的内存地址。Python 的数字有 4 种数据类型：整型（int）、浮点型（float）、布尔型（bool）、复数型（complex）。使用内置函数 type(object)可以返回 object 的数据类型。内置函数 isinstance(obj,class)可以用来测试对象 obj 是否为指定类型 class 的实例，结果为布尔值 True 或 False。例如：

```
>>> type(10)
<class 'int'>
>>> type(3.14)
<class 'float'>
>>> type('welcome Python')
<class 'str'>
```

也可以使用 isinstance()函数来判断某个对象是否属于某个类型，例如：

```
>>> isinstance(10,int)
True
>>> isinstance(3.14,str)
False
```

1．整数

整数是不带小数部分的数字，如 10、0、-10。和其他大多数编程语言不同，Python 对整数没有长度限制，甚至可以书写和计算具有几百位数字的大整数。例如：

```
>>> a=123456789
>>> a*a
15241578750190521
>>> a**100      #a 的 100 次方
14174172601035587702142524239761426685023098432892168330190482375947577082389861824893722318997469809219827283294027932857674628628824641216358604007307162540399423510848465470185181311141252201707343655197746818256635550809600884481877003066625910338354975470658498293933938513368505135167166549545948424070710591295654672646928311083201304836126725877977235475893588742404953389784270648917007984590282408898177399292436203902925002036796208649715339142608278346015792093141891206269019044584869367276229055823673888183254671596267470545995689537867035621227999416808451411481898963051046413448394572238305079017627185288673969817759651765547006983567658306907136309125191262905833623038923450357393089722748075941033769593485936785871479329670603921014307898298170610105986211966740731734671893744359756600 1
```

Python 整数的书写支持 4 种数制：二进制、八进制、十进制和十六进制。

二进制整数：使用 0 和 1 共两个符号来表示整数，必须以 0b 开头，如 0b101、0b1010。

八进制整数：使用 0、1、2、3、4、5、6、7 共八个符号来表示整数，必须以 0o 开头，如 0o35、0o71。

十进制整数：默认方式书写，如 0、-1、9、123。

十六进制整数：使用 0、1、2、3、4、5、6、7、8、9、a、b、c、d、e、f 共十六个符号表示整数，必须以 0x 开头，如：0x10、0xab。特别强调，a～f 换成大写字母也是一样的。例如：

```
>>> 0xA1
161
>>> 0xa1
161
```

2. 浮点数

浮点数是带小数的数字，如 3.14、-3.14、4.、.4、3.1415926e2。其中“4.”相当于 4.0，“.4”相当于 0.4，3.1415926e2 是科学计数法，相当于 3.1415926×10^2，即 314.15926。

所谓“浮点”是相对于“定点”而言的，即小数点不再固定于某个位置，而是可以浮动的。在数据存储长度有限的情况下，采用浮点表示方法，有利于在数值变动范围很大或者很接近 0 时，仍能保证一定长度的有效数字。

与整数不同，浮点数存在上限和下限。计算结果超出上限和下限的范围会导致溢出错误。例如：

```
>>> 123456789.0**2
1.524157875019052e+16
>>> 123456789.0**100
Traceback (most recent call last):
  File "<pyshell#69>", line 1, in <module>
    123456789.0**100
OverflowError: (34, 'Result too large')
```

需要说明的是：计算机不一定能够精确地表示程序中书写或计算的实数。有两个原因。

- 因为存储有限，计算机不能精确显示无限小数，会产生误差。
- 计算机内部采用二进制数表示，但是，不是所有的十进制浮点数都可以用二进制精确表示。例如：

```
>>> 1/3
0.3333333333333333
>>> 1-1/3
0.6666666666666667
```

3. 布尔型

布尔值就是逻辑值，只有两种：True 和 False，分别代表“真”和“假”。Python 3.X 中将 True 和 False 定义成了保留字，但实质上它们的值仍是 1 和 0，并且可以与数字类型的值进行算术运算。

下面两个例子比较左右两个是否相等。

```
>>> 3==3.0
True
>>> 123=='123'
False
```

4. 复数

复数是 Python 内置的数据类型，使用 1j 表示-1 的平方根，复数形如：a+bj。复数对象有两个属性，real 和 imag 分别用于查看实部和虚部。例如：

```
>>> (1+2j)*(1-2j)
(5+0j)
>>> (1+2j).real
```

```
1.0
>>> (1+2j).imag
2.0
```

2.2.2　字符串

Python 中，字符串属于不可变序列，由单引号、双引号或者三引号括起来的字符序列构成，其中三引号可以括起多行字符序列。其中起始和末尾的引号必须是一致的。当字符串使用双引号括起来时，单引号可以直接出现在字符串中，但双引号不可以。相似地，由单引号括起来的字符串可以包含双引号，但单引号不可以。"" 表示空字符串，如下面几种是合法的 Python 字符串：

```
"I'm hungry!"
'September'
'''
JanFebMarAprMayJun
JulAugSepOctNovDec
'''
```

创建字符串很简单，只要为变量分配一个值即可。例如：

```
>>> var1=var2='Python'      #定义变量 var1 和 var2 并赋值为'Python'
>>> id(var1)                #显示变量 var1 的内存地址
2395586057808
>>> id(var2)                #显示变量 var2 的内存地址
2395586057808
>>> var1='Hello World'      #修改变量 var1 的值
>>> id(var1)                #变量 var1 引用了另一个内存地址
2395595934256
>>> var2                    #var2 的内容不变，可见对字符串变量 var1 赋值，并不是原地址修改
'Python'
```

1．字符串界定符

单引号、双引号、三单引号、三双引号还可以互相嵌套，用来表示复杂字符串。

当字符串中有双引号时，可以采用单引号作为界定符。例如：

```
>>> var1='He said "how are you"'
>>> var1
'He said "how are you"'
```

当字符串中有单引号时，可以采用双引号作为界定符。例如：

```
>>> var1="It's a dog."
>>> var1
"It's a dog."
```

三引号允许一个字符串跨多行，字符串中可以包含换行符、制表符以及其他特殊字符。例如：

```
>>> hi='''Hi
nice to meet you'''
```

```
>>> hi
'Hi\nnice to meet you'
```

2．转义符

在需要在字符中使用特殊字符时，Python 用反斜杠（\）来转义字符，以便表示那些特殊字符，见表 2-2。

表 2-2　常见的转义符

转义字符	描述
\(在行尾时)	续行符
\\	反斜杠符号
\'	单引号
\"	双引号
\a	响铃
\b	退格（Backspace）
\e	转义
\000	空
\n	换行
\v	纵向制表符
\t	横向制表符
\r	回车
\f	换页
\oyy	八进制数，yy 代表的字符，例如：\o12 代表换行
\xyy	十六进制数，yy 代表的字符，例如：\x0a 代表换行
\other	其他的字符以普通格式输出

以下是使用转义符的几个例子。

```
>>> print('a\tb\nc')
a	b
c
>>> print("Welcome")
Welcome
>>> print("\"Welcome\"")
"Welcome"
```

需要特别说明的是，字符串界定符前面加字母 r 或 R 表示原始字符串，其中的特殊字符不进行转义，但字符串的最后一个字符不能是"\"符号。例如：

```
>>> print(r'a\tb\nc')
a\tb\nc
>>> print(R"\"Welcome\"")
\"Welcome\"
```

3．字符串的索引

使用方括号运算符[]可以通过索引值得到相应位置（下标）的字符。Python 的索引方式有两种，例如对于字符串"Python"。

第一种：从前往后的正向索引，n 个字符的字符串，其索引值从 0 至 n−1，如下所示。

索引值	0	1	2	3	4	5
字符串	P	y	t	h	o	n

第二种：从后往前的负数索引，n 个字符的字符串，其索引值从−1 至−n。如下所示。

索引值	−6	−5	−4	−3	−2	−1
字符串	P	y	t	h	o	n

下面来看几个索引获取特定元素的例子。

```
>>> str1="Python"
>>> str1[0]
'P'
>>> str1[6]          #下标越界了
Traceback (most recent call last):
  File "<pyshell#43>", line 1, in <module>
    str1[6]
IndexError: string index out of range
>>> str1[-6]
'P'
```

4．字符串的切片

在 Python 中，可使用切片从字符串中提取子串。切片是 Python 序列的重要操作之一，适用于字符串、列表、元组、range 对象等类型。

切片的参数是用两个冒号分隔的三个数字，格式如下。

```
字符串[开始索引：结束索引：步长]
```

其中：开始索引表示切片开始位置，默认为 0；结束索引表示切片截止位置，特别强调的是不包含该位置，默认为字符串长度；步长表示切片的步长，默认为 1，当步长省略时，可以顺便省略最后一个冒号。

例如：

```
>>> s="Python"
>>> s[2:4]          #切片包含索引位置为 2、3 的字符
'th'
>>> s               #切片返回的是字符串的一个副本，原字符串没有发生变化
'Python'
>>> s[:4]           #省略开始索引，表示切片从默认位置 0 开始
'Pyth'
>>> s[2:]           #省略结束索引，表示切片到字符串末尾结束
'thon'
>>> s[::]           #省略开始索引和结束索引，表示切片从默认位置 0 开始，到字符串末尾结束
'Python'
>>> s[::2]          #步长为 2，显示索引位置 0、2、4 的字符
'Pto'
>>> s[::-1]         #步长为-1，得到逆序字符串
'nohtyP'
```

```
>>> s[:6]              #结束索引位置越界，切片到字符串末尾结束
'Python'
>>> s[6:]              #开始索引位置越界，返回空字符串
''
```

与字符串索引不同，切片操作不会因为下标越界而出现异常，而是简单地在字符串尾部截断或返回一个空字符串。

因为字符串是不可变对象，所以不能对字符串切片赋值。例如：

```
>>> s[::]='Python'
Traceback (most recent call last):
  File "<pyshell#58>", line 1, in <module>
    s[::]='Python'
TypeError: 'str' object does not support item assignment
```

2.3　运算符和表达式

与其他语言一样，Python 支持大多数算术运算符、关系运算符、逻辑运算符以及位运算符，并遵循与大多数语言一样的运算优先级。除此之外，还有一些运算符是 Python 特有的，例如成员测试运算符、集合运算符、同一性测试运算符等。另外，Python 中的很多运算符具有多种不同的含义，作用于不同类型操作数时的含义并不相同，非常灵活。

2.3　运算符和表达式

2.3.1　算术运算符

Python 的算术运算符见表 2-3。

表 2-3　Python 的算术运算符

运算符	描述	实例
+	加法	7+2 返回 9；3.14+2.3 返回 5.44
-	减法	7-2 返回 5；4.13-2.1 返回 2.03
*	乘法	7*2 返回 14；3.14*2.1 返回 6.594
/	浮点除法	7/2 返回 3.5；3.14/2.1 返回 1.57
//	整除运算，返回商	7//2 返回 3；3.14//2.1 返回 1.0
%	整除运算，返回余数（取模）	7%2 返回 1；3.14%2.1 返回 1.04
**	幂运算	7**2 返回 49； 3.14**2.1 返回 11.054834900588839

算术运算符的优先级，按照从低到高排列（同一行优先级相同），如图 2-3 所示。

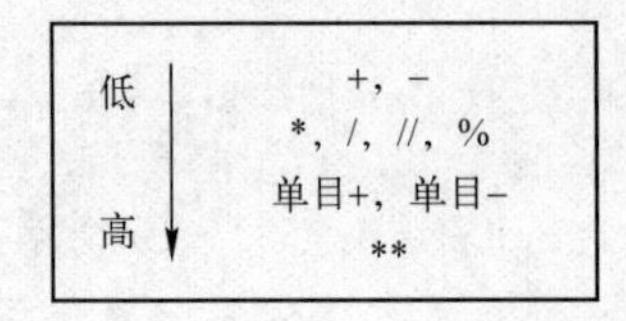

图 2-3　算术运算符优先级

下面来看几个例子。

```
>>> x=3
>>> -x          #单目-
-3
>>> +x          #单目+
3
>>> 7%3
1
>>> -7%3        #余数（模）的正负号和除数的符号一致
2
>>> 7%-3
-2
>>> -7%-3
-1
```

以上例子都是相同类型之间的数据运算。如果是不同类型之间的数据运算，会发生隐式类型转换。转换规则为：低类型向高类型转换。可以进行算术运算的各种数据类型，从低到高排序，如图 2-4 所示。

低	布尔型(bool)
	整型(int)
	浮点型(float)
高	复数型(complex)

图 2-4　数据类型转换

下面来看几个例子。

```
>>> True+1
2
>>> True+3.2
4.2
>>> True+3j
(1+3j)
>>> 1+1.5
2.5
```

2.3.2　常用数学函数

常用的 Python 数学运算类的内置函数见表 2-4。

表 2-4　常用的 Python 数学运算类的内置函数

函数名	描述
abs	绝对值
divmod	返回整数商和余数
pow	乘幂
round	四舍五入
sum	可迭代对象求和
max	求最大值
min	求最小值

下面来看几个例子。

- abs()函数

【描述】abs()函数返回数字的绝对值。

【语法】abs(x)。

【参数】x 数值表达式。

【返回值】函数返回 x（数字）的绝对值。

【实例】

```
>>> abs(-4)
4
>>> abs(3.14)
3.14
>>> abs(0x191)          #0x191 是十六进制数
401
```

- divmod()函数

【描述】divmod()函数把除数和余数运算结果结合起来，返回一个包含商和余数的元组(a // b, a % b)。

【语法】divmod(a, b)。

【参数】a，b 数字。

【实例】

```
>>> divmod(7,3)
(2, 1)
>>> divmod(15,5)
(3, 0)
```

- pow()函数

【描述】pow()函数返回 x^y（x 的 y 次方）的值。

【语法】pow(x, y[, z])。

函数是计算 x 的 y 次方。如果 z 存在，则 x^y 对 z 进行取模，其结果等效于 pow(x,y) %z。

【参数】x，y，z 数值表达式。

【实例】

```
>>> pow(10,2)
100
>>> pow(10,-2)
0.01
>>> pow(7,2,3)
1
>>> pow(0o12,2)          #其中 0o12 是八进制数
100
```

- round()函数

【描述】round()方法返回浮点数 x 的四舍五入值。

【语法】round(x [, n])。

【参数】x，n 数值表达式。

【实例】

```
>>> round(167.189,2)
167.19
```

```
>>> round(167.189,-2)
200.0
>>> round(167.189,0)
167.0
>>> round(167.189)
167
```

● sum()函数

【描述】sum() 函数对可迭代对象求和计算。

【语法】sum(iterable[, start])。

【参数】iterable 为可迭代对象，如：列表、元组、集合。start 为指定相加的参数，如果没有设置这个值，默认为 0。

【实例】

```
>>> sum([1,3,5,7,9])
25
>>> sum([1,3,5,7,9],2)
27
```

● max()函数

【描述】max() 函数返回给定参数的最大值，参数可以为序列。

【语法】max(x, y, z, ...)。

【参数】x，y，z 数值表达式。

【实例】

```
>>> max(10,100,50,30)
100
```

● min()函数

【描述】min() 函数返回给定参数的最小值，参数可以为序列。

【语法】min(x, y, z, ...)。

【参数】x，y，z 数值表达式

【实例】

```
>>> min(10,100,50,30)
10
```

由于内置函数众多且功能强大，很难一下子全部解释清楚，本书将在后面的章节中根据内容的需要逐步展开并演示其用法。

对于初学者而言，内置函数很有用。下面一起来了解和学习 math 模块中的常量和函数。math 模块中的常量和函数分别见表 2-5 和表 2-6。

表 2-5　math 模块中的常量

函数名	描述	实例
pi	数学常量 π	math.pi 返回 3.141592653589793
e	数学常量 e	math.e 返回 2.718281828459045

表 2-6 math 模块中的函数

函数名	描述	实例
fabs	绝对值，返回 float	fabs(-5)返回 5.0
ceil	大于等于 x 的最小整数	ceil(3.14)返回 4
floor	小于等于 x 的最大整数	floor(3.14)返回 3
trunc	截取为最接近 0 的整数	trunc(0.99)返回 0
factorial	整数的阶乘	factorial(4)返回 24
sqrt	平方根	sqrt(2)返回 1.4142135623730951
exp	以 e 为底的指数运算	exp(1)返回 2.718281828459045
log	对数	log(9,3)返回 2.0
sin	正弦值	sin(math.pi/2)返回 1.0
cos	余弦值	cos(math.pi)返回-1.0
tan	正切值	tan(math.pi/4)返回 1.0

使用 math 模块中的常量和函数，必须先导入数学模块 math，使用常量和函数时要在常量和函数名前面加上“math.”。例如：

```
>>> import math
>>> r=5
>>> math.pi*math.sqrt(r)
7.024814731040727
```

如果要频繁使用某一模块中的函数，为避免每次写模块名的麻烦，也可以按下面方式导入。

```
>>> from math import *
pi*sqrt(r)
7.024814731040727
```

这样，就可以像内置函数那样来使用模块函数了。具体模块如何导入，将在后续章节中详细介绍。

2.3.3 赋值运算符

赋值运算符用“=”表示，一般形式如下。

```
变量=表达式
```

其中“=”左边只能是变量，不能使用常量或表达式。例如：pi=3、2=1+1 都是错误的。

特别强调，Python 的赋值运算是没有返回值的，这点跟 C 语言不同。也就是说，赋值没有运算结果，只是改变了变量的值。

下面来看几个例子。

```
>>> x=3
>>> print(x)
3
>>> x=y=z=3          #多目标赋值，变量 x，y，z 全部赋值为 3
>>> print(x,y,z)
3 3 3
```

除基本赋值外，赋值运算符还可以跟算术运算符形成复合运算符，见表 2-7。

表 2-7　复合运算符

运算符	描述	实例
=	简单的赋值运算符	c = a + b 将 a + b 的运算结果赋值为 c
+=	加法赋值运算符	c += a 等效于 c = c + a
-=	减法赋值运算符	c -= a 等效于 c = c - a
*=	乘法赋值运算符	c *= a 等效于 c = c * a
/=	除法赋值运算符	c /= a 等效于 c = c / a
%=	取模赋值运算符	c %= a 等效于 c = c % a
**=	幂赋值运算符	c **= a 等效于 c = c ** a
//=	取整除赋值运算符	c //= a 等效于 c = c // a

下面来看几个例子。

```
>>> a=3
>>> b=4
>>> c=a+b
>>> print(c)          #c=3+4=7
7
>>> c+=a
>>> print(c)          #c=7+3=10
10
```

2.3.4　关系运算符

关系运算符也称为比较运算符，可以对两个数值型或字符型数据进行大小比较，返回一个“真”或“假”的布尔值，见表 2-8。

表 2-8　关系运算符

运算符	描述	实例
==	等于。比较对象是否相等	(5==10) 返回 False
!=	不等于。比较两个对象是否不相等	(5 !=10) 返回 True
>	大于。返回 x 是否大于 y	(5 >10) 返回 False
<	小于。返回 x 是否小于 y。所有比较运算符返回 1 表示真，返回 0 表示假。这分别与特殊的变量 True 和 False 等价	(5 <10) 返回 True
>=	大于等于。返回 x 是否大于等于 y	(5 >=10) 返回 False
<=	小于等于。返回 x 是否小于等于 y	(5 <=10) 返回 True

在比较过程中，遵循以下规则。

- 若两个操作数是数值型，则按照大小进行比较。
- 若两个操作数是字符串型，则比较对应位置上字符的 ASCII 码值，即：首先取两个字符串的第 1 个字符进行比较，较大的字符所在的字符串更大；如果相同，则再取两个字符串的第 2 个字符进行比较，以此类推。这样比较的结果有三种情况：第一种，某次比较分出大小，较大的字符所在的字符串更大；第二种，始终分不出大小并且两个字符串同时取完所有字符，那么这两个字符串相等。第三种，在分出大小之前，一个字符串已经取完所有字符，那么这个较短的字符串较小。特别强调，空字符串总是最小的。

常用字符的大小关系如下。

```
空字符<空格<'0'~'9'<'A'~'Z'<'a'~'z'<汉字
```

浮点数比较是否相等时要注意：因为有精度误差，可能产生本应相等但比较结果却不相等的情况。

下面来看一些例子。

```
>>> a='artist'
>>> b='artist'
>>> a==b
True
>>> b='artists'
>>> a==b
False
>>> x=0.3+0.3+0.3
>>> x==0.9
False
>>> x
0.8999999999999999
```

注意：复数不能比较大小，只能比较是否相等。例如：

```
>>> 1+2j==2+4j
False
>>> 1+2j<2+4j
Traceback (most recent call last):
  File "<pyshell#52>", line 1, in <module>
    1+2j<2+4j
TypeError: '<' not supported between instances of 'complex' and 'complex
```

特别强调，Python 允许 x<y<z 这样的链式比较，等价于 x<y and y<z。也可以用 x<y>z，相当于 x<y and y>z。

所有关系运算符的优先级相同。

2.3.5 逻辑运算符

Python 语言支持逻辑运算符。逻辑运算符见表 2-9。

表 2-9 逻辑运算符

运算符	逻辑表达式	描述
and	x and y	布尔"与"。只有两个操作数都为真，结果才为真
or	x or y	布尔"或"。只要有一个操作数为真，结果就为真
not	not x	布尔"非"。单目运算符。如果 x 为 True，返回 False。如果 x 为 False，它返回 True

Python 中的逻辑运算规则见表 2-10。

表 2-10　Python 中的逻辑运算规则

x	y	x and y	x or y	not x
False	False	False	False	True
False	True	False	True	
True	False	False	True	False
True	True	True	True	

逻辑运算符特别需要强调以下几点。

- and 和 or 的运算结果不一定是布尔类型。在 Python 中，数字、字符串、列表等都能参与逻辑运算，and 和 or 运算结果的具体类型是由返回的 x 或 y 决定的，其中 0、空字符串、空列表当作 False，而非空值当作 True。例如：

```
>>> 0 and 5 #左操作数为 0，即 False，则跳过右操作数的计算，直接得出结果为 0
0
>>> type(0 and 5)        #type()函数返回操作数的数据类型
<class 'int'>
>>> '' or 'abc'
'abc'
>>> type('' or 'abc')
<class 'str'>
```

- not 操作返回的一定是布尔类型。例如：

```
>>> type(not 0)
<class 'bool'>
>>> not 'abc'
False
>>> type(not 'abc')
<class 'bool'>
```

2.3.6　位运算符

Python 语言支持位运算符，位运算符见表 2-11。位运算符只能适用于整数，其总体运算规则为：首先把整数转换为二进制表示形式，按最低位对齐，短的高位补 0，其次，进行位运算，最后把得到的二进制转换为十进制数。Python 中的按位运算法则如下。

- 位与运算符运算规则：0&0=0，0&1=0，1&0=0，1&1=1。
- 位或运算符运算规则：0|0=0，0|1=1，1|0=1，1|1=1。
- 位求反运算符运算规则：~0=1，~1=0，对于整数 x 有~x=−(x+1)。
- 位异或运算符运算规则：0^0=0，0^1=1，1^0=1，1^1=0。
- 左移位运算符运算规则：原来的所有位左移，最低位补 0，相当于乘以 2。
- 右移位运算符运算规则：原来的所有位右移，最低位丢弃，最高位使用符号位填充，相当于整除 2。

表 2-11 中变量 a 为 60，b 为 13，位运算结果见表 2-11。

表 2-11　位运算符

<table>
<tr><th>运算符</th><th>描述</th><th>实例</th></tr>
<tr><td>&</td><td>按位与运算符：参与运算的两个值，如果两个相应位都为1，则该位的结果为 1，否则为 0</td><td>(a & b) 输出结果 12，二进制解释：0000 1100</td></tr>
<tr><td>|</td><td>按位或运算符：只要对应的两个二进位有一个为 1 时，结果位就为 1</td><td>(a | b) 输出结果 61，二进制解释：0011 1101</td></tr>
<tr><td>^</td><td>按位异或运算符：当两个对应的二进位相异时，结果为 1</td><td>(a ^ b) 输出结果 49，二进制解释：0011 0001</td></tr>
<tr><td>~</td><td>按位取反运算符：对数据的每个二进制位取反，即把 1 变为 0，把 0 变为 1。~x 类似于 -x-1</td><td>(~a) 输出结果-61，二进制解释：1100 0011，在一个有符号二进制数的补码形式</td></tr>
<tr><td><<</td><td>左移动运算符：运算数的各二进位全部左移若干位，由“<<”右边的数字指定了移动的位数，高位丢弃，低位补 0</td><td>a << 2 输出结果 240，二进制解释：1111 0000</td></tr>
<tr><td>>></td><td>右移动运算符：把">>"左边的运算数的各二进位全部右移若干位，“>>”右边的数字指定了移动的位数</td><td>a >> 2 输出结果 15，二进制解释：0000 1111</td></tr>
</table>

下面来看几个例子。

```
>>> a=10         #十进制数 10 转换成二进制数为 00001010
>>> b=13         #十进制数 13 转换成二进制数为 00001101
>>> a&b           #a&b 的二进制数结果为 00001000，转换成十进制数为 8
8
>>> s=100
>>> s>>2         #左移实则就是将 s 除以 2^2
25
>>> s<<2         #右移实则就是将 s 乘以 2^2
400
```

2.3.7　表达式

表达式由运算符和参与运算的操作数组成。操作数可以是常量、变量，也可以是函数的返回值。例如：

```
>>> import math
>>> r=3.14
>>> 2*math.pi*r
19.729201864543903
```

按照运算符的种类，表达式可以分为：算术表达式、关系表达式、逻辑表达式等。

多种运算符混合运算形成复合表达式，按照运算符的优先级和结合性依次进行运算，当存在圆括号时，运算次序会发生变化，例如：

```
>>> 3*(2+12%3)**3/5
    4.8
```

在这个例子中，首先计算圆括号，其结果为 2，再计算 2**3 结果为 8，再计算 3*8 结果为 24，最后计算 24/5 结果为 4.8。

常见运算符的优先级，按照从低到高的顺序排列（同一行优先级相同）总结如图 2-5 所示。

逻辑或or
逻辑与and
逻辑非not
赋值和复合赋值=，+=，-=，*=，/=，//=，%=，**=
关系>，>=，<，<=，==，!=，is，is not
加减+，-
乘除*，/，//，%
单目+，单目-
幂**
索引[]

图 2-5　常见运算符优先级

很多运算对操作数的类型有要求。例如，加法（+）要求两个操作数类型一致，当操作数类型不一致时，可能会发生隐式类型转换。例如：

```
>>> a,b=2.5,3
>>> a+b            #整型和浮点型混合运算，整型隐式转换为浮点型
5.5                #结果为浮点型
```

差别较大的数据类型之间可能不会发生隐式类型转换，例如：

```
>>> a,b='a',3
>>> a+b
Traceback (most recent call last):
  File "<pyshell#35>", line 1, in <module>
    a+b
TypeError: can only concatenate str (not "int") to str
```

这个例子中 a 是字符串型，b 是整型，不会发生隐式类型转换，系统提示出错。此时，就需要进行显示类型转换。Python 中提供了一些以转换为目标类型名称提供类型转换内置函数。

- float()函数。将其他类型数据转换为浮点数，例如：

```
>>> float(1)          #将整型数据转换成浮点数
1.0
>>> float('123456') #将字符串型数据转换成浮点数
123456.0
```

- str()函数。将其他类型转换为字符串。例如：

```
>>> str(1)
 '1'
>>> str(-3.14)
 '-3.14'
```

- int()函数。将其他类型数据转换为整型，例如：

```
>>> int(3.14)
3
>>> int (5.69)        #int()函数并不是四舍五入取整，而是直接截去小数部分
5
```

- round()函数。将浮点型数值圆整为整型，例如：

```
>>> round(3.14)
3
>>> round(1.5)
2
>>> round(2.5)
2
>>> round(2.6)
3
```

圆整计算总是“四舍”，但并不一定总是“五入”。因为总是逢五向上圆整会带来计算概率的偏差。所以，Python 采用的是“银行家圆整”：将小数部分为.5 的数字圆整到最接近的偶数，即“四舍六入五留双”。

● bool()函数。将其他类型数据转换为布尔类型，例如：

```
>>> bool(0)
False
>>> bool(1)
True
>>> bool(-1)
True
>>> bool('a')
True
```

注意：0 转换为 False，所有非 0 值转换为 True。

● chr()和 ord()函数。进行整数和字符之间的相互转换：chr()将一个整数按 ASCII 码转换为对应的字符，ord()是 chr()的逆运算，把字符转换成对应的 ASCII 码或 Unicode 值。例如：

```
>>> chr(65)
'A'
>>> ord('a')
97
```

表达式的结果类型由操作数和运算符共同决定。例如：关系、逻辑运算的结果一定是逻辑值。字符串进行连接（+）和重复（*）的结果还是字符串。浮点型操作数进行算术运算的结果还是浮点型。

2.4 习题

1．键盘输入浮点型变量 x 的值，求方程 $y=3x^2-10$ 所对应的 y 值。提示：从键盘输入 x 值，写法为 x=input("请输入 x 的值：")。

【解题思路】

从键盘输入 x 值，输入后 x 为字符串类型，需要使用 float()函数将其转换成浮点数类型，然后计算 $y=3x^2-10$，将数学表达式写成 Python 表达式 y=3*x**2-10，输出 y 的值。

2．从键盘输入两个整数（假设都不为 0），求这两个整数的和、差、积、商并输出。尝试使用整除与非整除两种运算。

【解题思路】

设变量 a、b，分别存放从键盘输入的两个整数，需要使用 int()函数将其转换成整型数据类型，计算 a+b、a-b、a*b、a/b、a//b 并输出。

3．编写程序，输入一个 8 位的整数，将其分解为 4 个两位的整数并输出，其中个、十位为一个整数，百、千位为一个整数，万、十万位为一个整数，百万、千万位为一个整数。例如：12345678 分解为 12,34,56 和 78。

【解题思路】

方法：设变量 x 用来存放从键盘输入的 8 位整数，使用%（取余数运算符）获取两位整数，使用//（地板除运算）将变量 x 的值缩小为原来的 1/100，即数据整体右移两位。

4．编写程序，从键盘输入一个 4 位正整数（假设个位不为 0），输出该数的反序数。反序数即原数各位上的数字颠倒次序所形成的另一个整数。例如：1357 的反序数是 7531。

【解题思路】

方法：使用%（取余数运算）和//（地板除运算）拆分出个位、十位、百位、千位 4 个数字，然后重新组合成一个新的 4 位数。

5．从键盘输入两个整数分别赋值变量 x、y，编写程序至少使用两种方法交换变量 x 和 y 的值。

【解题思路】

方法 1：使用 x，y=y，x 来交换两个变量的值；

方法 2：使用第三个变量 z，z=x;x=y;y=z;

方法 3：使用+、-运算；

方法 4：使用位运算。

第 3 章　程序控制结构

一个程序主要包括以下两方面的信息：对数据的描述和对操作的描述。在程序中指定用到哪些数据以及这些数据的类型和数据的组织形式，就是数据结构；数据是操作的对象，对操作的描述，即为算法。因此著名计算机科学家沃斯（Niklaus Wirth）提出著名公式：

程序=算法+数据结构

为了有效解决计算机问题，人们规定出三种基本控制结构：顺序结构、选择结构和循环结构，并将它们作为表示良好算法的基本单元。本章主要描述如何用简洁易懂的流程图来描述算法，及如何使用三种基本控制结构来实现完整的算法。

【学习要点】

1．算法的相关概念。

2．运用流程图分析算法。

3．选择结构语法和选择结构的嵌套。

4．循环结构语法和循环结构的嵌套。

5．循环控制语句 break 和 continue。

6．程序的异常处理。

3.1　算法与流程图

3.1　算法与流程图

3.1.1　算法

算法是对特定问题求解步骤的一种描述，它是指令的有限序列，其中一条指令表示一个或多个操作。简言之，算法是解决问题的一系列操作步骤的集合。一般地，一个算法具有下列 5 个重要特性。

1）有穷性。一个算法必须总是（对任何合法的输入值）在执行有穷步骤之后结束，且每一步都可在有穷时间内完成。

2）确定性。算法中每一条指令必须有确切的含义，即在任何条件下，算法只有唯一的一条执行路径。

3）可行性。算法中描述的操作都是可以通过已经实现的基本运算执行有限次数来实现的。

4）输入。一个算法有零个或多个的输入。

5）输出。一个算法至少有一个输出。

设计一个良好的算法，应首先考虑到算法的正确性和可读性，在能够正确解决问题的前提下，算法只有经过人们的阅读理解后才交由机器去执行，晦涩难懂的程序容易隐藏错误，难以调试和修改。其次应该考虑到算法的健壮性，即使当输入数据非法时，算法也能适当地做出反应或进行处理，而不会突兀地中止程序执行或输出莫名其妙的结果。最后，在设计算法时，还应该考虑到算法需要使用的资源和算法自身的执行效率。对于同一个问题如果有多个算法可以解决，当然选择占用资源少和执行效率高的算法。

3.1.2　用流程图描述算法

描述算法的方法有自然语言、流程图和伪代码等。人们最初使用自然语言来表示算法，自然语言描述算法比较容易接受，但是叙述冗长，容易产生歧义。使用伪代码描述的专业性较强，需要一定的编程语言基础。面对初学者，建议使用标准流程图来描述算法，直观形象，易于理解。

流程图使用一系列图形、流程线和文字说明来描述算法，表示程序的基本操作和控制流程，它是程序分析和过程描述的最基本方式。美国国家标准化协会 ANSI（American National Standards Institute，ANSI）规定了一些常用的流程图符号，一般包括 7 种基本元素，如图 3-1 所示。

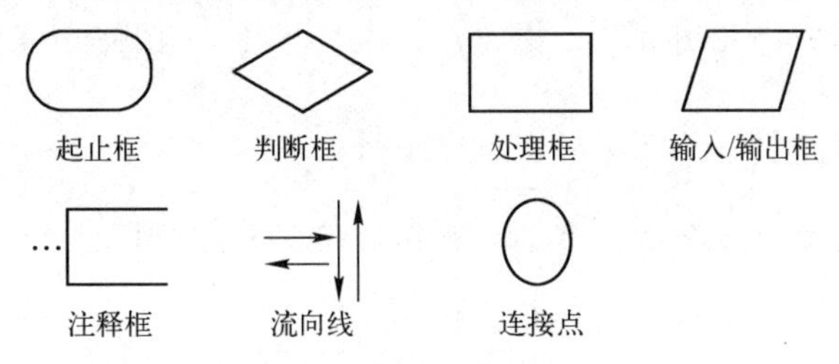

图 3-1　流程图的基本元素

- 起止框：表示程序逻辑的开始或结束；
- 判断框：表示一个判断条件，并根据判断结果选择不同的执行路径；
- 处理框：表示一组处理过程，对应于顺序执行的程序逻辑；
- 输入/输出框：表示程序中的数据输入或结果输出；
- 注释框：表示程序的注释；
- 流向线：表示程序的控制流，以带箭头直线或曲线表达程序的执行路径；
- 连接点：表示多个流程图的连接方式，常用于将多个较小流程图组织成较大流程图。

3.1.3　程序的三种基本结构

1966 年，Bohra 和 Jacopini 提出了以下 3 种基本结构，用这 3 种基本结构作为一个良好算法的基本单元。

1）顺序结构，程序按照线性顺序依次执行的一种运行方式。如图 3-2 所示，顺序结构流程图如下。先执行语句块 1，再执行语句块 2。

2）选择结构，根据条件判断的结果，选择不同执行路径的一种运行方式。基础的选择结构是双分支选择结构，如图 3-3 所示。若条件为真，则执行语句块 1；若条件为假，则执行语句块 2。

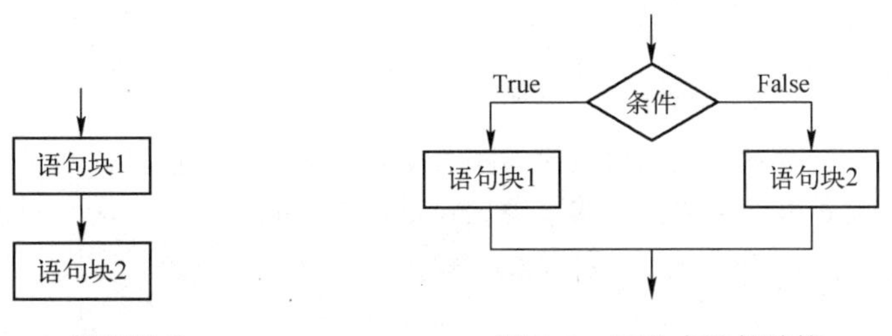

图 3-2　顺序结构　　图 3-3　双分支选择结构

3）循环结构，根据条件判断的结果，反复执行语句块的一种运行方式。根据循环体触发条件的不同，可以分为遍历循环和条件循环两种。如图 3-4 和图 3-5 所示，若条件为真，则重复执行语句块，若条件为假，则退出循环。

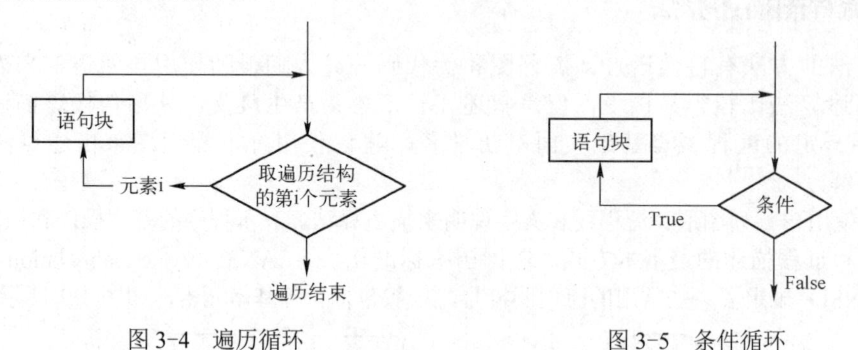

图 3-4 遍历循环　　　　图 3-5 条件循环

3.1.4 顺序结构程序设计

【例 3-1】 输入三角形的三条边 a、b、c，根据公式计算并输出三角形的面积。

$$s = (a + b + c) / 2$$

$$area = \sqrt{s(s-a)(s-b)(s-c)}$$

求三角形面积的流程图如图 3-6 所示。

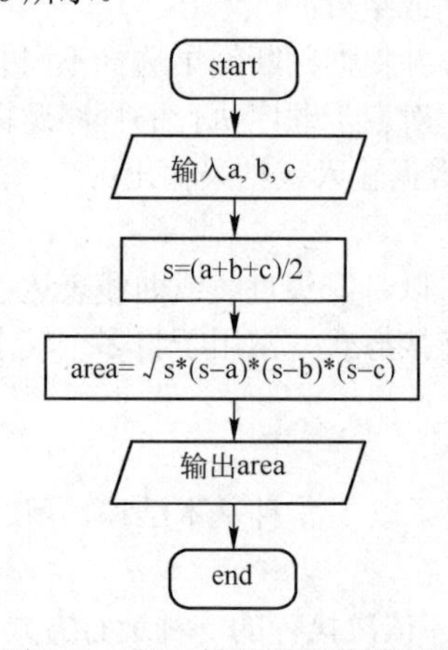

图 3-6 求三角形面积的流程图

【程序代码】

```
a,b,c=eval(input("输入三角形的三条边长:"))
s=(a+b+c)/2
area=(s*(s-a)*(s-b)*(s-c))**0.5
print("area=",area)
```

注意：程序默认从键盘输入的内容为字符串类型，变量接收数值时需注意转换类型；需注意变量输入的间隔符号；读者可以思考输入的三条边长是否能构成三角形，这一问题在选择结构的学习中将得到解决。

【运行结果】

```
输入三角形的三条边长:3,4,5
area= 6.0
```

3.2　选择结构程序设计

3.2　选择结构程序设计

日常玩的猜拳游戏“石头剪刀布”（见图 3-7），结果可能有赢了、输了、平手几种情况，需要根据条件判断的结果确定进一步的操作。这类问题可以使用选择结构解决。

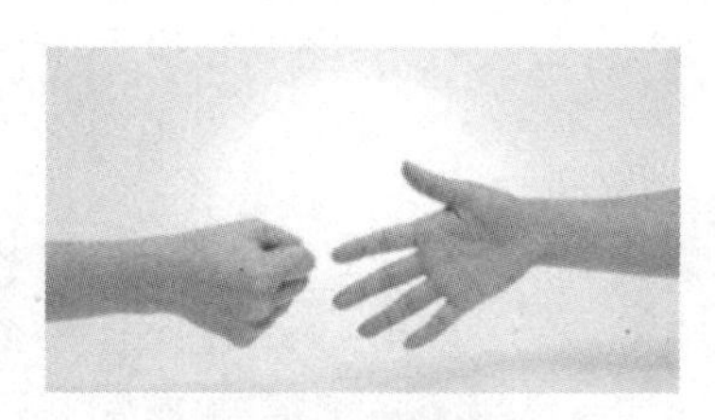

图 3-7　猜拳游戏

选择结构是根据条件判断的结果，选择不同分支执行的算法结构。分支结构有：单分支结构、双分支结构和多分支结构。下面分别使用这 3 种结构，设计出一个功能由简单到复杂的身体质量指数（Body Mass Index，简称 BMI）计算器。

【例 3-2】 BMI 指数是目前国际上常用的衡量人体胖瘦程度以及是否健康的一个标准。BMI 值超标，意味着你必须减肥了。

BMI 计算公式：

$$\text{体质指数（BMI）}=\frac{\text{体重（kg）}}{[\text{身高（m）}]^2}$$

符合中国人评价标准的 BMI 指数标准表，如下所示。

BMI<18.5，表示身体偏瘦；
BMI 在 18.5～24 之间，表示身体正常；
BMI 在 24～28 之间，表示身体超重；
若 BMI>=28，表示肥胖。

编程，要求输入体重、身高，自动计算出 BMI 指数，并输出评价结果。

分别采用选择结构的单分支、双分支和多分支 3 种结构，实现从简单到复杂的程序功能，具体描述如下。

【功能 1】 程序能正确判断被测者的体重超重的情况，如果超重，程序给出肯定回答。

【功能 2】 程序能正确判断被测者的体重是否超重，如果超重，程序给出肯定回答，否则给出否定回答。

【功能 3】 程序能根据被测者的 BMI 数值进行分类，得出偏瘦、正常、超重或者肥胖的结论。

3.2.1　单分支结构

单分支结构是选择结构中最简单的一种形式，使用 if 语句实现，如图 3-8 所示。当条件表达式值为 True 时，语句块将被执行，否则不执行该语句块。

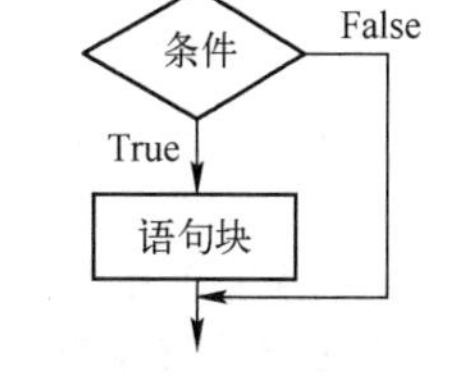

图 3-8　单分支结构

语法格式如下。

```
if  <条件>:
        语句块
```

注意条件表达式后面的冒号“:”是不可缺少的，同时注意语句块的书写缩进。

【例 3-2-a】 编程，要求输入体重、身高，自动计算出 BMI 指数，并根据 BMI 数值判断被测者体重超重的情况，如果超重，给出肯定回答。

【问题分析】

很显然，用户输入被测者的体重和身高后，程序根据公式计算出 BMI 指数。程序只需要判断体重超重的一种情况；如果被测者的体重没有超重，程序不做任何回答。所以使用单分支 if 语句即可解决问题。

【程序代码】

```
w,h=eval(input("请输入体重、身高："))
bmi=w/h**2
if bmi>=24:
        print("BMI 指数={:.2f}，您的身体超重，要管理一下身材哦！".format(bmi))
```

【运行结果】

```
请输入体重、身高：62,1.58
BMI 指数=24.84，您的身体超重，要管理一下身材哦！
```

3.2.2　双分支结构

双分支结构是选择结构中最基本的结构，使用 if-else 语句实现，如图 3-9 所示。当条件表达式值为 True 时，语句块 1 将被执行；当条件表达式值为 False 时，语句块 2 将被执行。这种结构对判断结果反馈的完备性较好，无论结果是什么，程序都会给出相应的回答。

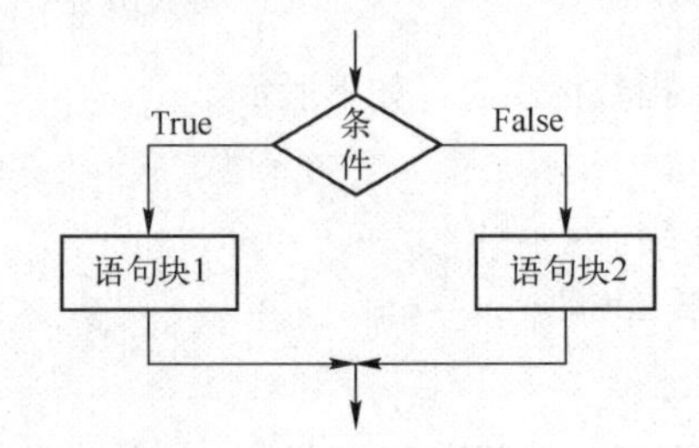

图 3-9　使用 if-else 语句实现双分支结构

语法格式如下。

```
if   <条件>:
        <语句块 1>
else:
        <语句块 2>
```

与单分支结构相同，条件表达式后必须有冒号“:”，同时请读者注意 else 后面的冒号“:”也是必不可少的，此外关注两个语句块的书写缩进。

【例 3-2-b】 编程，要求输入体重、身高，自动计算出 BMI 指数，并根据 BMI 数值判断被测者的体重是否超重，如果超重，程序给出肯定回答，否则给出否定回答。

【问题分析】

本题中，如果被测者的体重超重，程序给出“超重”的回答，而当被测者的体重没有超重时，程序也必须给用户“没有超重”的回复。这就需要使用 if 的双分支结构。

【程序代码】

```
w,h=eval(input("请输入体重、身高："))
bmi=w/h**2
if bmi>=24:
        print("BMI 指数={:.2f}，您的身体超重，要管理一下身材哦！".format(bmi))
else:
        print("BMI 指数={:.2f}，您没有超重，请继续保持！".format(bmi))
```

【运行结果】

```
请输入体重、身高：57,1.58
BMI 指数=22.83，您没有超重，请继续保持！
```

双分支结构还有一种更简洁的表达方式，语法格式如下。

```
<表达式 1>  if  <条件>  else  <表达式 2>
```

注意：表达式、关键字和条件之间用空格间隔；注意此时实现的是表达式而不是语句块。

【例 3-3】 判断用户输入数字的奇偶性。

【问题分析】

使用两种不同的结构实现该判断。

【程序代码】

（1）用双分支选择结构实现。

```
n=int(input("请输入一个整数："))
if n % 2==0:
      print("这是个偶数")
else:
      print("这是个奇数")
```

（2）用双分支的简洁结构实现。

```
n=int(input("请输入一个整数："))
s="这是个偶数"  if  n%2==0  else  "这是个奇数"
print(s)
```

【运行结果】

```
请输入一个整数：7
这是个奇数
```

显然，双分支选择结构的实现更简洁使其在书写上简单很多。比较例 3-2-b 和例 3-3 发现，例 3-2-b 的语句块也仅是一句表达式，所以也可以使用简洁的结构来实现，读者可以尝试用这种方法完成例 3-2-b 的改写。

3.2.3 多分支结构

3.2.3 多分支结构

实际中很多问题的解决，往往不止有两个方面，可能会有多个方面，需要根据不同的条件对这很多方面进行处理，这时候就需要用到选择的多分支结构。多分支结构能够实现多个条件对应的不同选择，使用 if-elif-else 语句实现，如图 3-10 所示。根据条件表达式值判断结果，若条件 1 为 True，则执行语句块 1；否则，进一步判断条件 2，若为 True，则执行语句块 2；以此类推，若条件 N-1 为 True，则执行语句块 N-1；否则执行语句块 N。

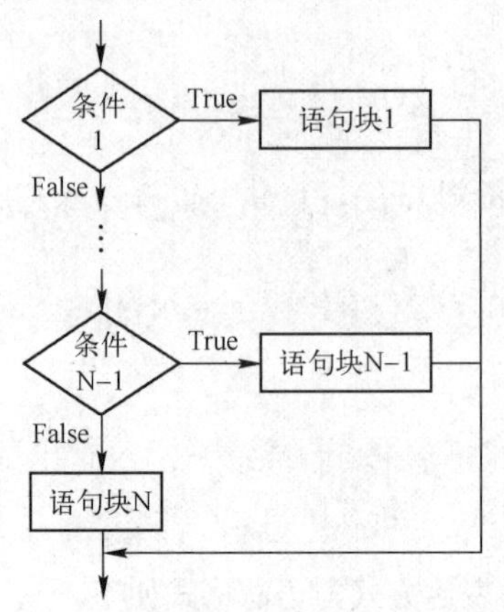

图 3-10　使用 if-elif-else 语句实现多分支结构

语法格式如下。

```
if <条件 1>:
        <语句块 1>
elif <条件 2>:
        <语句块 2>
...
else:
        <语句块 N>
```

同样请注意冒号“:”的存在和语句块的书写缩进。

【例 3-2-c】 编程，要求输入体重、身高，自动计算出 BMI 指数，并根据 BMI 数值判断被测者是属于偏瘦、正常、超重或者肥胖的哪一类。

【问题分析】

本题中，对 BMI 数值的判断情况比较复杂，有偏瘦、正常、超重或肥胖 4 种不同的分类，此时需要使用多分支选择结构 if-elif-else 来解决该问题。

【程序代码】

```
w,h=eval(input("请输入体重、身高："))
bmi=w/h**2
if bmi<18.5:
    print("BMI 指数={:.2f}，您的身体偏瘦！".format(bmi))
elif bmi<24:
    print("BMI 指数={:.2f}，您的身体正好，请继续保持！".format(bmi))
elif bmi<28:
    print("BMI 指数={:.2f}，您的身体超重，要管理一下身材哦！".format(bmi))
else:
    print("BMI 指数={:.2f}，您的身体肥胖，该减肥了！".format(bmi))
```

【运行结果】

```
请输入体重、身高：52,1.58
BMI 指数=20.83，您的身体正好，请继续保持！
```

当然，本题还有其他不同的运行结果，读者可以自行输入数据进行测试。

3.2.4　选择结构的嵌套

在 if 语句中又包含一个或多个 if 语句，称为 if 语句的嵌套（nest）。选择结构可以通过嵌套来实现复杂的逻辑业务。使用嵌套结构时，一定要注意代码的缩进量，这决定了代码的并列关系和从属关系，决定了代码是否能够正确实现业务逻辑，以及代码能否被解释器正确理解和执行。

一般地，Python 有两种 if 语句的嵌套格式。

语法一：

```
if <条件 1>:
    if <条件 2>:
        <语句块 1>
else:
    <语句块 2>
```

语法二：

```
if <条件 1>:
    <语句块 1>
else:
    if <条件 2>:
        <语句块 2>
```

【例 3-4】 编程计算以下函数的值。

$$y=\begin{cases}x+9, & x<-4\\ x^2+2x+1, & -4\leqslant x<4\\ 2x-15, & x\geqslant 4\end{cases}$$

【问题分析】

本题中，首先以 4 作为自变量 x 的第一个分界值，把条件划分为 $x<4$ 和 $x\geqslant 4$ 两部分，然后再对 $x<4$ 的部分进行二次划分，把-4 作为 x 的第二个分界值，把条件分为 $x<-4$ 和 $x\geqslant -4$ 两部分，这样就可以选择嵌套结构的语法一解决问题；同样地，依次以-4、4 作为 x 的第一个和第二个分界值，可以使用嵌套结构的语法二解决这个问题。

【程序代码】

语法一：

```
x=int(input("输入 x 值："))
if x<4:
    if x<-4:
        y=x+9
    else:
        y=x**2+2*x+1
else:
    y=2*x-15
print("y={}".format(y))
```

语法二：

```
x=int(input("输入 x 值："))
if x<-4:
    y=x+9
```

```
else:
    if x<4:
        y=x**2+2*x+1
    else:
        y=2*x-15
print("y={}".format(y))
```

【运行结果】

```
输入 x 值：-1
y=0
```

本题也可以使用多个单分支选择结构实现。在处理具体的问题时，有不同的逻辑划分条件，根据这些条件，读者可以使用不同的选择结构来解决问题。

3.3　循环结构程序设计

3.3　循环结构程序设计

许多实际问题中，需要对问题的某一部分进行重复处理。

例如猜数字游戏：首先预设一个目标数字，让用户来猜这个数字，如果用户猜中了，游戏结束；如果用户猜错了，告知用户所猜的数字比目标数字大还是小，让用户继续猜。下面用算法的思想描述这个游戏。

步骤 1：生成目标数字 target；

步骤 2：输入猜的数字 guess；

步骤 3：判断猜数字情况：

猜小了，则重复 2、3 步骤，继续游戏；

猜大了，则重复 2、3 步骤，继续游戏；

猜中了，则游戏结束。

从上述分析可以看出，在未猜中正确数字时，游戏需要重复地猜数字，这就需要使用循环结构来实现。

在 Python 中，循环结构有两种：遍历循环和条件循环。程序使用 break 和 continue 语句对循环进行进一步控制，本节将通过案例详细讲解，来帮助理解。

3.3.1　遍历循环

遍历循环，适用于遍历序列或迭代对象中使用元素的场合。遍历循环使用保留字 for，依次提取对象中的各元素进行处理，流程图如图 3-11 所示。

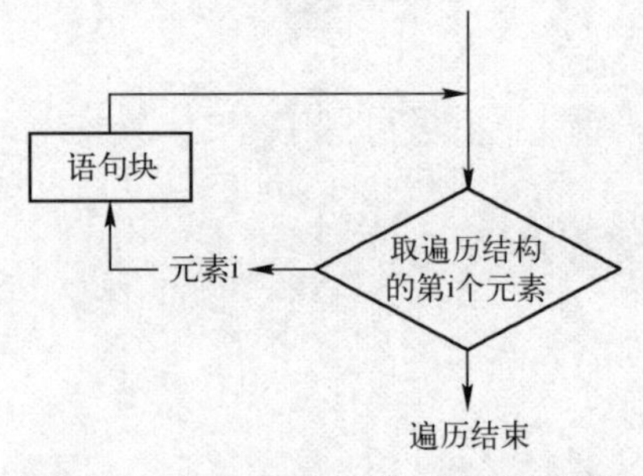

图 3-11　使用 for 循环实现的遍历循环

语法格式如下。

```
for  <循环变量>  in  <遍历结构>:
        <语句块>
```

其执行流程是：从遍历结构中，逐一提取元素，放在循环变量中，执行语句块；重复此过程，直至遍历完毕，循环结束。这里的遍历结构可以是字符串、列表、range()函数等。

● 对于字符串，可以逐一遍历字符串的每个字符，基本使用方式如下。

```
for  <循环变量>  in  <字符串>:
        <语句块>
```

【程序代码】

```
>>>for c in "Python":
print(c)
```

通过遍历循环 for 语句，逐个从字符串 Python 中提取字符到变量 c 中，执行语句块，输出当前字符。

【运行结果】

```
P
y
t
h
o
n
```

● 遍历对象使用 range()函数，返回可迭代对象。

range()函数，调用格式：range([start,]stop[,step])。其中：[start,stop) 表示半闭半开数据区间，start 表示开始，默认为 0，stop 表示结束，但不包含 stop；step 表示步长，默认值为 1。

语法格式如下。

```
for  <循环变量>  in  range(<参数>):
    <语句块>
```

例如使用 range(1,101)函数，可以产生迭代数据 1,2,3,4,…,100。

【例 3-5】 使用 for 遍历循环，计算 s=1+2+3+…+100。

【问题分析】

本题中，用变量 s 存放最终的和值，其初始值为 0；用 range(1,101)函数产生 1,2,3,4,…,100 数据，用 for 语句逐个遍历并提取到变量 i 中，执行语句块 s=s+i 累加求和；最后输出和值 s。

累加求和的遍历循环流程图如图 3-12 所示。

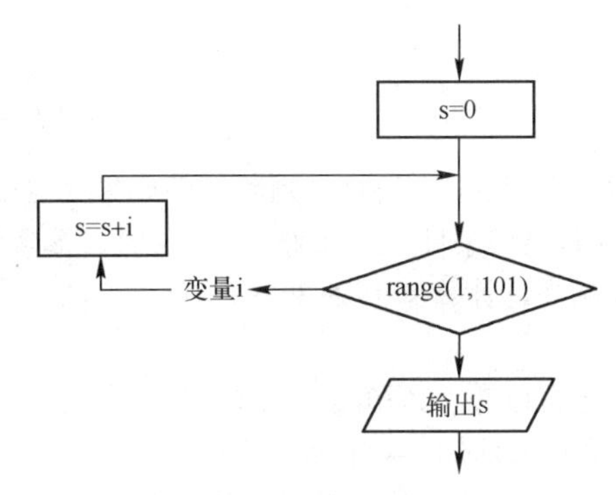

图 3-12　累加求和的遍历循环流程图

【程序代码】

```
s=0
for i in range(1,101):
        s=s+i
print("s=",s)
```

【运行结果】

```
s= 5050
```

● 遍历循环扩展模式，语法格式如下。

```
for   <循环变量>   in   <遍历结构>:
          <语句块 1>
else:
         <语句块 2>
```

当 for 循环正常执行结束后，程序会继续执行 else 语句中内容；即遍历结构中所有元素都被访问过后，程序执行 else 语句块 2。反之，若循环非正常结束，则不执行 else 的语句块 2。注意：此处 else 和 for 缩进量相同。使用该扩展模式来解决例 3-5 的求和问题，程序代码如下。

【程序代码】

```
s=0
for i in range(1,101):
    s=s+i
else:
    print("s=",s)
    print("循环正常结束")
```

【运行结果】

```
s= 5050
循环正常结束
```

3.3.2 条件循环

很多时候，一个循环在被执行前，可能并不知道它要执行的次数，这时就需要使用条件循环。条件循环使用保留字 while，根据循环条件执行程序，流程如图 3-13 所示。

语法格式如下。

```
while   <条件>:
            <语句块>
```

其执行流程是：当程序执行到 while 语句时，判断条件如果为 True，执行循环体内的语句，这些语句执行结束后，返回再次判断循环条件；当条件为 False 时，循环终止。

【例 3-6】 使用 while 条件循环，计算 s=1+2+3+…+100。

【问题分析】

本题中，用变量 s 存放最终的和值，其初始值为 0；用变量 i 表示加数，其初始值为 1；判断循环条件，当 i<=100 时为真，执行循环体 s=s+i 累加求和，然后 i 自加 1 产生新的加数 i；如此循环往复，直至循环条件为假，即当 i>100 时，循环结束；最终输出和值 s。

累加求和的条件循环流程图如图 3-14 所示。

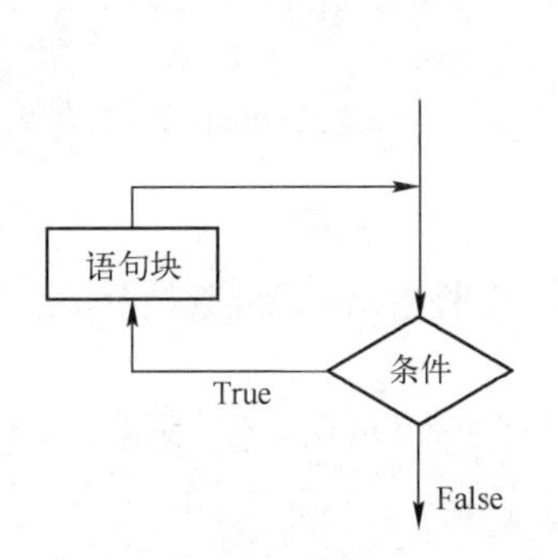

图 3-13　使用 while 循环实现的条件循环

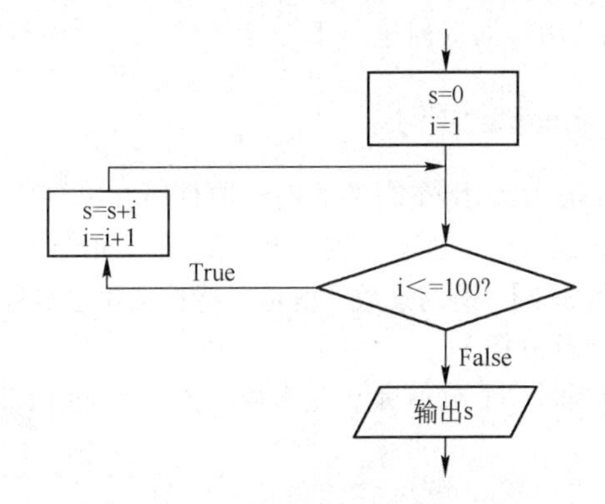

图 3-14　累加求和的条件循环流程图

【程序代码】

```
s=0
i=1
while i<=100:
    s=s+i
    i=i+1
print("s=",s)
```

【运行结果】

```
s= 5050
```

同样地，条件循环也有一种扩展模式，语法格式如下。

```
while  <条件>:
        <语句块 1>
else:
        <语句块 2>
```

当 while 循环正常执行之后，程序会继续执行 else 语句中内容。else 语句只在循环正常执行后才执行。使用该扩展模式解决例 3-6 的求和问题，程序代码如下。

【程序代码】

```
s=0
i=1
while i<=100:
    s=s+i
    i=i+1
else:
    print("s=",s)
    print("循环正常结束")
```

【运行结果】

```
s= 5050
循环正常结束
```

有时候，在执行循环体的过程中，需要提前结束循环，或者满足某种条件时，不执行循环体中的某些语句，而提前进入下一轮循环，这时就要用到循环控制语句 break 或 continue 语句。

3.3.3 break 语句

break 语句用在循环体内，迫使所在循环立即终止，即跳出当前层的 for 或 while 循环，执行循环结构后面的语句。

【例 3-7】 所谓素数，就是只能被 1 和它本身整除的数。输入一个整数 m，判断其是否是素数。

【问题分析】

要判断一个数 m 是否是素数，关键就是用 i 来遍历 2～m−1，逐一判断 m 能否被 i 整除。如图 3-15 所示。

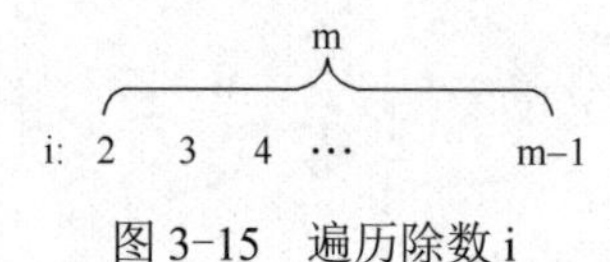

图 3-15 遍历除数 i

若 m%i==0，即 m 被 i 整除，只要存在一个这样的 i，则可以判定 m 不是素数，不必再遍历后续的数字 i。如果出现了符合整除条件的第一个 i，在这里需要使用 break 语句中断整个循环。

若逐一遍历 2～m−1，都不满足 m%i==0, 此时循环没有出现中断现象，能够正常执行完，即 m 不能被 2～m−1 的任一整数整除，则可以判定 m 是素数。因此在遍历循环的 else 部分，输出结果：是素数。

【程序代码】

```
m=int(input("请输入整数 m:"))
for i in range(2,m):
    if m%i==0:
        print("不是素数")
        break
else:
    print("是素数")
```

【运行结果 1】

```
请输入整数 m:53
是素数
```

【运行结果 2】

```
请输入整数 m:1
是素数
```

由以上运行测试结果可知，数字 1 是个特殊数字，必须对程序加以改进。改进后的程序代码如下。

```
m=int(input("请输入整数 m:"))
if m==1:
    print("不是素数")
elif m==2:
    print("是素数")
else:
    for i in range(2,m):
```

```
        if m%i==0:
            print("不是素数")
            break
    else:
        print("是素数")
```

【运行结果 1】

```
请输入整数 m:1
不是素数
```

【运行结果 2】

```
请输入整数 m:13
是素数
```

3.3.4 continue 语句

break 语句可以终止并跳出包含它的最近的一层循环。若不要跳出整个循环，只是跳过循环的某些语句，提前进入下一次循环，需要使用 continue 语句。

continue 语句用来结束当前当次循环，即跳过循环体语句块中那些尚未执行的语句，直接进入下一次的循环，而不是跳出整个循环。

【例 3-8】 用 continue 语句实现求 1～100 之间全部奇数之和。

【问题分析】

用变量 s 保存和值，初始值为 0；

使用遍历循环，用变量 i 遍历 1～100 之间的每个数：

若 i 能被 2 整除，说明 i 是偶数，不需要进行累加求和，使用 continue 语句跳过累加求和的步骤，提前进入下一次循环；

若 i 不能被 2 整除，说明 i 是奇数，需要进行累加求和，执行 s=s+i 运算；

遍历循环结束，输出所有奇数之和 s。

【程序代码】

```
s=0
for i in range(1,101):
    if i%2==0:
        continue
    s=s+i
print("s={}".format(s))
```

【运行结果】

```
s=2500
```

通过例 3-7 判断素数和例 3-8 计算奇数之和，可以得出 break 和 continue 语句的区别：continue 语句只结束本次循环，不终止整个循环的执行，而 break 具备结束循环的能力。

3.3.5 循环结构的嵌套

3.3.5　循环结构的嵌套

在一个循环结构的循环体内又包含另一个循环结构，就称为循环的嵌套。与选择结构相同，循环结构的嵌套可以实现复杂的逻辑

业务，使用嵌套结构时，必须注意对应关键字的缩进量。可以根据实际问题选择不同的循环结构进行嵌套。

【例 3-9】 输出 100～200 之间的全部素数，每行输出 10 个。

【问题分析】

一般使用两层循环解决此类问题。外层循环，使用遍历循环实现，用 i 遍历 100～200 之间的每个整数；在内层循环中完成对每个整数 i 是否是素数的判定，使用遍历循环，用 j 遍历 2～i-1 区间的每个整数。

内层循环体内，若 i%j==0 为真，则 i 不是素数，中断内循环；若内循环遍历完毕，正常结束，则 i 是素数。

若 i 是素数，则输出 i，同时用来记录素数个数的变量 count 计数加 1，并通过 count 计数实现每行输出 10 个素数的功能。

【程序代码】

```
count=0                          # 计数
for i in range(101,200,2):       # 外循环，遍历区间 100～200 的所有奇数
    for j in range(2,i):         # 内循环，对当前 i，遍历区间 2～i-1
        if i%j==0:
            break                # 跳出内循环
    else:                        # 若内循环完整结束，输出 i，是素数
        print(i,end=",")
        count=count+1            # 计数加 1
        if count%10==0:          # 处理分行
            print(" ")
```

【运行结果】

```
101,103,107,109,113,127,131,137,139,149,
151,157,163,167,173,179,181,191,193,197,
199,
```

3.4　异常处理

3.4　异常处理

程序运行时，经常会出现一些错误，此时屏幕上会出现一些非常专业的信息，告知用户错误的名称、错误发生的原因、发生错误的程序行号，甚至错误发生时调用的堆栈跟踪情况，这就是“异常”被系统的“异常处理机制”捕获后出现的情况。

异常是指程序运行时引发的错误，程序出错是一件难免的事情，如除数为 0、用户输入错误、需要使用的文件不存在等。

例如，除数为 0 的异常，会产生运行错误，出现提示信息。

```
>>> n=3/0
Traceback (most recent call last):
  File "<pyshell#3>", line 1, in <module>
    n=3/0
ZeroDivisionError: division by zero
```

例如，用户输入错误的数据类型，也会产生运行错误，出现提示信息。语句 n=eval(input("请输

入一个数字："))，变量 n 用于接受用户输入的一个数值；如果用户输入了一串字符，运行程序时就会报错。

```
>>> n=eval(input("请输入一个数字："))
请输入一个数字：python
Traceback (most recent call last):
  File "<pyshell#4>", line 1, in <module>
    n=eval(input("请输入一个数字："))
  File "<string>", line 1, in <module>
NameError: name 'python' is not defined
```

由此可见，异常引发的错误若得不到正确处理，将会导致程序崩溃并终止运行。因此有必要合理使用异常处理结构，使得程序更加健壮，具有更高的容错性，为用户提供更加友好的提示，不会因为用户不小心的错误输入而造成程序崩溃。

Python 提供了 3 种异常处理语句来捕获和处理异常：

- try…except 语句。
- try…except…else 语句。
- try…except…finally 语句。

处理异常的基本思路一般是先尝试运行某段代码，如果没有问题就正常执行；如果发生了错误就尝试着去捕获和处理；当上述操作均无法处理时，程序才崩溃。

3.4.1　try…except 语句

语法格式如下。

```
try:
    <语句块>
except:
    <异常处理语句块>
```

执行 try 中的语句块，如果执行正常，则转向 try-except 语句之后的语句执行。若发生异常，则执行 except 中的异常处理语句块。

【例 3-10】 处理除数为 0 的异常。

【程序代码】

```
x=eval(input())
try:
    n=1.0/x
    print(n)
except:
    print("除数不能为 0")
```

【运行结果 1】

```
2
0.5
```

【运行结果 2】

```
0
```

```
除数不能为 0
```

【例 3-11】 处理输入类型错误的异常。

【程序代码】

```
try:
    n=eval(input("请输入数字 n:"))
    y=n**2
    print(y)
except:
    print("输入错误，请输入数字!")
```

【运行结果 1】

```
请输入数字 n:3
9
```

【运行结果 2】

```
请输入数字 n:python
输入错误，请输入数字!
```

3.4.2 try…except…else 语句

语法格式如下。

```
try:
     <语句块>
except:
    <异常处理语句块>
else:
    <没有引发异常时的处理语句块>
```

执行 try 中的语句块，如果执行正常，则执行 else 中的语句块；若发生异常，则执行 except 中的异常处理语句块，不会执行 else 中的代码。

【例 3-12】 用 try…except…else 语句处理例 3-10 中除数为 0 的异常，程序代码如下，运行结果同上。

【程序代码】

```
x=eval(input())
try:
    n=1.0/x
except:
    print("除数不能为 0")
else:
    print(n)
```

用 try…except…else 语句处理例 3-11 中输入类型错误的异常，程序代码如下，运行结果同上。

【程序代码】

```
try:
```

```
    n=eval(input("请输入数字 n:"))
except:
    print("输入错误，请输入数字!")
else:
    y=n**2
    print(y)
```

3.4.3　try…except…finally 语句

语法格式如下。

```
try:
    <语句块>
except:
    <异常处理语句块>
finally:
   <无论是否发生异常，都要执行的语句块>
```

执行 try 中的语句块，如果执行正常，则继续执行 finally 中的语句块；若发生异常，则执行 except 中的异常处理语句块，然后继续执行 finally 中的代码。

【例 3-13】 用 try…except…finally 语句处理例 3-10 中除数为 0 的异常，程序代码如下。

【程序代码】

```
x=eval(input())
try:
    n=1.0/x
    print(n)
except:
    print("除数不能为 0")
finally:
    print("这是一则除法运算题!")
```

【运行结果 1】

```
0
除数不能为 0
这是一则除法运算题!
```

【运行结果 2】

```
2
0.5
这是一则除法运算题!
```

请读者自行练习，使用该语句处理例 3-11 中输入类型错误的异常，写出程序代码并运行，试比较语法格式和运行结果的异同。

本章学习了程序基本控制结构：顺序结构、选择结构、循环结构；理解了循环控制语句 break 和 continue 的运用和区别，并学习了程序异常处理的几种语法形式。最后，通过程序实例帮助读者理解程序基本控制结构的运用。

3.5 应用实例

3.5.1 书店销售策略

某书店同本书的售书策略：如果有会员卡，购书 5 本（含 5 本）以上，书款按 7.5 折计算，5 本以下按 8.5 折计算；如果没有会员卡，购书 5 本（含 5 本）以上，书款按 8.5 折计算，5 本以下按 9.5 折计算。试写出该售书程序。

【问题分析】

用 flag 表示是否有会员卡，1 表示有会员卡，0 表示没有会员卡；用 price 和 books 分别表示图书的价格和购买的册数。使用选择语句的嵌套结构编写程序。

【程序代码】

```
price=eval(input("请输入图书价格："))
books=int(input("请输入购买册数："))
flag=int(input("有会员卡，输入 1，否则输入 0："))
if flag==1:
    if books>=5:
        payment=price*0.75*books
    else:
        payment=price*0.85*books
else:
    if books>=5:
        payment=price*0.85*books
    else:
        payment=price*0.95*books
print("\n 您购买了价格{}元的图书{}册，付款{}元".format(price,books,payment))
```

【运行结果 1】

```
请输入图书价格：25
请输入购买册数：6
有会员卡，输入 1，否则输入 0：1
您购买了价格 25 元的图书 6 册，付款 112.5 元
```

【运行结果 2】

```
请输入图书价格：25
请输入购买册数：6
有会员卡，输入 1，否则输入 0：0
您购买了价格 25 元的图书 6 册，付款 127.5 元
```

3.5.2 九九乘法表

输出九九乘法表，格式如图 3-16 所示。

【问题分析】

用变量 i 控制行，作外层循环；变量 j 控制列，作内层循环；在内层循环结束后换行。

```
1*1=1
1*2=2	2*2=4
1*3=3	2*3=6	3*3=9
1*4=4	2*4=8	3*4=12	4*4=16
1*5=5	2*5=10	3*5=15	4*5=20	5*5=25
1*6=6	2*6=12	3*6=18	4*6=24	5*6=30	6*6=36
1*7=7	2*7=14	3*7=21	4*7=28	5*7=35	6*7=42	7*7=49
1*8=8	2*8=16	3*8=24	4*8=32	5*8=40	6*8=48	7*8=56	8*8=64
1*9=9	2*9=18	3*9=27	4*9=36	5*9=45	6*9=54	7*9=63	8*9=72	9*9=81
```

图 3-16　九九乘法表格式

【程序代码】

```
for i in range(1,10):
    for j in range(1,i+1):
        print("{}*{}={}".format(j,i,i*j),end="\t")
    print("")
```

【运行结果】

同示例图（见图 3-16）。

3.5.3　计算圆周率的近似值

利用下面的公式求 π 的近似值，要求累加到最后一项小于 10^{-6} 为止。

$$\pi/4 \approx 1-1/3+1/5-1/7+\cdots$$

【问题分析】

分析该公式，π的值即为各项累加求和的问题，但是这里的循环次数不能确定，所以选用 while 循环实现；各项的通项可以表示为 t=s/n，其中 s=-s，n=n+2；给变量 s、t、n、pi 设置初始值。

【程序代码】

```
import math
s=1.0  #表示正负号
n=1.0  #表示分母
t=1.0  #表示每个分数
pi=0.0  #表示和值
while math.fabs(t)>=1e-6:
    pi+=t
    n+=2
    s=-s
    t=s/n
pi=pi*4
print("PI={}".format(pi))
```

【运行结果】

```
PI=3.141590653589692
```

3.5.4　求乒乓球比赛对手名单

两支乒乓球队进行比赛，各出三人。甲队为 a、b、c 三人，乙队为 x、y、z 三人。以抽签决定比赛名单。有人向队员打听比赛的名单，a 说他不和 x 比，c 说他不和 x、y 比。编写程序找出三场比赛对手的名单。

【问题分析】

本题可以使用枚举法实现。

【程序代码】

```
for i in "xyz":                    #甲队 a 选择乙队对手
    for j in "xyz":                #甲队 b 选择乙队对手
        if i!=j:
            for k in "xyz":        #甲队 c 选择乙队对手
                if (i!=k) and (j!=k):
                    if (i!="x") and (k!="x") and (k!="y"):
                        print("对战顺序是：\
\na--{}\nb--{}\nc--{}\n".format(i,j,k))
```

【运行结果】

```
对战顺序是：
a--y
b--x
c--z
```

3.5.5 猜数字游戏

3.5.5 猜数字游戏

计算机系统随机生成一个 1～1000 之间的整数，不告知用户，提示用户开始猜数。用户从键盘输入猜测的数字，计算机判断并告知用户，如果用户猜中了，游戏结束，否则计算机将提示用户“猜大了”或者“猜小了”，游戏继续，直到用户猜中数字为止。

【问题分析】

1）使系统生成在 1～1000 之间的目标数字 target，需要使用随机库 random 中的函数，首先使用 import random 导入随机库，然后使用其中的 randint()函数生成指定范围内的整数；

2）用户输入猜测的数字 guess；

3）系统判断猜测数字的情况：

猜小了，重复 2)、3）步，继续游戏；

猜大了，重复 2)、3）步，继续游戏；

猜中了，游戏结束。

分析猜数字的情况，使用 while True 的永真条件循环，如果猜中，使用 break 语句，中断循环，结束游戏。循环体内猜大小使用条件判断语句 if-elif-else 实现。

【程序代码】

```
import random
target=random.randint(1,1000)
while True:
    guess=eval(input("输入一个整数:"))
    if guess<target:
        print("猜小了")
    elif guess>target:
        print("猜大了")
```

```
        else:
            print("猜中了")
            break
```

【运行结果】

```
输入一个整数:600
猜大了
输入一个整数:400
猜大了
输入一个整数:200
猜小了
输入一个整数:300
猜大了
输入一个整数:250
猜大了
输入一个整数:225
猜小了
输入一个整数:240
猜大了
输入一个整数:235
猜小了
输入一个整数:238
猜大了
输入一个整数:236
猜小了
输入一个整数:238
猜大了
输入一个整数:237
猜中了
>>>
```

通过本例，读者可以体会到利用 Python 循环控制结构编程，实现一个猜数字游戏程序，会带来好多乐趣。也可以引申开来，在学习和生活中，找找还有哪些有趣的小应用，不妨使用 Python 语言，自己动手编程实现看看。

3.6　习题

1．任意输入 3 个数字，按从小到大顺序输出。(选择单分支)

2．用多分支选择结构编程实现计算以下函数的值，并绘制流程图。(例题为嵌套结构)

$$y=\begin{cases}x+9, & x<-4\\ x^2+2x+1, & -4\leqslant x<4\\ 2x-15, & x\geqslant 4\end{cases}$$

3．输入学生成绩，判定成绩等级。85 分以上为优秀，70 分以上为良好，60 分以上为及格，60 分以下为不及格。

4．某百货公司为了促销，采用购物打折的办法。1000 元以上者，按九五折优惠；2000 元以上者，按九折优惠；3000 元以上者，按八五折优惠；5000 元以上者，按八折优惠。编写程序，输入购物款数，计算并输出优惠价。

5．编写程序，求整数 n 的阶乘 n!。

6．编写程序，输入两个正整数，使用“辗转相除法”求它们的最大公约数。

7．“水仙花数”，指 1 个 3 位的十进制数，其各位数字的立方和等于该数本身。例如 153 是水仙花数，因为 $153=1^3+5^3+3^3$。编写程序，输出 1000 以内的所有“水仙花数”。

8．输出斐波那契（Fibonacci）数列的前 20 项。该数列的第 1 项和第 2 项为 1，从第 3 项开始，每一项均为前面的两项之和，即 1,1,2,3,5,8,…。

9．猜数字游戏：计算机系统随机生成一个 1～1000 之间的整数，不告知用户，提示用户开始猜数。用户从键盘输入猜测的数字，计算机判断并告知用户，如果用户猜中了，游戏结束，否则计算机将提示用户“猜大了”或者“猜小了”，游戏继续，直到用户猜中数字为止。

1）增加特别处理：若输入的数字不在 1～1000 之间，则不比较大小，直接提示重新输入猜测的数字；

2）增加异常处理：若输入的不是数字，则进行异常处理，提示重新输入猜测的数字。

第 4 章　组合数据类型

在当今的大数据时代，通常面对的并不是单一变量、单一数据，而是大批量的数据。为提高运行效率，简化开发工作，该如何将众多的数据组织起来，用 Python 语言进行批量化处理呢？

Python 中使用组合数据类型，来批量化处理数据。Python 组合数据类型有 3 大类，分别是序列类型、集合类型和映射类型。

序列类型是一种元素向量，元素之间存在先后关系，可以通过序号访问。序列类型包括列表、元组和字符串等。

如图 4-1 所示，该序列中包含 5 个元素。

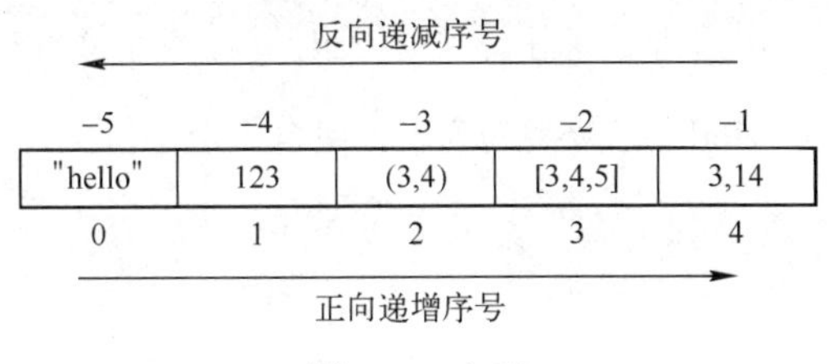

图 4-1　序列

序列类型的索引体系有正向递增序号和反向递减序号两种，用来表示元素之间的位置次序。正向递增序号：从左向右正向递增序号，如图所示的 0、1、2、3、4。反向递减序号：从右向左的反向递减序号，如图所示的-1、-2、-3、-4、-5。

访问序列元素，可以通过索引方式访问，格式如下。

```
序列名[索引]
```

集合和字典，是无序排列的组合数据类型。Python 语言中，集合类型和数学中的集合概念一致，即包含 0 个或多个数据项的无序组合。字典是映射类型，是“键-值”数据项的组合，每一个元素是一个键值对，表示为(key,value)。

【学习要点】

1．序列类型索引与切片的概念。

2．列表的函数及相关方法。

3．字符串的函数及相关方法。

4．字典的函数及相关方法。

4.1　列表

4.1　列表

列表（list）是元素的有序集合，所有的元素都放在中括号[ ]中，元素类型可以不同，列表中的元素有序地存储在连续的内存空间中。

列表相邻元素之间使用逗号分隔，元素类型可以是基本数据类型，如整型、浮点型、布尔类型等，也可以包含列表、元组、字符串、字典、集合等，[ ]表示空列表。下面几个都是合法的列表。

```
[1,1,2,3,5,8,13]
```

```
['1001', '刘丽', '女', '计算机']
["hello",123,(12,34),[1,2,3]]
```

4.1.1 列表的基本操作

1．创建列表

● 通过赋值语句创建。

```
>>> ls=['Hello',[1,2],"Python"]
>>> ls
['Hello',[1,2],"Python"]
```

列表 ls 包含三个元素：字符串'Hello',子列表[1,2],字符串"Python"。

● 通过列表内建函数 list()创建。

```
>>> list("Hello")
['H', 'e', 'l', 'l', 'o']
```

通过函数 list()，将字符串"Hello"，转换为列表，包含 5 个字符。

```
>>> list((1,2,3,4,5))
[1, 2, 3, 4, 5]
```

通过函数 list()，将元组(1,2,3,4,5)，转换为列表，包含 5 个整数。

```
>>> list(range(1,10,2))
[1, 3, 5, 7, 9]
```

通过函数 list()，将整数序列 range(1,10,2)，转换为列表，包含 5 个整数。

2．删除列表

当不再使用一个列表时，可以使用 del 命令将其删除。

```
>>> ls=[1,2,3]
>>> del ls
>>> ls
Traceback (most recent call last):
  File "<pyshell#2>", line 1, in <module>
    ls
NameError: name 'ls' is not defined
>>>
```

3．访问列表元素

创建列表之后，可以通过索引方式来访问列表元素。索引方式如下。

```
列表名[索引]
```

这里的索引，可以使用正向索引序号，或者反向索引序号，索引序号又被称为下标。例如：

```
>>> ls=['Hello',[1,2],"Python"]
>>> ls[0]
'Hello'
>>>ls[1]
```

```
 [1, 2]
>>> ls[-1]
'Python'
>>>
```

列表 ls 中的内容如图 4-2 所示。

4．修改列表

● 可通过赋值语句修改列表元素的值。例如：

```
>>> ls=['Hello',[1,2],"Python"]
>>> ls[0]="Hi"
>>> ls
['Hi', [1, 2], 'Python']
>>>
```

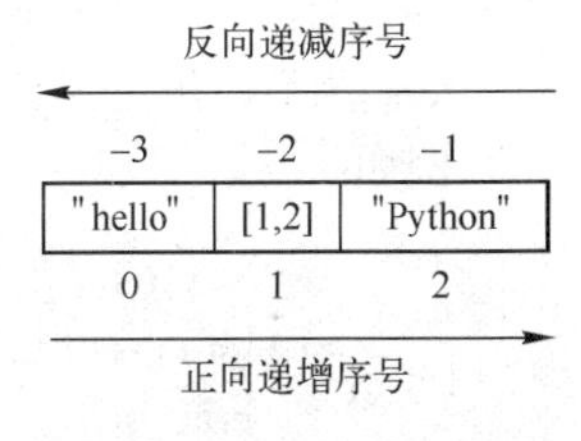

图 4-2　列表 ls 中的内容

通过 ls[0]= "Hi"，将首元素的值修改为字符串"Hi"。

● 加法运算符+可以实现列表的连接。

```
>>> a =[1,2,3]
>>> b=[4,5,6]
>>> a+=b
>>> a
[1, 2, 3, 4, 5, 6]
>>>
```

如上，将列表 b 的元素追加到列表 a 的末尾，形成新的列表 a。

● 乘法运算符*可以实现列表元素的重复。

```
>>> a=[1,2,3]
>>> a*=3
>>> a
[1, 2, 3, 1, 2, 3, 1, 2, 3]
>>>
```

如上，将列表 a 的元素重复 3 次，形成新的列表 a。

5．列表的遍历

所谓列表的遍历，就是将列表的元素逐一访问到，且仅访问一次。

● 一种方式，使用 for 循环对列表的元素进行遍历，基本使用方式如下。

```
for  <循环变量>  in  <列表>:
         <语句块>
```

例如：

```
>>> ls=['Hello',[1,2],"Python"]
>>> for i in ls:
        print(i)


Hello
[1, 2]
Python
```

```
>>>
```

用变量 i 逐个遍历列表元素，逐行输出列表各元素。

● 另一种方式，使用 for 循环，结合索引方式对列表的元素进行遍历，使用方式如下。

```
for  <循环变量>  in  range(len(列表)):
        <语句块>
```

len()函数，用来计算列表的长度，也就是列表元素的个数。

例如：

```
>>> ls=['Hello',[1,2],"Python"]
>>> for i in range(len(ls)):
        print(ls[i])

Hello
[1, 2]
Python
>>>
```

循环变量 i 取值是列表的正向索引值 0,1,2,…,len(ls)−1，用索引方式 ls[i]访问各元素，逐行输出列表各元素。

6．列表的切片

列表的切片，截取列表的一部分，得到一个新列表。切片的使用方式。

```
<列表名>[N:M:K]
```

N：表示切片开始的位置，默认为 0。

M：切片截止的位置，但不包含该位置。默认为列表的长度。

K：切片的步长，默认为 1。当 K 为负数时，表示反向切片，N、M 位置互换。

<列表名>[N:M:K]，表示获取列表元素位置从 N 到 M−1，以 K 为步长的元素所组成的新的列表。

例如：

```
>>> ls=['Hello',[1,2],"Python",99]
>>> ls[0:4:2]
['Hello', 'Python']
>>> ls[:3]
['Hello', [1, 2], 'Python']
>>> ls[:-1]
['Hello', [1, 2], 'Python']
>>> ls[::]
['Hello', [1, 2], 'Python', 99]
>>> ls[::-1]
[99, 'Python', [1, 2], 'Hello']
```

切片 ls[0:4:2]，步长为 2，正向切片，获取索引序号为 0、2 的元素组成的列表。

切片 ls[:3]，正向切片，获取索引序号为 0、1、2 的元素组成的列表。

切片 ls[:−1]，正向切片，获取索引序号为：0、1、2 的元素组成的列表。

切片 ls[::]，正向切片，获取列表所有的元素组成的列表。

切片 ls[::−1]，步长为−1，反向切片，逆序获取列表的元素组成新的列表。

7．列表推导式

列表推导式是从一个或者多个可迭代对象中快速简洁地创建列表的一种方法。

列表推导式的语法形式如下。

```
[表达式  for  变量 1  in  迭代对象 1  if  条件 1
         for  变量 2  in  迭代对象 2  if  条件 2
         ……
         for  变量 n  in  迭代对象 n  if  条件 n]
```

例如：

```
>>> ls=[i*i for i in range(10) if i%2==0]
>>> ls
[0, 4, 16, 36, 64]
```

列表 ls 的元素由 0～9 之间所有偶数的平方组成。

列表推导式，可以同时遍历多个列表或可迭代对象。例如，遍历二维列表元素，生成平铺后的一维列表。

```
>>>lt=[[1,2,3],[4,5,6],[7,8,9]]
>>> [item for row in lt for item in row]
[1, 2, 3, 4, 5, 6, 7, 8, 9]
```

列表 lt 是二维列表、嵌套的列表。

for row in lt，外循环用 row 变量遍历列表 lt，此时，row 访问的元素是一个个子列表，依次是[1,2,3]、[4,5,6]和[7,8,9]。

for item in row，内循环用变量 item 遍历当前子列表 row 中的一个个数据项。

最终由 item 组成列表内容，得到一个将二维列表 lt 平铺后的列表内容[1, 2, 3, 4, 5, 6, 7, 8, 9]。

【例 4-1】 生成九九乘法表列表并输出。

【问题分析】

通过 c=[(y,x,x*y) for x in a for y in b if y<=x]，外循环用变量 x 遍历列表 a，表示乘数；内循环用变量 y 遍历列表 b，表示被乘数，条件要求 y<=x，生成由元组(y,x,x*y)形成的列表 c。

然后用变量 i 遍历列表 c，按照指定格式输出列表内容。这里 i 访问的是列表元素：元组。i[0]表示乘数，i[1]表示被乘数，i[2]是乘积。当乘数等于被乘数时，换行。

【程序代码】

```
>>> a=[x for x in range(1,10)]
>>> b=[y for y in range(1,10)]
>>> c=[(y,x,x*y) for x in a for y in b if y<=x]
>>> c
[(1, 1, 1), (1, 2, 2), (2, 2, 4), (1, 3, 3), (2, 3, 6), (3, 3, 9), (1, 4, 4), (2, 4, 8), (3, 4, 12), (4, 4, 16), (1, 5, 5), (2, 5, 10), (3, 5, 15), (4, 5, 20), (5, 5, 25), (1, 6, 6), (2, 6, 12), (3, 6, 18), (4, 6, 24), (5, 6, 30), (6, 6, 36), (1, 7, 7), (2, 7, 14), (3, 7, 21), (4, 7, 28), (5, 7, 35), (6, 7, 42), (7, 7, 49), (1, 8, 8), (2, 8, 16), (3, 8, 24), (4, 8, 32), (5, 8, 40), (6, 8, 48), (7, 8, 56), (8, 8, 64), (1, 9, 9), (2, 9, 18), (3, 9, 27), (4, 9, 36), (5, 9, 45), (6, 9, 54), (7, 9, 63), (8, 9, 72), (9, 9, 81)]
>>> for i in c:
	print("{}*{}={}".format(i[0],i[1],i[2]),end=" ")
	if i[0]==i[1]:
		print()
```

【运行结果】

```
1*1=1
1*2=2 2*2=4
1*3=3 2*3=6 3*3=9
1*4=4 2*4=8 3*4=12 4*4=16
1*5=5 2*5=10 3*5=15 4*5=20 5*5=25
1*6=6 2*6=12 3*6=18 4*6=24 5*6=30 6*6=36
1*7=7 2*7=14 3*7=21 4*7=28 5*7=35 6*7=42 7*7=49
1*8=8 2*8=16 3*8=24 4*8=32 5*8=40 6*8=48 7*8=56 8*8=64
1*9=9 2*9=18 3*9=27 4*9=36 5*9=45 6*9=54 7*9=63 8*9=72 9*9=81
>>>
```

4.1.2 列表的常用函数

列表的常用函数如表 4-1 所示。

表 4-1 列表的常用函数

操作函数	描述
len(ls)	返回列表 ls 中的元素个数（长度）
min(ls)	返回列表 ls 中的最小元素，元素类型可比较
max(ls)	返回列表 ls 中的最大元素，元素类型可比较
list(x)	将 x 转变成列表类型，x 可以是字符串或字典类型等
sorted(ls)	对列表 ls 进行排序，默认为升序排序。不会改变原列表的顺序
sum(ls)	返回列表 ls 中元素的和值
zip([iterable,…])	将多个可迭代对象中对应的元素重新组合成元组，并返回包含这些元组的 zip 对象

- sorted()函数，对列表进行排序，默认为升序。

注意，sorted()函数不会改变原列表 ls 的顺序。

sorted(ls,reverse=True)，设置参数 reverse=True，降序排列列表元素。例如：

```
>>> ls=[1,3,4,2,5]
>>> max(ls)
5
>>> sum(ls)
15
>>> sorted(ls)
[1, 2, 3, 4, 5]
>>> sorted(ls,reverse=True)
[5, 4, 3, 2, 1]
>>> ls
[1, 3, 4, 2, 5]
>>>
```

- len()函数用来计算列表中元素的个数，或者计算列表的长度。例如：

```
>>> ls=['Hello',[1,2],'Python',99]
>>> len(ls)
```

```
4
```

- list()函数将其他类型转换为列表类型。例如：

```
>>> x="Python"
>>> ls=list(x)
>>> ls
['P', 'y', 't', 'h', 'o', 'n']
>>>
```

- zip()函数用于将多个迭代对象中对应的元素重新组成元组，再返回 zip 对象。例如：

```
>>> a=[1,2,3]
>>> b=[4,5,6]
>>> c=[7,8,9,10,11]
>>> ls=list(zip(a,b))
>>> ls
[(1, 4), (2, 5), (3, 6)]
>>> lt=list(zip(a,c))
>>> lt
[(1, 7), (2, 8), (3, 9)]
>>>
```

ls=list(zip(a,b))，将列表 a 和列表 b 的元素，一一对应形成元组，返回 zip 对象，再使用 list()函数，得到[(1, 4), (2, 5), (3, 6)]。

若迭代对象长度不等，则返回 zip 对象的长度与最短对象的相同。如列表 a 长度为 3，列表 c 长度为 5，则返回的列表 lt=list(zip(a,c))的长度，与最短的列表 a 一致。结果为[(1, 7), (2, 8), (3, 9)]。

4.1.3　列表常用的操作方法

4.1.3　列表常用的操作方法

常见的操作方法有：列表元素的增加、删除、复制、排序、索引等。列表常用的操作方法如表 4-2 所示。

表 4-2　列表常用的操作方法

操作	描述
ls.append(x)	在列表 ls 尾部追加 x
ls.insert(i, x)	在列表 ls 的第 i 位置插入元素 x
ls.extend(L)	将列表 L 中的所有元素追加到列表 ls 尾部
ls.clear()	删除 ls 中所有元素
ls.pop(i)	将列表 ls 中下标为 i 的元素删除并返回
ls.remove(x)	将列表中出现的第一个 x 元素删除
ls.reverse()	将列表 ls 中元素反转
ls.copy()	生成一个新列表，复制 ls 中所有元素
ls.index(x)	在 ls 中检索元素 x 首次出现的下标
ls.sort()	对列表 ls 中的元素进行排序，默认为升序 reverse=False
ls.count(x)	统计列表 ls 中元素 x 出现的次数

列表的方法，调用形式如下。

```
<列表名>.方法名（参数）
```

1．列表元素的追加、插入、扩展

● ls.append(x)，在列表 ls 末尾追加一个元素 x，例如：

```
>>> ls=['Hello',[1,2],'Python',99]
>>> ls.append(45)
>>> ls
['Hello', [1, 2], 'Python', 99, 45]
>>> ls.append([3,4])
>>> ls
['Hello', [1, 2], 'Python', 99, 45, [3, 4]]
>>>
```

● ls.insert(i,x)，在列表 ls 的 i 位置上插入元素 x，例如：

```
>>> ls=['Hello',[1,2],'Python',99]
>>> ls.insert(1,'Love')
>>> ls
['Hello', 'Love', [1, 2], 'Python', 99]
>>>
```

● ls.extend(L)，将列表 L 中的所有元素扩展到列表 ls 末尾，例如：

```
>>> ls=['Hello',[1,2],'Python',99]
>>> ls.extend([3,4])
>>> ls
['Hello', [1, 2], 'Python', 99, 3, 4]
>>>
```

2．列表元素的删除

列表元素的删除可以通过 remove()、pop()、clear()等方法实现。

● ls.remove(x)，从列表中删除第一个与指定值 x 相同的元素，若元素不存在，则抛出异常。例如：

```
>>> ls=['Hello', 'Love', [1, 2], 'Python', 99]
>>> ls.remove("Love")
>>> ls
['Hello', [1, 2], 'Python', 99]
>>> ls.remove("hi")
Traceback (most recent call last):
  File "<pyshell#4>", line 1, in <module>
    ls.remove("hi")
ValueError: list.remove(x): x not in list
>>>
```

● ls.pop(i)，将列表中下标为 i 的元素删除并返回。若 i 缺省，则删除最后一个元素。若 i 越界，则抛出异常。例如：

```
>>> ls=['Hello', [1, 2], 'Python', 99]
>>> ls.pop(1)
[1, 2]
>>> ls
['Hello', 'Python', 99]
>>> ls.pop()
99
>>> ls
['Hello', 'Python']
```

- ls.clear()，列表的清空，执行完后，列表成为空列表。例如：

```
>>> ls=['Hello',[1,2],'Python',99]
>>> ls.clear()
>>> ls
[]
```

3．列表的排序、反转

- ls.sort()，对列表元素值进行排序，默认为升序，排序后的列表将覆盖原列表。设置参数 reverse=True，则降序排列。例如：

```
>>> ls=[1,3,4,2,5]
>>> ls.sort()
>>> ls
[1, 2, 3, 4, 5]
>>> ls=[1,3,4,2,5]
>>> ls.sort(reverse=True)
>>> ls
[5, 4, 3, 2, 1]
```

- ls.reverse()，将列表元素进行逆序反转。例如：

```
>>> ls=['Hello',[1,2],'Python',99]
>>> ls.reverse()
>>> ls
[99, 'Python', [1, 2], 'Hello']
```

4．列表元素的统计、索引

- ls.count(x)统计元素 x 在列表中出现的次数。例如：

```
>>> ls=['Hello',[1,2],99,'Python',99]
>>> ls.count(99)
2
```

- ls.index(x)检索元素 x 在列表中首次出现的序号。例如：

```
>>> ls=['Hello',[1,2],'Python',99]
>>> ls.index(99)
3
```

5. 列表的复制

若只是通过简单的赋值语句，是无法实现列表的复制的。例如：

```
>>> ls=['Hello',[1,2],'Python',99]
>>> lt=ls
>>> lt
['Hello', [1, 2], 'Python', 99]
>>> ls[0]="hi"
>>> ls
['hi', [1, 2], 'Python', 99]
>>> lt
['hi', [1, 2], 'Python', 99]
>>>
```

执行 lt=ls，只是给列表 ls 新关联了一个引用，ls 和 lt 引用的还是同一个列表对象，并没有创建新的列表，如图 4-3 所示。

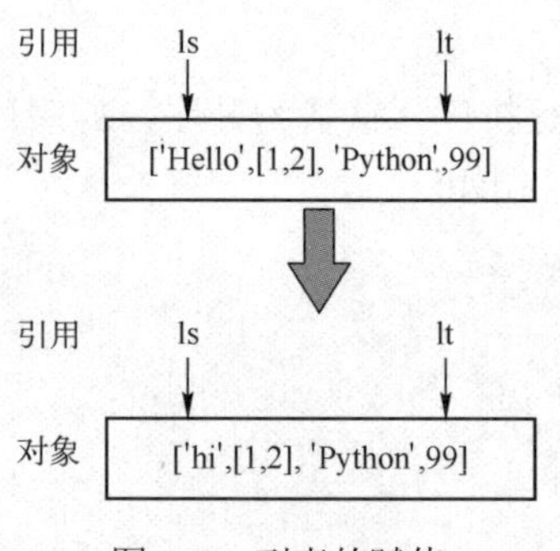

图 4-3 列表的赋值

因此修改元素 ls[0]="hi"，是对 ls 所引用的列表对象进行修改。由于指向的是同一个列表对象，这样的修改同样会影响到引用 lt。

那么该如何创建新的列表，实现列表的复制呢？

- ls.copy()，可以将列表元素值进行复制，返回一个新的列表，如图 4-4 所示。例如：

```
>>> ls=['Hello',[1,2],'Python',99]
>>> lt=ls.copy()
>>> lt
['Hello', [1, 2], 'Python', 99]
>>> ls[0]="Hi"
>>> ls
['Hi', [1, 2], 'Python', 99]
>>> lt
['Hello', [1, 2], 'Python', 99]
>>>
```

执行 lt=ls.copy()，生成一个新的列表，元素值从 ls 中复制而来。此刻，lt 引用新的列表对象，和 ls 不同，如图 4-4 所示。

修改元素 ls[0]="hi"，对 ls 所引用的列表对象进行修改，不会影响 lt 所引用的列表对象。显示结果如图 4-4 所示。

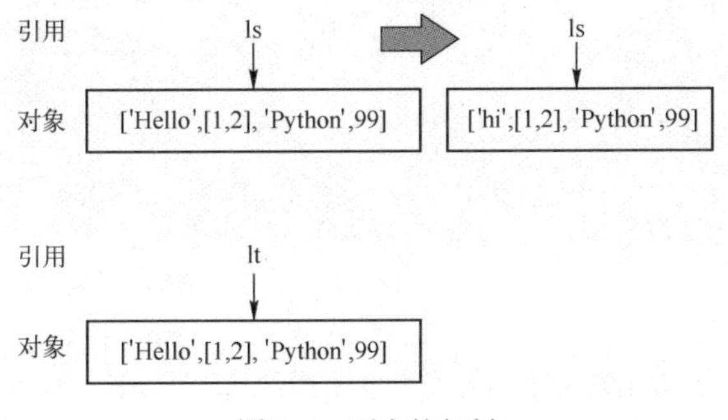

图 4-4　列表的复制

4.2　元组

元组（tuple）与列表相似，是元素的有序序列，所有的元素放在圆括号( )中，但元素不可改变。如下面几种是合法的 Python 元组。

```
(1, 2, 3, 4, 5)
('Hello', [1, 2], 'Python', 99)
```

4.2.1　元组的基本操作

1．元组的创建

1）通过赋值语句创建。

```
>>> tup1=('Hello',[1,2],'Python',99)
>>> tup1
('Hello', [1, 2], 'Python', 99)
>>> tup2=(3,)
>>> tup2
(3,)
>>> tup3=3,4,5,7
>>> tup3
(3, 4, 5, 7)
>>>
```

圆括号()既可以表示元组，又可以表示数学公式中的小括号，为避免歧义，若元组中只有一个元素，必须在后面多写一个逗号，如 tup2=(3,)。

任意无符号的对象，以逗号隔开，默认为元组，如 tup3=3,4,5,7。

另外，()表示空元组，例如：

```
>>> tup5=()
>>> tup5
()
>>>
```

2）通过内建函数 tuple()创建元组。

```
>>> tup1=tuple("hello")
```

```
>>> tup1
('h', 'e', 'l', 'l', 'o')
>>> tup2=tuple([1,2,3,4,5])
>>> tup2
(1, 2, 3, 4, 5)
>>>
```

2．元组的索引与切片

使用索引可以读取元组的元素，中括号作为索引操作符。形式如下。

```
元组名[索引]
>>> tup=('Hello',[1,2],'Python',99)
>>> tup[1]
[1, 2]
```

元组的切片，类似于列表的切片，可以得到一个新元组。

```
>>> tup=('Hello',[1,2],'Python',99)
>>> tup[1:3]
([1, 2], 'Python')
>>> tup[::-1]
(99, 'Python', [1, 2], 'Hello')
>>>
```

3．元组的连接与重复

加法运算符+可以实现元组的连接，生成新的元组。

```
>>> tup1=("hello","hi")
>>> tup2=(1,2,3)
>>> tup=tup1+tup2
>>> tup
('hello', 'hi', 1, 2, 3)
>>>
```

乘法运算符*可以实现元组元素的重复，生成新的元组。

```
>>> tup1=(1,2,3)
>>> tup=tup1*3
>>> tup
(1, 2, 3, 1, 2, 3, 1, 2, 3)
>>>
```

4．删除元组

使用 del 命令删除元组，删除后，元组对象不再存在。

```
>>> tup=('Hello',[1,2],'Python',99)
>>> del tup
>>> tup
NameError: name 'tup' is not defined
>>>
```

4.2.2　元组的常用函数

元组的常用函数见表 4-3。

表 4-3　元组的常用函数

操作	描述
len(tup)	返回元组 tup 的元素个数（长度）
min(tup)	返回元组 tup 中的最小元素，元素类型可比较
max(tup)	返回元组 tup 中的最大元素，元素类型可比较
tuple(x)	将 x 转变成元组类型，x 可以是列表、字符串或字典
sum(tup)	返回元组 tup 中元素的和值

元组常用操作函数，使用示例如下。

```
>>> tup=('Hello',[1,2],'Python',99)
>>> len(tup)
4
>>> tup=(5,14,8,10,23)
>>> min(tup)
5
>>> max(tup)
23
>>> sum(tup)
60
>>> tup=tuple("hello")
>>> tup
('h', 'e', 'l', 'l', 'o')
>>>
```

4.2.3　元组的方法

元组中的数据一旦被定义就不允许改变，因此元组没有 append()、insert()、extend()、remove()和 pop()方法。

元组具有统计方法 count()，用于统计元组中指定元素出现的次数；索引方法 index()，用于索引元组中指定元素的下标。例如：

```
>>> tup=('Hello',[1,2],'Python',99)
>>> tup.count("Python")
1
>>> tup.index(99)
3
>>>
```

元组中的数据到底能不能改变呢？

```
>>> tup=('Hello',[1,2],'Python',99)
>>> tup[0]="Hi"
TypeError: 'tuple' object does not support item assignment
```

如上，通过赋值语句，直接修改元组元素 tup[0]，会出错。

若对元组元素 tup[1]进行增加操作 append()，情况会怎样呢？如下。

```
>>> tup=('Hello',[1,2],'Python',99)
>>> tup[1].append([3,4])
>>> tup
('Hello', [1, 2, [3, 4]], 'Python', 99)
>>>
```

怎么元组内容又可变了呢？

将元组 tup=('Hello',[1,2],'Python',99)表示如图 4-5 所示。

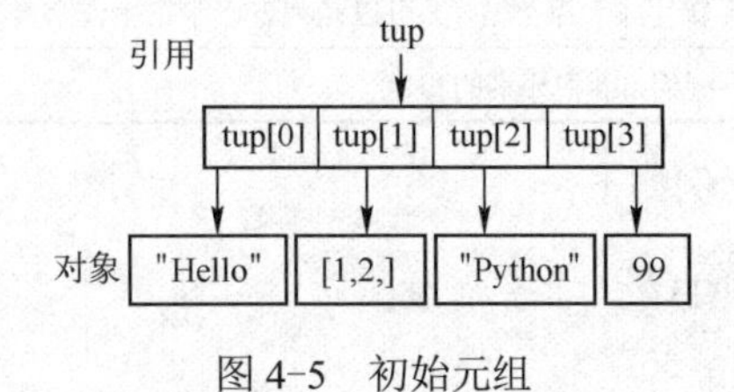

图 4-5 初始元组

执行 tup[0]="Hi"后，创建了新的对象：字符串"Hi"，使得 tup[0]元素指向了新对象，程序报错，如图 4-6 所示。

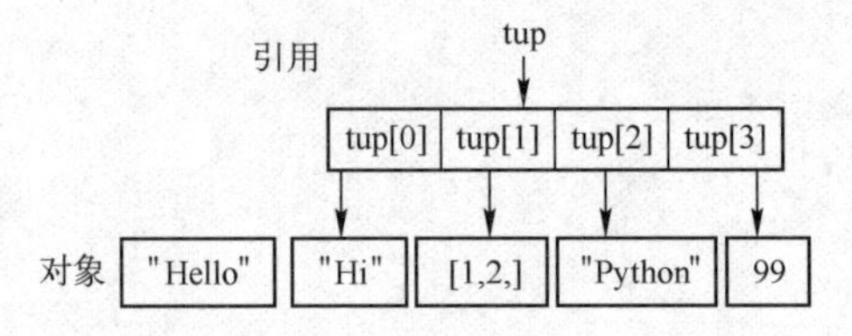

图 4-6 修改元组元素指向，出错

执行 tup[1].append([3,4])后，在列表[1,2]的末尾追加了列表[3,4]，tup[1]元素仍旧指向该对象，程序运行正常，如图 4-7 所示。

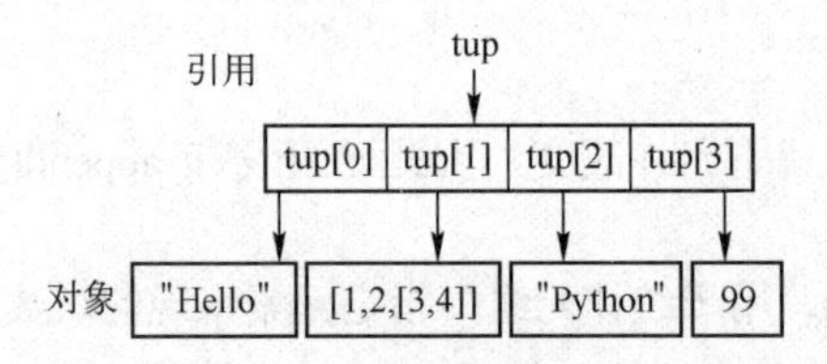

图 4-7 元组元素指向不变

执行 tup[1].append([3,4])后，表面上看，元组的元素确实变了，但其实变的不是元组的元素，而是列表的元素。元组所谓的“不变”，是指元组的元素，原先指向的对象，不能改成指向其他对象，但指向的这个对象本身是可变的！

而执行 tup[0]="hi"后，则会出错，因为 tup[0]元素原先指向字符串"Hello"，现在指向了新对象：字符串"Hi"。元组中元素是不允许修改指向关系的。

4.2.4 元组与列表的区别

元组和列表类似，也是容器对象，可以存储不同类型的内容。因此，对元组的操作函数和操作方法，与列表相似。但是，列表可变，元组不可变。也就是元组声明和赋值后，不能进行添加、删除和修改元素，程序运行过程中，元组不能被修改。因此，适用于元组的主要运算有元组的合并、遍历、求最小值、最大值等操作。

元组的处理速度和访问速度比列表快，若只是遍历数据，无须对数据进行修改，一般使用元组实现。数据的不可修改性在程序设计中也非常重要。比如，在进行参数传递时，不希望参数被修改，可以设置为元组类型。

4.3　字符串

Python 中，字符串属于不可变序列，由单引号、双引号或者三引号括起来的字符序列构成。在第 2 章，已经初步认识了字符串，学习了字符串的索引与切片技术，并理解了格式化输出方法 format()。下面进一步来学习字符串的相关函数与方法。

4.3.1　字符串的基本操作

字符串属于不可变序列，因此字符串可以实现双向索引、大小比较、成员运算、切片、计算长度、格式化、查找、替换等操作，但不能对字符串对象进行增加、修改与删除操作。

1. 字符串的创建

1）通过赋值语句创建。

```
>>> s="I love Python"
>>> s
'I love Python'
```

2）通过列表内建函数 str()创建。

```
>>> str(3.14)
'3.14'
>>> str(12)
'12'
>>> str(True)
'True'
>>>
```

2. 字符串的索引与切片

字符串中字符所在的位置，可以使用正向递增序号或反向递减序号表示。例如，字符串"Python & C"的所有字符对应索引，如图 4-8 所示。

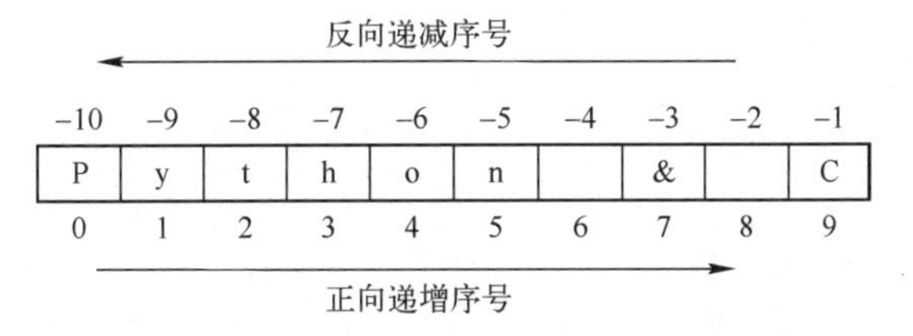

图 4-8　字符串位置序号

使用索引读取字符串的一个元素，形式如下。

```
字符串名[索引]
>>> str="Python & C"
```

```
>>> str[0]
'P'
>>> str[-1]
'C'
>>>
```

字符串切片，是按要求截取字符串中指定的片段。使用方式如下。

```
字符串[N:M:K]
```

获取字符串中位置从 N 到 M（不包含 M），以 K 为步长的字符组成的片段。例如：

```
>>> str='Program Python'
>>> str[8:]
'Python'
>>> str[0::2]
'PormPto'
>>>
```

3．字符串的连接与重复

加号+运算符，可实现字符串的连接，形成更长的字符串。例如：

```
>>> str1="Hello"
>>> str2='Program Python'
>>> str=str1+str2
>>> str
'HelloProgram Python'
>>>
```

星号*运算符，实现字符串的重复。例如：

```
>>> str="Hello"
>>> str*3
'HelloHelloHello'
>>>
```

4．字符串的大小比较及成员判断

● 通过关系运算符，比较字符串的大小，结果为布尔值。例如：

```
>>> str1="Hello"
>>> str2="Python"
>>> str1>str2
False
>>> str1==str2
False
>>> str1<str2
True
```

在 Python 中，字符串的大小比较，默认是按照字符的 ASCII 编码的大小，逐个进行比较。即分别从字符串的第一个字符进行比较，如果相等，则继续分别比较下一个字符，直到分出大小；或者还没分出大小，一个字符串已经结束，那么较长的字符串大。

- 通过成员运算符 in，判断一个字符串是否属于另一个字符串，相当于，判断是否是另一个字符串的子串，结果为布尔值。例如：

```
>>> str1="He"
>>> str2="Hello"
>>> str1 in str2
True
```

5. 遍历字符串

可以通过 for 循环语句遍历字符串的每个字符。

例如，遍历字符串并输出其中所有的非元音字母。

```
>>> s="hello Python"
>>> for ch in s:
        if ch not in "AEIOUaeiou":
          print(ch,end="")
```

输出结果如下。

```
hll Pythn
>>>
```

程序通过 for ch in s，用变量 ch 逐个遍历字符串 s。通过 not in 成员运算符判断，若字符不属于元音字母，则输出该字符。

4.3.2 字符串的常用函数

Python 中常用的字符串处理函数如表 4-4 所示。

表 4-4　常用的字符串处理函数

函数	描述
len(x)	计算字符串 x 的长度
str(x)	返回 x 对应的字符串形式
chr(x)	返回 Unicode 编码 x 对应的单字符
ord(x)	返回单字符 x 表示的 Unicode 编码
hex(x)	返回整数 x 对应的十六进制数
oct(x)	返回整数 x 对应的八进制数

例如：

```
>>> len("I love Python")
13
>>> chr(65)
'A'
>>> ord('a')
97
>>> hex(100)
'0x64'
>>> oct(100)
```

```
'0o144'
```

4.3.3 字符串的方法

常用的方法有 find()、replace()、split()、join()等，能够实现子串的查找、统计、字符串的替换、分割、连接，以及字符串的大小写转换等操作。Python 中常用的字符串操作方法如表 4-5 所示。

表 4-5 Python 中常用的字符串操作方法

方法	描述
str.find(x [,start [,end]])	索引子串 x 在 str 中第一次出现的位置
str.replace(old,new)	用字符串 new 代替 str 中的字符串 old
str.split([sep])	以 sep 为分隔符，把 str 分割成一个列表
sep.join(seq)	将序列 seq 中的元素用连接符 sep 连接起来
str.count(substr[,start[,end]])	统计 str 中子串 substr 的个数
str.lower()	将 str 全部改为小写
str.upper()	将 str 全部改为大写
str.strip(chars)	去掉 str 两端 chars 字符
str.lstrip(chars)	去掉 str 左端 chars 字符
str.rstrip(chars)	去掉 str 右端 chars 字符
str.captitalize()	将 str 首字母大写，其他字母小写
str.isdigit()	判断 str 中是否全是数字字符
str.isalpha()	判断 str 中是否全是字母
str.swapcase()	将 str 中大小写字母互换

字符串操作方法，使用语法形式如下。

```
字符串.方法名称(方法参数)
```

1. 字符串的索引与统计

- str.find(substr[,start [,end]])，查找子串 substr 在 str 中的区间[start,end)上第一次出现的位置；查找不到，返回-1。例如：

```
>>> s1="abca"
>>> s1.find('a')
0
>>> s1.find('a',1)
3
>>>
```

- str.count(substr[,start[,end]])，统计子串 substr 在 str 中的区间[start,end)上出现的次数。例如：

```
>>> s1="abcabc"
>>> s1.count("bc")
2
>>> s1.count("bc",2)
1
>>>
```

2．字符串的替换、大小写转换、互换

● str.replace(old,new)，用新字符串 new 代替 str 中的旧字符串 old。例如：

```
>>> s="hello program"
>>> s.replace("program","python")
'hello python'
>>> s
'hello program'
>>>
```

● str.lower()，将字符串转换为小写。例如：

```
>>> s1="HelloPython"
>>> s1.lower()
'hellopython'
>>> s1
'HelloPython'
>>>
```

● str.upper()，将字符串转换为大写。例如：

```
>>> s2="Good morning"
>>> s2.upper()
'GOOD MORNING'
>>> s2
'Good morning'
```

● str. swapcase()，将字符串大小写互换。例如：

```
>>> s3="Hello"
>>> s3.swapcase()
'hELLO'
```

● str.capitalize()，将 str 首字母大写，其他字母小写。例如：

```
>>> s4="python"
>>> s4.capitalize()
'Python'
>>> s4
'python'
>>>
```

3．字符串的分割、连接

● str.split([sep])，字符串的分割。以 sep 作为分隔符，把 str 分割成一个列表。例如：

```
>>> s1="blue red yellow"
>>> s1.split()
['blue', 'red', 'yellow']
>>> s2="blue,red,yellow"
>>> s2.split(",")
```

```
['blue', 'red', 'yellow']
>>>
```

如上，执行 s1.split()，参数默认为空格，以空格作为分隔符，将字符串 s1 进行分割，形成一个列表['blue', 'red', 'yellow']。

执行 s2.split(","), 以逗号作为分隔符，将字符串 s2 进行分割，形成列表。

- sep.join(seq)，字符串的连接。将序列 seq 中的元素用连接符 sep 连接起来，形成长的字符串。例如：

```
>>> ls=['blue', 'red', 'yellow']
>>> "_".join(ls)
'blue_red_yellow'
>>>
>>> ",".join(ls)
'blue,red,yellow'
>>>
```

列表 ls=['blue', 'red', 'yellow']，执行"_".join(ls)，用下画线把列表中的各元素连接起来，返回一个长字符串'blue_red_yellow'。

列表 ls=['blue', 'red', 'yellow']，执行",".join(ls)，用逗号把列表中的各元素连接起来，返回一个长字符串'blue,red,yellow'。

4．字符串的移除

- str.strip(chars)，将字符串 str 两端指定的字符 chars 移除。str.lstrip(chars)、str.rstrip(chars)，分别将字符串左端或右端指定的字符 chars 移除。例如：

```
>>> s1="aaabbcdea"
>>> s1.strip('a')
'bbcde'
>>> s1.lstrip('a')
'bbcdea'
>>> s1.rstrip('a')
'aaabbcde'
>>> s1
'aaabbcdea'
>>>
```

5．判定字符串是否全是数字字符、字母或布尔类型的返回值

- str.isdigit()，判断 str 中是否全是数字字符；str.isalpha()，判断 str 中是否全是字母；返回值都是布尔类型。例如：

```
>>> s="Hello123"
>>> s.isalpha()
False
>>> s="12345"
>>> s.isdigit()
True
>>>
```

4.4　集合

4.4　集合

Python 语言中的集合与数学中的集合概念一致，即包含 0 个或多个数据项的无序组合，所有元素放在一对大括号{}中，元素之间使用逗号分隔。

同一个集合内的每个元素都是唯一的，不允许重复。

集合中只能包含数字、字符串、元组等不可变类型数据，不能包含列表、字典、集合等可变类型数据，包含列表等可变类型数据的元组也不能作为集合的元素。

集合中的元素不存在“位置”或“索引”的概念，不支持使用下标直接访问指定位置上的元素，不支持使用切片访问其中的元素，也不支持使用 random 模块中的 choice()函数从集合中随机选取元素，但支持使用 random 模块中的 sample()函数随机选取部分元素。

4.4.1　集合的基本操作

1．创建集合

1）通过赋值语句创建。

```
>>> T={'1100',256,1100}
>>> print(T)
{'1100', 256, 1100}
>>> T={'1100',256,1100,'1100',1100}
>>> print(T)
{'1100', 256, 1100}
```

结果显示，尽管集合中的元素是不可重复的，但是集合元素在输入时不受限制，在输入集合后会自动去除重复元素。

2）通过集合内建函数 set()创建。

```
>>> s=set()
>>> s
set()
>>> set('hello')
{'h', 'e', 'l', 'o'}
```

通过函数 set()，将字符串"Hello"转换为集合，该集合包含 4 个字符。

```
>>> set((1,2,3,4,5,5))
{1, 2, 3, 4, 5}
```

通过函数 set()，将元组(1,2,3,4,5,5)转换为集合，该集合包含 5 个整数。

set()函数可以将其他组合数据类型转变为集合类型，返回结果无重复且排序任意的集合。

2．访问集合中的值

可以遍历查看集合成员，例如：

```
t={'c','e','h','o','p','s','i'}
>>> for i  in  t:
        print(i)
s
o
```

```
h
c
e
i
p
```

3．清空集合元素

```
>>> s={1,2,2,2,5}
>>> s.clear()
>>> s
set()
```

4．删除集合

del 保留字，用来删除集合。

```
>>> del s
```

4.4.2 集合运算

集合类型有 6 个操作符，如表 4-6 所示。

表 4-6 集合类型操作符

操作符	描述
S|T	返回集合 S 和 T 的并，包括两个集合中的所有元素
S&T	返回集合 S 和 T 的交，包括同时在两个集合中的元素
S-T	返回集合 S 和 T 的差，包括在集合 S，但不在 T 中的元素
S^T	返回集合 S 和 T 的补，包括 S 和 T 的所有非共同元素。
S>=T	判断 S 是否是 T 的超集
S<T	判断 S 是否是 T 的子集

集合运算类似于数学中的集合运算，有并、交、差、补等运算以及判别集合之间包含关系的运算，如图 4-9 所示。

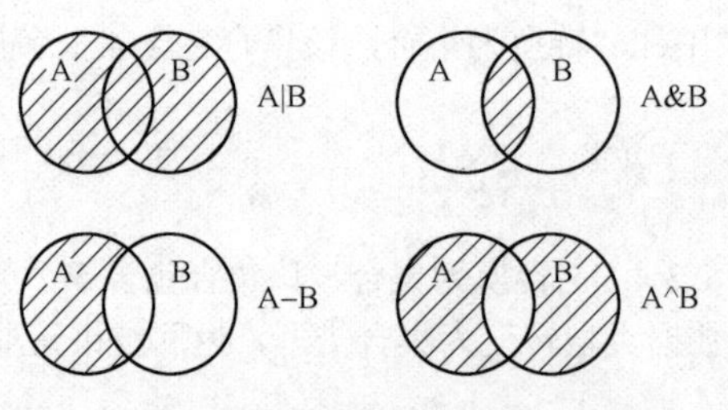

图 4-9 集合的运算

例如，有如下所示集合 A、B，分别对这两个集合进行并、交、差、补以及超集和子集判断的运算结果如下。

```
>>> A={1,2,3,4,5}
>>> B={4,5,6,7,8}
>>> A|B
```

```
{1, 2, 3, 4, 5, 6, 7, 8}
>>> A&B
{4, 5}
>>> A-B
{1, 2, 3}
>>> A^B
{1, 2, 3, 6, 7, 8}
>>> A>=B
False
>>> A<B
False
>>>
```

4.4.3　集合的常用函数及方法

集合类型常用操作函数及方法，如表 4-7 所示。

表 4-7　集合类型常用操作函数及方法

函数或方法	描述
s.add(x)	如果数据项 x 不在集合 s 中，将 x 增加到 s
s.remove(x)	如果 x 在集合 s 中，移除该元素；若不在则产生 KeyError 异常
s.clear()	移除 s 中所有元素
len(s)	返回集合 s 中的元素个数
x in s	如果 x 是 s 的元素，返回 True，否则返回 False
x not in s	如果 x 不是 s 的元素，返回 True，否则返回 False

集合的常用函数的使用方法及结果如下。

```
>>> s={1,3,5,6,7}
>>> s.add(8)
>>> s
{1, 3, 5, 6, 7, 8}
>>> s={1,3,5,6,7}
>>> s.remove(3)
>>> s
{1, 5, 6, 7}
>>> s={1,3,5,6,7}
>>> len(s)
5
>>> s={1,3,5,6,7}
>>> 3 in s
True
>>> s={1,3,5,6,7}
>>> 8 not in s
True
```

4.5　字典

4.5　字典 

映射类型是序列类型的一种扩展。在序列类型中，采用正向递增序号或者反向递减序号进行具体元素值的索引。映射类型则由用户来定义序号，即键，用其去索引具体的值。键（key）表示一个属性，也可以理解为一个类别或项目，值（value）是属性的内容，键值对刻画了一个属性和它的值。

Python 语言中，通过字典实现映射，键值对将映射关系结构化，基本思想是将“值”信息关联一个“键”信息，用于存储和表达。使用大括号{}建立字典，每个元素是一个键值对。键和值用冒号分隔，键不能重复，值可以重复。格式如下。

```
{<键 1>:<值 1>， <键 2>:<值 2>， … ， <键 n>:<值 n>}
```

例如：{'TOM':95,'JERRY':87,'LUCY':64}就是一个字典，键的信息是姓名，值的信息是考试成绩。

4.5.1　字典的基本操作

1．创建字典

1）通过赋值语句创建。

```
d1={'TOM':95, 'JERRY':87, 'LUCY':64}
```

2）通过字典内建函数 dict()创建。

```
>>> d2=dict(ROSE=90,JACK=76)
>>> d2
{'ROSE': 90, 'JACK': 76}
```

d2=dict(ROSE=90,JACK=76) ，参数为关键字形式，ROSE=90,JACK=76，注意，这里关键字 ROSE 和 JACK 不能加引号。

```
>>> d3=dict([('LUCY', 64), ('TOM', 95), ('JERRY', 87)])
>>> d3
{'LUCY': 64, 'TOM': 95, 'JERRY': 87}
```

字典 d3 通过 dict()函数创建，参数为元组组成的列表形式。

2．字典的索引和修改

当建立好一个字典以后，若要访问字典元素的值，可以通过键来索引，使用方式如下。

```
字典变量名[键]
```

例如：

```
>>> d1={'TOM':95,'JERRY':87,'LUCY':64}
>>> d1['TOM']
95
```

如果字典中键不存在，则可以通过索引方式增加字典键值对；如果键存在，则可以通过索引方式修改该键对应的值。

```
>>> d1={'TOM':95,'JERRY':87,'LUCY':64}
>>> d1['TOM']=99
```

```
>>> d1
{'LUCY': 64, 'JERRY': 87, 'TOM': 99}
>>> d1['ROSE']=78
>>> d1
{'ROSE': 78, 'LUCY': 64, 'JERRY': 87, 'TOM': 99}
```

4.5.2　字典的常用函数及方法

字典类型存在一些操作方法，语法形式如下。

```
<字典变量>.<方法名称>（<方法参数>）
```

表 4-8 给出了字典类型的一些常用操作函数及方法，使用 d 代表字典变量。

表 4-8　字典类型的一些常用操作函数及方法

函数或方法	描述
len(d)	字典元素个数，长度
min(d)	字典中键的最小值，要求所有的键的数据类型相同
max(d)	字典中键的最大值，要求所有的键的数据类型相同
dict()	生成一个空字典
d.keys()	返回字典所有键的列表
d.values()	返回字典所有值的列表
d.items()	返回字典所有键值对的列表
d.get(key, default)	若键存在，返回字典中键对应的值；否则返回 default 值
d.pop(key, default)	若键存在，则删除并返回相应值；否则返回 default 值
d.popitem()	随机从字典中删除一个键值对，以元组(key, value)形式返回
d,clear()	删除字典中所有的键值对

- len(d)给出字典 d 的元素个数，也称为长度。

```
>>> d={'ROSE': 78, 'LUCY': 64, 'JERRY': 87, 'TOM': 99}
>>> len(d)
4
```

- min(d)和 max(d)分别返回字典 d 中的最小键值和最大键值。

```
>>> d={'ROSE': 78, 'LUCY': 64, 'JERRY': 87, 'TOM': 99}
>>> min(d)
'JERRY'
>>> max(d)
'TOM'
```

- d.keys()返回字典中的所有键信息，返回结果是 Python 的一种内部数据类型 dict_keys，专门用于表示字典的键。如果希望更好地使用返回结果，可以将其转换为列表类型。

```
>>> d={'ROSE': 78, 'LUCY': 64, 'JERRY': 87, 'TOM': 99}
>>> d.keys()
dict_keys(['ROSE', 'LUCY', 'JERRY', 'TOM'])
```

```
>>> type(d.keys())
<class 'dict_keys'>
>>> list(d.keys())
['ROSE', 'LUCY', 'JERRY', 'TOM']
```

- d.values()返回字典中的所有值信息，返回结果是 Python 的一种内部数据类型 dict_values。如果希望更好地使用返回结果，可以将其转换为列表类型。

```
>>> d={'ROSE': 78, 'LUCY': 64, 'JERRY': 87, 'TOM': 99}
>>> d.values()
dict_values([78, 64, 87, 99])
>>> type(d.values())
<class 'dict_values'>
>>> list(d.values())
[78, 64, 87, 99]
```

- d.items()返回字典中的所有键值对信息，返回结果是 Python 的一种内部数据类型 dict_items。

```
>>> d={'ROSE': 78, 'LUCY': 64, 'JERRY': 87, 'TOM': 99}
>>> d.items()
dict_items([('ROSE', 78), ('LUCY', 64), ('JERRY', 87), ('TOM', 99)])
>>> type(d.items())
<class 'dict_items'>
>>> list(d.items())
[('ROSE', 78), ('LUCY', 64), ('JERRY', 87), ('TOM', 99)]
```

- d.get(key, default)根据键信息查找并返回值信息，如果 key 存在则返回相应值，否则返回默认值，第二个元素 default 可以省略，如果省略则默认值为空。

```
>>> d={'ROSE': 78, 'LUCY': 64, 'JERRY': 87, 'TOM': 99}
>>> d.get('ROSE')
78
>>> d.get('JACK')
>>> d.get('JACK','不存在')
'不存在'
```

- d.pop(key, default)根据键信息删除键值对，并返回值信息。如果 key 存在则返回相应值，否则返回默认值。

```
>>> d={'ROSE': 78, 'LUCY': 64, 'JERRY': 87, 'TOM': 99}
>>> d.pop('ROSE')
78
>>> d
{'LUCY': 64, 'JERRY': 87, 'TOM': 99}
>>> d.pop('JACK','不存在')
'不存在'
```

- d.popitem()随机从字典中取出一个键值对，以元组(key, value)形式返回。取出后从字典中删除这个键值对。

```
>>> d={'ROSE': 78, 'LUCY': 64, 'JERRY': 87, 'TOM': 99}
>>> d.popitem()
('TOM', 99)
>>> d
{'ROSE': 78, 'LUCY': 64, 'JERRY': 87}
```

- d.clear()清空字典中所有键值对，即删除字典中所有键值对。

```
>>> d1={'TOM':95,'JERRY':87,'LUCY':64}
>>> d1.clear()
>>> d1
{}
```

- 使用 Python 保留字 del 来删除字典元素，甚至字典。

```
>>> d1={'TOM':95,'JERRY':87,'LUCY':64}
>>> del d1['LUCY']
>>> d1
{'TOM': 95, 'JERRY': 87}
>>> d1={'TOM':95,'JERRY':87,'LUCY':64}
>>> del d1
```

- 字典类型也支持保留字 in，用来判断一个键是否在字典中。如果在则返回 True，否则返回 False。

```
>>> d={'ROSE': 78, 'LUCY': 64, 'JERRY': 87, 'TOM': 99}
>>> 'ROSE' in d
True
>>> 'JACK' in d
False
```

4.5.3　字典的遍历

- 可以通过遍历循环对字典元素进行遍历。基本语法结构如下。

```
for  <变量名>  in  <字典名>:
     <语句块>
```

字典作为遍历的对象，实际遍历的是字典中键的信息，然后执行语句块。

```
>>> d={'TOM':95,'JERRY':87,'LUCY':64}
>>> for i in d:
            print("{}的成绩是{}".format(i,d[i]))

LUCY 的成绩是 64
JERRY 的成绩是 87
TOM 的成绩是 95
>>>
```

- 遍历字典的键，语法结构如下。

```
for  <变量名>  in  <字典名.keys()>:
```

```
        <语句块>
```

例如变量 k，遍历字典的键，并逐行输出。执行结果如下。

```
>>> d={'TOM':95,'JERRY':87,'LUCY':64}
>>> for k in d.keys():
        print(k)

JERRY
LUCY
TOM
>>>
```

● 遍历字典的值，语法结构如下。

```
for  <变量名>  in  <字典名.values()>:
        <语句块>
```

例如变量 v，遍历字典的值的信息，并逐行输出，执行结果如下。

```
>>> d={'TOM':95,'JERRY':87,'LUCY':64}
>>> for v in d.values():
        print(v)

87
64
95
>>>
```

● 遍历字典的键值对，语法格式如下。

```
for  <变量名>  in <字典名.items()>:
        <语句块>
```

例如变量 i，遍历字典的键值对信息，并逐行输出，输出结果是键值对的元组形式。

```
>>> d={'TOM':95,'JERRY':87,'LUCY':64}
>>> for i in d.items():
        print(i)

('JERRY', 87)
('LUCY', 64)
('TOM', 95)
>>>
```

4.6 应用实例

4.6.1 日期计算

输入某年某月某日，输出这一天是这一年的第几天？注意闰年平年。

【问题分析】

解决该任务的思路如下。

1）设置列表 ls 用来记录平年每个月份的天数。

2）根据输入的年份，判断是平年？还是闰年？

3）根据输入的月日数据，再结合列表，计算出该日期在一年中的第几天。

综合运用列表的相关函数和方法，实现代码如下。

【程序代码】

```
ls=[31,28,31,30,31,30,31,31,30,31,30,31]                    #平年各月份天数
s=0                                                         #计算总天数
year,month,day=eval(input("请输入年月日，并用逗号隔开："))
if year%400==0 or year%4==0 and year%100!=0:
    ls[1]=29                                                #若是闰年，2 月份是 29 天
for i in range(0,month-1):                                  #遍历列表前 month-1 个月
    s=s+ls[i]
s=s+day                                                     #加上当前的日期
print("该日期是一年中的第{}天".format(s))
```

【运行结果】

```
请输入年月日，并用逗号隔开：2020,7,29
该日期是一年中的第 211 天
>>>
```

4.6.2　二分法查找

对有序列表 ls=[7,9,12,34,57,89,123,221,345,456]进行二分法查找，输入查找目标数据 target。若查找成功，输出 True；否则输出 False。

【问题分析】

二分法查找前提：数列必须是一个有序序列，如列表 ls 元素升序排列。

二分法查找的思路如下。

1）从列表的中间位置元素开始搜索。

2）如果该元素正好是目标元素，输出 True，搜索过程结束。

3）如果目标元素小于中间位置元素，则在列表左半区域查找；重复以上步骤。

4）如果目标元素大于中间位置元素，则在列表右半区域查找；重复以上步骤。

5）如果某一步列表为空，则表示找不到目标元素，输出 False，搜索过程结束。

算法描述如下。

设置变量 low、high 分别用来标识查找区域的左、右边界位置，初始 low=0,high=len(ls)−1；循环处理。

1）变量 mid 标识中间元素位置，mid=(low+high)//2。

2）若 target==ls[mid]，输出 True，查找结束。

3）若 target<ls[mid]，则目标数据落在左半区域，high=mid−1；

4）若 target>ls[mid]，则目标数据落在右半区域，low=mid+1；

5）若 low>high，表示查找区域为空，查找不到目标数据，输出 False，查找结束。

综合运用列表的相关函数和方法，实现代码如下。

【程序代码】

```
ls=[7,9,12,34,57,89,123,221,345,456]
print("原数据列表：",ls)
target=eval(input("请输入要查找的目标数据:"))
low,high=0,len(ls)-1
while True:
    mid=(low+high)//2
    if target==ls[mid]:
        print(True)
        break
    elif target<ls[mid]:
        high=mid-1
    else:
        low=mid+1
    if low>high:
        print(False)
        break
```

【运行结果】

```
原数据列表： [7, 9, 12, 34, 57, 89, 123, 221, 345, 456]
请输入要查找的目标数据:56
False
>>>
原数据列表： [7, 9, 12, 34, 57, 89, 123, 221, 345, 456]
请输入要查找的目标数据:345
True
>>>
```

4.6.3 约瑟夫环问题

4.6.3 约瑟夫环问题

约瑟夫环问题的背景：据说在罗马人占领乔塔帕特后，39 个犹太人与著名历史学家约瑟夫及他的朋友躲到了一个洞中。39 个犹太人决定宁愿死也不要被敌人抓到，于是决定 41 个人排成一个圆圈，由第 1 个人开始报数，每报数到第 3 人这个人就会被处决，然后再由下一个人重新报数，直到所有人都被处决为止。

然而约瑟夫和他的朋友不肯就范。问题是，一开始要站在什么地方才能避免被处决？约瑟夫要他的朋友先假装遵从，他将朋友与自己安排在第 16 个与第 31 个位置，于是逃过了这场死亡游戏。这就是约瑟夫环问题。

约瑟夫环问题是一个计算机科学和数学中的问题，非常适合计算机编程处理。现在要求，使用列表解决约瑟夫环问题。

【问题分析】

首先进行问题的抽象：41 个人排成一个圆圈，从第 1 个人开始报数，报数到 3，该人就必须出列，然后再由下一个重新报数，依次重复，直到剩下约瑟夫和他的朋友为止。输出依次出列的人的编号，以及约瑟夫和他的朋友的编号。

用一个列表来存放 41 个人的编号，这 41 个人的编号分别是：1，2，3，…，41，这 41 个人横着排成一排报数。初始列表如下。

1	2	3	4	5	6	…	…	40	41

第 1 轮：从编号 1 开始报数，报到 3 的出列，淘汰编号 3。剩余列表如下所示，人数减少 1。

1	2	4	5	6	…	…	40	41

这里需要调整列表，将本轮报过数的编号，移动到列表的末尾，编号 4 放到列表开头接着报数。这样的报数跟围成一圈报数是一模一样的，不影响结果。

4	5	6	…	…	40	41	1	2

第 2 轮：从编号 4 开始报数，报到 3 的出列，淘汰编号 6。剩余列表如下所示，人数再减少 1。

4	5	7	…	40	41	1	2

再次调整列表，将本轮报过数的编号，移动到列表末尾。如下所示。

7	8	…	41	1	2	4	5

重复上述步骤，直到剩下约瑟夫和他朋友两人为止。

整理成解题思路，伪代码如下。

首先，生成一个列表 ls，存放 41 个人的编号。

循环处理：

若列表长度小于 3，循环终止。

输出报数为 3 的人的编号，并从列表移除。

将前面报数是 1、2 的人，移动到列表末尾。

输出最终的两个幸存者编号。

上述各步骤实现，要充分使用列表的相关函数和方法。

【程序代码】

```
ls=[x for x in range(1,42)]        #生成人员编号 1～41 的列表 ls
print("依次出列的人员编号是：")
while True:
    if len(ls)<3:                  #幸存者只剩两人时，中断循环
        break
    print(ls[2],end=" ")           #输出淘汰者编号 ls[2]
    ls.pop(2)                      #淘汰者出列
    lt=ls[0:2]                     #报数为 1、2 的元素，切片方式暂存
    ls.pop(0)                      #报数为 1、2 的元素，移动到列表末尾
    ls.pop(0)
    ls.extend(lt)
print("\n 幸存者编号是：")
print(ls)
```

【运行结果】

```
依次出列的人员编号是：
```

```
3 6 9 12 15 18 21 24 27 30 33 36 39 1 5 10 14 19 23 28 32 37 41 7 13 20 26 34 40 8 17 29 38 11 25 2 22 4 35
幸存者编号是:
[16, 31]
>>>
```

可以看出，在解决约瑟夫环问题的过程中，借助另一个列表，灵活运用列表的 pop()方法和 extend()方法，实施出列操作。类似于数据结构中的队列操作，在队头进行删除，在队尾进行插入，免除了索引位置的计算操作，实现起来更加简洁和生动。

4.6.4 删除列表相关元素

4.6.4 删除列表相关元素

编程生成一个 1～99 的数字列表，输入一个 2～9 的正整数，从列表上删除这个数的倍数或者数位上包含这个数字的数，并输出列表。

【问题分析】

完成该任务，主要需要解决下述问题。

1）生成 1～99 数字的列表。使用内建函数 list()生成。

2）遍历列表，找到符合删除条件的数。结合算术运算符%以及字符串的成员运算符 in 实现。

3）删除满足条件的数。使用列表的 remove()方法。

综合运用列表的相关函数和方法，实现代码如下。

【程序代码】

```
ls=list(range(1,100))
n=input("请输入指定的数字，在 1～9 之间:")
for i in ls:
    if i%eval(n)==0 or n in str(i):
        ls.remove(i)
print(ls)
```

【运行结果】

```
请输入指定的数字，在 1～9 之间:7
[1, 2, 3, 4, 5, 6, 8, 9, 10, 11, 12, 13, 15, 16, 18, 19, 20, 22, 23, 24, 25, 26, 28, 29, 30, 31, 32, 33, 34, 36, 38, 39, 40, 41, 43, 44, 45, 46, 48, 50, 51, 52, 53, 54, 55, 57, 58, 59, 60, 61, 62, 64, 65, 66, 68, 69, 71, 73, 75, 77, 79, 80, 81, 82, 83, 85, 86, 88, 89, 90, 92, 93, 94, 95, 96, 98, 99]
>>>
```

本例中，输入指定的数字 7。观察运行结果，发现从列表中删除了一部分 7 的倍数或数位包含 7 的元素，但是并没有删除干净，数列中依然存在 28、57、71、73、75、77、79、98 这样的数字，这是什么原因造成的呢？

原因在于用 remove()方法删除数据时，后续数字会填充到原位置，这样导致遍历遗漏，使得某些符合删除条件的数据未被删除。

为了避免这种情况发生，可以采用逆序遍历列表的方法，或者将遍历的列表对象与实施删除的列表对象分开。下面编码分别实现从列表删除指定元素。

● 逆序遍历列表，实现删除指定元素值。

【程序代码 1】

```
ls=list(range(1,100))
n=input("请输入要删除的数字,在 1～9 之间:")
for i in ls[::-1]:    #逆序遍历列表
```

```
        if i%eval(n)==0 or n in str(i):
            ls.remove(i)
print(ls)
```

【运行结果】

```
请输入要删除的数字，在 1～9 之间:7
[1, 2, 3, 4, 5, 6, 8, 9, 10, 11, 12, 13, 15, 16, 18, 19, 20, 22, 23, 24, 25, 26, 29, 30, 31, 32, 33, 34, 36, 38, 39, 40, 41, 43, 44, 45, 46, 48, 50, 51, 52, 53, 54, 55, 58, 59, 60, 61, 62, 64, 65, 66, 68, 69, 80, 81, 82, 83, 85, 86, 88, 89, 90, 92, 93, 94, 95, 96, 99]
>>>
```

- 将列表遍历与删除的对象分开，实现删除指定元素值。

【程序代码 2】

```
ls=list(range(1,100))
n=input("请输入要删除的数字，在 1～9 之间:")
for i in ls.copy():          #遍历 ls.copy()对象，将遍历与删除的对象分开
    if i%eval(n)==0 or n in str(i):
        ls.remove(i)
print(ls)
```

【运行结果】

```
请输入要删除的数字，在 1～9 之间:7
[1, 2, 3, 4, 5, 6, 8, 9, 10, 11, 12, 13, 15, 16, 18, 19, 20, 22, 23, 24, 25, 26, 29, 30, 31, 32, 33, 34, 36, 38, 39, 40, 41, 43, 44, 45, 46, 48, 50, 51, 52, 53, 54, 55, 58, 59, 60, 61, 62, 64, 65, 66, 68, 69, 80, 81, 82, 83, 85, 86, 88, 89, 90, 92, 93, 94, 95, 96, 99]
>>>
```

4.6.5　统计单词个数

4.6.5　统计单词个数

输入一行英文文本，统计其中单词的个数。例如，I love python.And you？输出单词个数 5。

【问题分析】

观察英文文本内容，里面包含标点符号，因此需要对文本进行清洗，去除标点符号，然后再进行统计。完成该任务，主要需要解决下述问题。

1）如何对英文文本进行清洗？去除标点，去除两端空格，使用字符串的 replace()、strip()方法。

2）如何将英文单词，从字符串中分离出来？使用字符串的 split()方法，生成单词列表。

3）统计单词的个数。使用 len()函数计算列表长度

综合运用字符串的相关函数和方法，实现程序如下。

【程序代码】

```
s=input("请输入一行英文文本：")
for ch in s:
    if ch in "~!@#$%^&*()+|}{:\"<>?;,.\'/":          #若字符属于标点符号
        s=s.replace(ch," ")                           #则标点字符被替换为空格
s=s.strip()                                           #去除两端空格
```

```
ls=s.split()                                        #将英文文本按空格分割，生成单词列表
print("单词个数={}".format(len(ls)))
```

【运行结果】

```
请输入一行英文文本：I love Python.And you?
单词个数=5
>>>
```

4.6.6 英文词频统计

4.6.6 英文词频统计

综合运用字典的函数和方法，对泰戈尔的诗集《飞鸟集》进行文本词频统计。

【问题分析】

统计《飞鸟集》英文词频，并输出词频最高的前 10 条记录，主要有以下几个步骤。

第一步：整理并分离、提取英文文章的单词。

第二步：用字典对单词进行词频统计。

第三步：依据单词的词频，将记录从高到低排序。

第四步：输出频次最高的前 10 条记录。

【程序代码】

```
#《飞鸟集》--词频统计
s= open("birds.txt", "r").read()
s= s.lower()
for ch in '"?,*.'"!'":
    s = s.replace(ch, " ")                     #将特殊字符替换为空格
ls= s.split()                                  #提取单词并分解成单词列表
d= {}                                          #字典初始为空，记录单词及词频
for word in ls:                                #遍历单词列表
    d[word] =d.get(word,0) + 1                 #若单词在字典中已出现，计数加 1；若尚未出现，次数计 1
lt = list(d.items())                           #将记录词频的字典转换为列表类型
lt.sort(key=lambda x:x[1], reverse=True)                #对单词列表按照词频进行降序排列
for i in range(10):                                     #遍历单词列表前 10 项
    print ("{0:<10}{1:>5}".format(lt[i][0],lt[i][1]))   #输出单词、频次
```

【运行结果】

```
the        147
of          53
to          32
in          27
is          25
you         24
and         22
it          19
my          18
a           15
```

4.6.7　恺撒密码加密

恺撒密码是古罗马恺撒大帝（Julius Caesar）用来对军事情报进行加解密的算法，它通过替换字母完成加密，每个字母由字母表中其后特定位数的字母代替。

Julius Caesar 将字母表向后移动 3 个字母的位置，然后用得到的新字母表中的字母替换原消息中的每个字母。例如，消息中的 A 都变成 D，每个 B 都变成 E 等。当需要将字母表末尾的字母，如 Y 移位时，则会绕回到字母表的开头，移动 3 个位置到 B。

原文：ABCDEFGHIJKLMNOPQRSTUVWXYZ

密文：ZYXWVUTSRQPONMLKJIHGFEDCBA

对于原文字符 P，采用恺撒密码的加密方法，其密文字符 C 满足如下条件。

C=(P+3)mod 26

反之，对于密文字符 C，采用恺撒密码的解密方法，其原文 P 满足如下条件。

C=(P−3)mod 26

现在要求输入加密密钥 n，完成对一段输入文本的恺撒加密，输出密文文本。注意：只针对大小写字母进行加密处理，其他字符保持原样。

例如：输入加密密钥 4，输入原文:abc123XYZ，则输出密文是：efg123BCD。

【问题分析】

现需要输入加密密钥 n，然后进行恺撒加密，则对于原文字符 ch，其密文字符 s =(ch+n)mod 26。

完成该任务，主要需要解决下述问题。

1）除了输入原文文本 txt，还需要记录密文的文本 newtxt，初始为空字符串。

2）遍历原文文本 txt：若原文字符属于字母，则进行恺撒加密处理；否则保持原样。

3）用 newtxt 记录密文，并输出。

综合运用字符串的相关函数和方法，实现程序如下。

【程序代码】

```
n=eval(input("请输入加密密钥："))        #n 是密钥
txt=input("请输入原文:")
newtxt=""                              #记载密文文本
for ch in txt:
    if 'a'<=ch<='z':                   #小写字母，进行加密处理
        s=chr(ord('a')+(ord(ch)+n-ord('a'))%26)
    elif 'A'<=ch<='Z':                 #大写字母，进行加密处理
        s=chr(ord('A')+(ord(ch)+n-ord('A'))%26)
    else:
        s=ch                           #非字母，保持原样
    newtxt=newtxt+s                    #newtxt 记载密文
print("密文是：",newtxt)
```

【运行结果】

```
请输入加密密钥：4
请输入原文:abc123XYZ
密文是： efg123BCD
>>>
```

本例中，采用了 ord()、chr()函数，来进行字符与 unicode 编码之间的转换，实现恺撒密码加密。

例如对小写字母进行加密处理语句：s=chr(ord('a')+(ord(ch)+n−ord('a'))%26)，处理过程如下。

ord(ch)+n，根据密钥 n，将字符 ch 向后移动 n 个位置，得到一个 unicode 编码。

(ord(ch)+n−ord('a'))%26，得到字符 ch 加密后相对于小写字母表中首字母'a'的位移。

ord('a')+(ord(ch)+n−ord('a'))%26，得到字符 ch 加密后的正确的 unicode 编码值。

s=chr(ord('a')+(ord(ch)+n−ord('a'))%26)，得到字符 ch 加密后的字符 s。然后将该字符添加到密文文本末尾。

恺撒密码解密，读者可自行完成。

4.7 习题

1．从键盘输入一批数据，并对这些数据进行逆置，输出逆置后的数据。

2．输入 10 名学生的成绩，进行优、良、及格和不及格的统计。优秀：90～100；良好：80～89；及格：60～79；不及格：<60。

3．生成一个包含 20 个随机整数的列表，然后将前 10 个元素升序排列，后 10 个元素降序排列，并输出结果。

4．一个 5 行 10 列的二维列表，保存了 5 位歌唱选手的成绩，每位选手的成绩由 10 个评委老师打分。每位选手的最终得分：去除最高分、最低分，然后计算平均分。请计算并输出 5 位选手的最终得分，保留两位小数。

5．参考恺撒密码加密的程序代码，实现恺撒密码解密。

6．从键盘输入若干个英语单词，输入方式：一行，用空格隔开；逐行输出所有以元音开头的单词。

7．用二维列表方式来处理成绩数据（学号、语文、数学、外语、Python），内容如下所示，最后要求输出学号和平均成绩，按学号升序排列。

```
2014111，97，92，81，60
2014112，75，84，91，39
2014113，88，94，65，91
2014114，97，89，85，82
2014115，35，72，91，70
2014116，99，86，90，94
```

学号	平均成绩
2014111	82.5
2014112	72.25
2014113	84.5
2014114	88.25
2014115	67.0
2014116	92.25

8．成绩排序。已有 5 名学生的姓名和成绩，用字典存放。现要求按照成绩从高到低输出学生的姓名，假设成绩没有重复值。

分析：由于字典元素没有顺序，需要将其转换成可以排序的列表类型。

小技巧：使用 sort()方法和 lambda 函数（也称匿名函数，见 5.5 节）配合，根据单词频次对列表元素降序排列。lambda 匿名函数，可用作 sort()方法的参数，表示依据元组元素的第 2 数据项，即频次进行降序排列，即 lt.sort(key=lambda x:x[1], reverse=True)。

9．创建一个字典，键保存用户名，值保存密码。设计一个登录检查程序，只有用户名和密码都正确的用户才能通过登录检查程序。

10．用字典方式来处理成绩数据（学号、语文、数学、外语、Python），内容如下所示，最后要求输出学号和平均成绩，按学号升序排列。

提示：可以使用“学号：(学号、语文、数学、外语、Python)”的键值对来记录成绩数据。

```
2014111，97，92，81，60
2014112，75，84，91，39
2014113，88，94，65，91
2014114，97，89，85，82
2014115，35，72，91，70
2014116，99，86，90，94
```

```
学号        平均成绩
2014111    82.5
2014112    72.25
2014113    84.5
2014114    88.25
2014115    67.0
2014116    92.25
```

第5章　函数与模块

在自顶向下的程序设计思想中，通常把一个大问题分解成若干个小问题，为每个小问题编写程序，分而治之，这样大问题就迎刃而解了。为解决每个小问题编写的程序，就是函数。本章将开始学习函数的定义与调用、参数传递，以及模块的使用。

【学习要点】

1．函数的定义与调用方法。

2．不同类型的参数传递。

3．递归的思想及递归函数的定义与计算。

4．变量的作用域。

5．模块的定义与使用方法。

5.1　函数概述

函数是一组实现某一特定功能的语句集合，是可以重复调用、功能相对独立完整的程序段。

编程好比搭积木，用函数实现每个子问题，再进行拼装，最终处理复杂的大问题，这就是模块化程序设计，如图5-1所示。

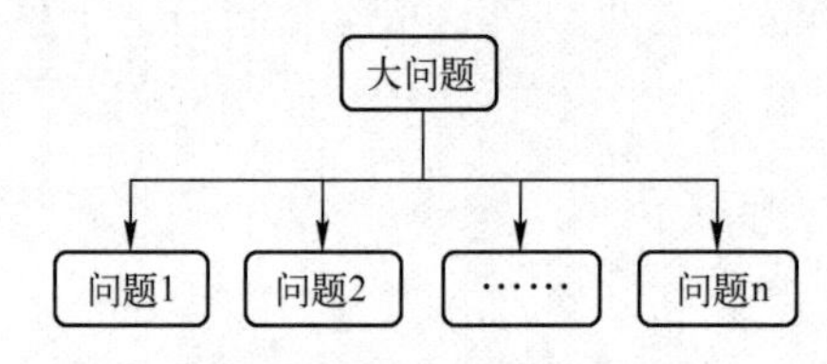

图5-1　模块化程序设计

另外，在编程实现阶段，会出现用于实现相同或相似功能的代码块，只是数据不同而已。这种情况下，若将这些代码块再复制到多个位置，并填充修改数据使用，当功能稍有改动时，就需要在程序中逐个找到相应代码块，并一一进行修改，这会给程序的开发、测试和维护带来很大的不便，降低程序的开发效率。

因此要将这些功能相同、需要反复执行的代码块封装成函数，然后在需要该功能的位置调用该函数，消除程序中重复性的代码。在需要更新函数的功能时，只需要修改函数定义部分的代码，就可以使所有调用该函数的地方都得到更新，做到一改全改，提高代码的重用率，降低代码维护的工作量。

从用户使用的角度看，函数可以分为以下几种。

1）Python 内置函数：如 int()、round()函数等，这些微小的程序，接收输入，处理输入，并产生输出。

2）Python 库函数：如 math 库的 sqrt()函数，turtle 库的 circle()函数等。这些是由 Python 的标准库或第三方库提供的函数，就像一个个已经做好的工具，用户可以导入库函数，然后拿来使用。

3）自定义函数：用户可以根据需要，用 Python 语言编写的一段程序来实现自定义的特定功能。

5.2　函数的定义与调用

5.2　函数的定义与调用

5.2.1　函数的定义

Python 中，函数定义的语法形式如下。

```
def <函数名>([形式参数表]):
    <函数体>
[return <返回值列表>]
```

【例 5-1】 定义函数 fun(n)；用来计算 n!。

```
def f(n):
    s = 1
    for i in range(1, n+1):
        s *= i
    return s
```

这里使用关键字 def 进行函数的定义。

函数名必须符合标识符的命名规则：以字母或下画线开头，是数字、字母或下画线的组合，并且不能是 Python 保留字，例如函数名 f。

函数定义时的参数称为**形式参数**，简称形参，在函数调用时，进行值的传递，例如这里 n 是形参。形参可以有零个、一个或多个。形式参数不需要指定类型，多个参数时用逗号分隔。

函数体由一行或多行语句组成，是函数被调用时执行的代码。例如，本程序段的 2～5 行就是函数体。

return 语句是可选的，用于返回值。例如上例中的 return s，返回阶乘值，同时函数调用执行，到此结束。

5.2.2　函数的调用

函数定义好后，必须通过函数调用才能实现函数的特定功能。函数调用时使用的参数，称为**实际参数**。

函数调用的格式如下。

```
<函数名>(<实际参数表>)
```

【例 5-2】 定义函数 fun(n)，用来计算 n!，并调用该函数。

【程序代码】

```
def f(n):       #函数定义
    s = 1
    for i in range(1, n+1):
        s *= i
    return s
m=5
print(f(m))     #函数调用
```

【运行结果】

```
120
```

程序段首先定义函数 f(n)，用于计算 n!。主程序中的 f(m)就是函数调用，通过函数名调用函数功能（计算 5!）。运行，输出结果为 120。

5.2.3　函数调用处理过程

5.2.3　函数调用处理过程

第一步：参数传递，就是将实际参数值传递给形式参数。例 5-2 中，将实参 m=5 传递给对应的形参 n，使得 n 的值为 5。

第二步：执行函数体。例 5-2 中，通过遍历循环，即累乘，得到 s=120。

第三步：函数返回，代入返回值，回到主程序调用它的位置，继续执行。输出结果 120。

图 5-2 展示了程序调用阶乘函数时执行过程中内存的状态。其中 m 为实参，n 为形参。

图 5-2a，展示 m=5 执行后，内存情况。图 5-2b，展示调用函数 f()后，将实参 m 的值传递给形参 n，使得 n=5。图 5-2c，展示执行函数体后，使得 s=120。图 5-2d，展示调用函数 f()后，返回值 120，形参 n 及变量 s 被释放。

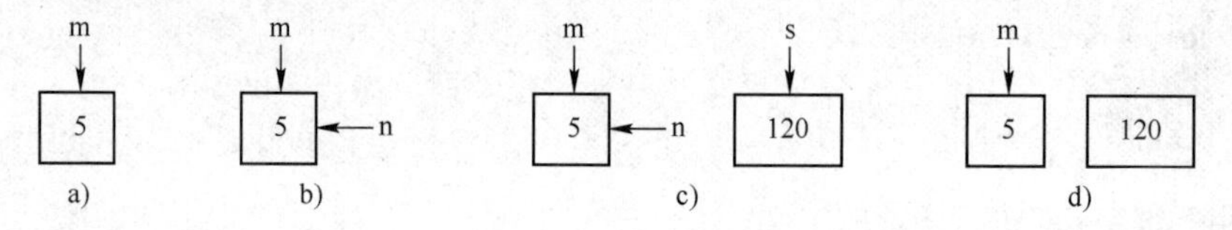

图 5-2　传递值给一个函数

5.2.4　无参函数与有参函数

1．无参函数

定义函数时，形式参数可以为 0 个，称为无参函数。无参函数在定义时，函数名后面的圆括号不能少。

【例 5-3】 定义无参函数，返回重复的字符串。

【程序代码】

```
def hello():              #函数定义
    return "hello"*3
    print(hello())        #函数调用
```

【运行结果】

```
hellohellohello
```

2．有参函数

定义函数时，形式参数可以有多个。

【例 5-4】 定义一个函数 fun(m,n)，采用辗转相除法，计算 m 和 n 的最大公约数，并返回。

辗转相除法又名欧几里得算法（Euclidean algorithm)，目的是求出两个正整数的最大公约数。它是已知最古老的算法，其可追溯至公元前 300 年。

该算法基于一个定理：两个正整数 m 和 n（m 大于 n)，它们的最大公约数等于 m 除以 n 的余数 r 和较小数 n 之间的最大公约数。

辗转相除法，算法思路如下。

1）m、n 两数相除，得出余数 r。

2）如果余数 r 不为 0，循环处理：

用较小的数与余数继续相除，计算新的余数 r。

如果余数为 0，循环结束，则最大公约数就是本次相除中较小的数。

例如，36 和 24 的最大公约数，利用辗转相除法计算过程如图 5-3 所示。

m	n	r=m%n
36	24	12
24	12	0

图 5-3　辗转相除法计算过程

【程序代码】

```
def fun(m,n):
    if m<n:
        m,n=n,m
    r=m%n
    while r!=0:
        m,n=n,r
        r=m%n
    return  n
print(fun(36,24))
```

【运行结果】

```
12
```

函数参数有两个，即 m、n。函数体部分，若 m<n，两数互换。变量 r 计算两数的余数。使用条件循环，被除数和除数进行迭代赋值，重新计算余数 r，重复上述过程，直至余数为 0，结束循环。最终，用 return n 返回最大公约数。

函数调用 fun(36,24)，此刻按位置传递参数，即将 36 传递给形参 m，24 传递给形参 n，执行函数体，返回最大公约数 12。运行后输出结果 12。

5.2.5　函数的返回值

1．有返回值

Python 可以用 return 语句来结束函数，同时将返回值代回到主程序中函数被调用的位置，函数可以返回多个值。

【程序代码】

```
def f2(a,b):
    return 2*a,3*b
x,y=f2(3,4)
print(x,y)
```

【运行结果】

```
6  12
```

函数调用时，执行函数体，以元组的方式返回值(6,12)，使得 x,y=(6,12)，最终输出结果为 6 和 12。

2．无返回值

函数中也可以没有返回值，函数体没有 return 语句。

【程序代码】

```
def printhello():
    print("Hello Python")
printhello()
```

【运行结果】

```
Hello Python
```

函数调用时，函数体只有输出语句，没有返回值，最终输出 Hello Python。

5.3 函数的参数传递

5.3 函数的参数传递

5.3.1 形式参数与实际参数

函数定义时使用的参数，称之为形式参数，简称形参。

函数调用时使用的参数，称之为实际参数，简称实参。

程序运行，执行函数调用时会发生参数传递，就是将实参传递给形参，然后转到函数内执行函数体。

【例 5-5】 定义函数 f(n)，用来计算 1～n 之和，并调用该函数。

【程序代码】

```
def f(n):                   #函数定义，n 是形参
    s = 0
    for i in range(1, n+1):
        s += i
    return s
print(f(100))               #函数调用，100 是实参
```

【运行结果】

```
5050
```

那么在参数传递时，形参和实参的值会发生怎样的变化呢？下面来学习相关概念。

5.3.2 引用和对象

Python 中引用和对象是分离的。例如：

```
a=1
```

整数 1 是一个对象，而变量 a 是一个引用，利用赋值语句，引用 a 指向了对象：数值 1，如图 5-4 所示。

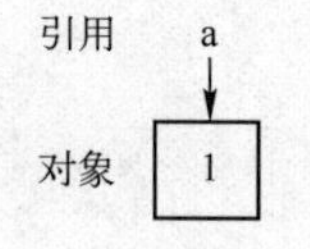

图 5-4 引用变量 a

例如：

```
b=2
b="hello"
```

第一个语句 b=2，引用 b 指向了对象 2，如图 5-5a 所示。

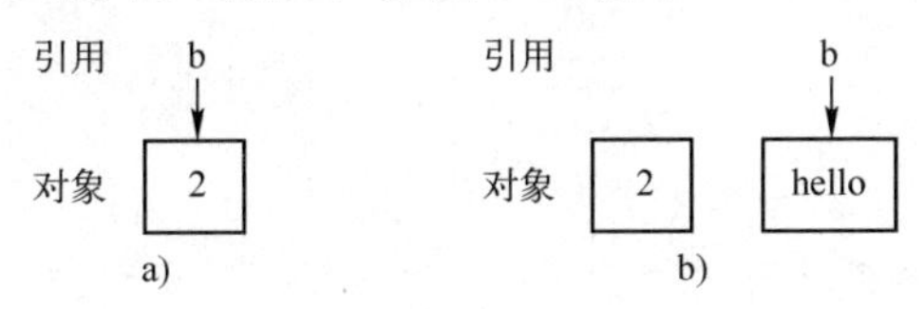

图 5-5　引用 b 指向对象 2

第二个语句在内存中建立了一个字符串对象“hello”，通过赋值，将引用 b 指向了新对象“hello”。同时，旧对象“2”不再有引用指向它，它会被回收，释放内存，如图 5-5b 所示。

5.3.3　参数传递

下面来分析，函数调用过程中，将实参传递给形参时参数的内容是如何变化的？

1．形参引用新对象

【程序代码】

```
def fun(listB):
    listB=[4,5,6]
listA=[1,2,3]
fun(listA)
print(listA)
```

【运行结果】

```
[1,2,3]
```

函数调用 fun(listA)，实参 listA 被传递给形参 listB。此刻，引用 listB 也指向列表对象[1,2,3]，如图 5-6 所示。

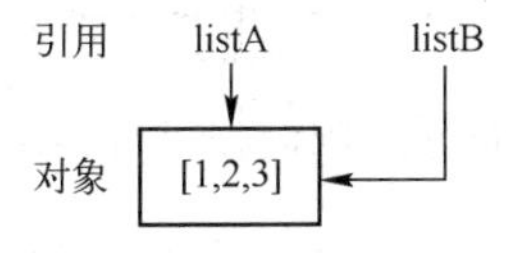

图 5-6　函数调用时的参数传递（形参引用新对象）

执行函数体。语句 listB=[4,5,6]对引用 listB 重新赋值，使得引用 listB 指向了新的列表对象：[4,5,6]，如图 5-7 所示。

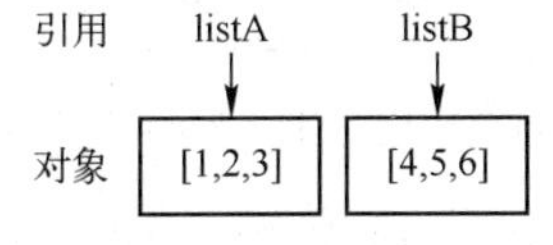

图 5-7　执行函数体（形参引用新对象）

函数调用结束，返回主程序。输出实参 listA，listA 仍旧指向列表对象[1,2,3]，对象[4,5,6]不再有引用指向它，它会被回收，释放内存，如图 5-8 所示。因此输出列表 listA 的内容为[1,2,3]。

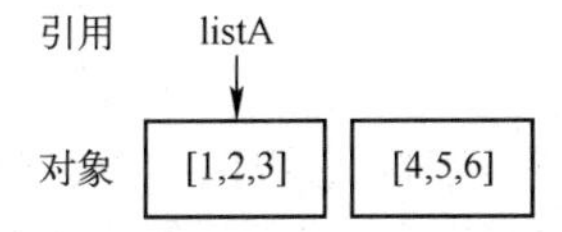

图 5-8　函数调用结束（形参引用新对象）

归纳得出，对形参的引用赋值，形参引用了新的对象，修改形参时不会影响实参，实参内容不变。

2．形参不引用新对象

【程序代码】

```
def fun(listB):
    listB[0]=4
listA=[1,2,3]
fun(listA)
print(listA)
```

【运行结果】

```
[4,2,3]
```

函数调用 fun(listA)，实参 listA 被传递给形参 listB。此刻，引用 listB 也指向列表对象[1,2,3]，如图 5-9 所示。

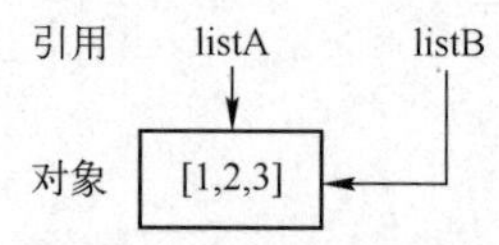

图 5-9　函数调用时的参数传递（形参不引用新对象）

执行函数体。语句 listB[0]=4 对形参 listB 所指向的对象，即列表的元素 listB[0]赋值，而不是对 listB 这一引用赋值。因此直接修改对象的值，使得列表元素 listB[0]=4，这样所有指向该对象的引用都会受到影响，如图 5-10 所示。

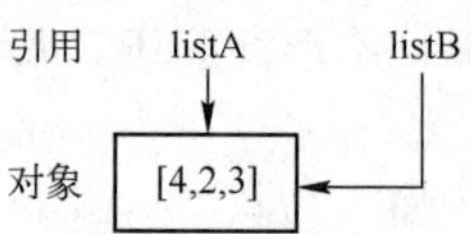

图 5-10　执行函数体（形参不引用新对象）

函数调用结束，返回主程序。输出实参 listA，listA 指向变化后的列表对象。如图 5-11 所示，因此输出列表内容为[4,2,3]。

图 5-11　函数调用结束（形参不引用新对象）

归纳得出，形参没有引用新的对象时，修改形参，实参会发生改变。

5.4　不同类型的参数

5.4　不同类型的参数

5.4.1　位置参数

位置参数，即在函数调用时，严格按照位置次序，将实参依次传递给形参。

【例 5-6】 定义函数 BMI(weight,height)，用于计算身体质量指数（BMI），并返回判断结果。形参 weight、height 分别用来接收传递来的体重、身高值。函数调用使用位置参数。

【程序代码】

```
def BMI(weight,height):
    bmi=weight/height**2
    if bmi<18.5:
        s="BMI 指数={:.2f}，您的身体偏瘦！".format(bmi)
    elif bmi<24:
        s="BMI 指数={:.2f}，您的身体正好，请继续保持！".format(bmi)
    elif bmi<28:
        s="BMI 指数={:.2f}，您的身体超重，要控制管理身材！".format(bmi)
    else:
        s="BMI 指数={:.2f}，您的身体肥胖，该减肥了！".format(bmi)
    return s
w=eval(input("请输入体重(kg):"))
h=eval(input("请输入身高(m):"))
print(BMI(w,h))
```

主程序执行函数调用 BMI(w,h)，参数传递按照位置次序，将实参 w 传递给形参 weight，将实参 h 传递给形参 height。然后执行函数体，计算出 bmi 值，通过分支语句计算得出具体的评价结果，并予以返回，打印输出。

【运行结果】

```
请输入体重(kg):62
请输入身高(m):1.58
BMI 指数=24.84，您的身体超重，要控制管理身材！
>>>
```

采用位置参数传递，要严格按照位置次序，将实参依次传递给形参。当参数比较多时，参数顺序容易记错，使得参数传递出错。Python 提供了关键字参数来解决这个问题。

5.4.2 关键字参数

关键字参数，即函数按照参数名称方式传递参数，函数调用语法格式如下。

```
<函数名>(<参数名> = <实际值>)
```

【例 5-7】 定义函数 BMI(weight,height)，用于计算身体质量指数（BMI），并返回判断结果。形参 weight、height 分别用来接收传递来的体重、身高值。函数调用使用关键字参数。

【程序代码】

```
def BMI(weight,height):
    bmi=weight/height**2
    if bmi<18.5:
        s="BMI 指数={:.2f}，您的身体偏瘦！".format(bmi)
    elif bmi<24:
        s="BMI 指数={:.2f}，您的身体正好，请继续保持！".format(bmi)
    elif bmi<28:
        s="BMI 指数={:.2f}，您的身体超重，要控制管理身材！".format(bmi)
    else:
        s="BMI 指数={:.2f}，您的身体肥胖，该减肥了！".format(bmi)
```

```
    return s
w=eval(input("请输入体重(kg):"))
h=eval(input("请输入身高(m):"))
print(BMI(height=h,weight=w))
```

函数调用 BMI(height=h,weight=w)，参数传递时，按照参数名字传递值，明确指定哪个值传递给哪个参数，实参顺序可以和形参顺序不一致。如例 5-7 中，将实参 w 的值准确地传递给形参 weight，将实参 h 的值准确地传递给形参 height。

【运行结果】

```
请输入体重(kg):62
请输入身高(m):1.58
BMI 指数=24.84，您的身体超重，要控制管理身材！
>>>
```

设置关键字参数的优点是，每个参数的含义清晰，函数调用时，实际参数顺序可以任意，不用担心因为参数位置乱而导致参数传递出错。

5.4.3 可选参数

Python 中在定义函数时还可以给某些参数设置默认值。

默认参数以赋值语句的形式给出，语法如下。

```
def  <函数名>(<必选参数列表>, <可选参数> = <默认值>):
     <函数体>
     [return <返回值列表>]
```

定义函数时，在必选参数后面定义可选参数，以赋值语句的方式给出可选参数的默认值。函数调用时，如果没有传递给可选参数的值，则用默认值代替。

【例 5-8】 计算体质指数的 BMI 计算器函数，某个成年人用户经常使用，身高 1.58m，基本是不变的了，而体重会发生变化。使用可选参数来定义函数 BMI()。

【程序代码】

```
def BMI(weight,height=1.58):
    bmi=weight/height**2
    if bmi<18.5:
        s="BMI 指数={:.2f}，您的身体偏瘦！".format(bmi)
    elif bmi<24:
        s="BMI 指数={:.2f}，您的身体正好，请继续保持！".format(bmi)
    elif bmi<28:
        s="BMI 指数={:.2f}，您的身体超重，要控制管理身材！".format(bmi)
    else:
        s="BMI 指数={:.2f}，您的身体肥胖，该减肥了！".format(bmi)
    return s
print(BMI(62))
print(BMI(62,1.65))
```

定义函数 BMI(weight,height=1.58)，给出必选参数 weight，可选参数 height=1.58。

函数调用时，如果没有传递给可选参数的值，则用默认值代替。

例如，函数调用 BMI(62)，将体重 62 传递给必选参数 weight，由于没有传递给可选参数 height 的值，则用默认值 1.58 代替。提示身体超重，要严格管理身材。

【运行结果】

```
BMI 指数=24.84，您的身体超重，要控制管理身材！
BMI 指数=22.77，您的身体正好，请继续保持！
>>>
```

5.4.4　可变长位置参数

在函数定义时，也可以设计可变长参数，就是参数的数量是多个，不确定。

在参数前加*，说明其是可变长位置参数。允许接收多个参数。函数调用时，将多个参数构成一个元组，作为参数传递到函数中。

【程序代码】

```
def f1(*b):
    s=1
    for t in b:
        s=s*t
    return s
print(f1(1,2,3))
print(f1(1,2,3,4,5))
```

【运行结果】

```
6
120
>>>
```

定义函数 f1，其中形参是可变长位置参数*b。函数功能是将各参数值累乘，返回乘积。

函数调用 f1(1,2,3)时，实参构成一个元组(1,2,3)，将其传递给可变长位置参数*b。执行函数体，将各参数值累乘，返回乘积 6，并输出。

函数调用 f1(1,2,3,4,5)时，实参构成一个元组(1,2,3,4,5)，将其传递给可变长位置参数*b。执行函数体，将各参数值累乘，返回乘积 120，并输出。

5.4.5　可变长关键字参数

在参数前加**，说明其是可变长关键字参数，允许接收多个关键字参数。函数调用时，将多个关键字参数构成一个字典，作为参数传递到函数中。

【程序代码】

```
def f2(**c):
    print(c)
f2(x=1,y=2)
f2(a=3,b=4,c=5)
```

定义函数 f2，其中形参是可变长关键字参数**c。

函数调用时，将实参中的多个关键字参数构成一个字典，传递给可变长关键字参数**c。

执行函数体，输出形参 c 的值。

【运行结果】

```
{'y': 2, 'x': 1}
{'c': 5, 'b': 4, 'a': 3}
>>>
```

5.5 匿名函数

5.5 匿名函数

有时候，函数只是临时一用，而且业务逻辑也非常简单，这时就不需要给函数起名字，可以使用匿名函数的方式来定义。

匿名函数，就是没有名字的函数，用保留字 lambda 定义，又称 lambda 函数。语法格式如下。

```
lambda    参数列表 : 表达式
```

冒号后面的表达式是函数的返回值。

例如：lambda x,y:x+y

x 和 y 是函数的参数，冒号后面的表达式是函数的返回值，此函数的功能是求两个参数的和。

匿名函数该如何调用呢？给匿名函数绑定一个名字，调用匿名函数。格式如下。

```
<函数名>=lambda    参数列表:表达式
```

等价于：

```
def  <函数名>(参数列表):
return 表达式
```

例如：

```
>>> f=lambda x,y:x+y
>>> f(2,3)
5
```

将匿名函数绑定一个名字 f，进行函数调用，如 f(2,3)，结果是两个参数的和 5。

通常将 lambda 返回的函数作为另一个函数的参数，例如用 lambda 函数定义列表排序的原则。

【例 5-9】 用 lambda 函数定义列表排序的原则。

有一个列表 ls=[('a',3),('b',9),('c',6),('d',2)]，列表元素是元组，表示字符及其频次。现要求根据每个元组的第二项数据，即每个字符的频次，作为排序依据，将列表元素降序排列输出。

【程序代码】

```
>>> ls=[('a',3),('b',9),('c',6),('d',2)]
>>> ls.sort(key=lambda x:x[1],reverse=True)
>>> print(ls)
```

【运行结果】

```
[('b', 9), ('c', 6), ('a', 3), ('d', 2)]
>>>
```

程序中，使用 sort()方法对列表进行排序。sort()方法中有两个参数名 key 和 reverse。

参数 reverse 默认值为 False，表示升序排列；若 reverse 取值为 True，表示降序排列。

参数 key 接收一个 lambda 函数作为参数值，key=lambda x:x[1]，lambda 函数返回表达式 x[1]的值，作为 sort()方法的排序依据。参数 x 表示列表的元素，即元组；返回值 x[1]表示元组索引号为 1 的数据，即频次；也就是列表的 sort()方法依据频次进行排序。

最后，列表元素按照频次降序排列，结果如上。

5.6　递归函数

5.6　递归函数

5.6.1　递归函数的定义

若一个对象部分包含自己，或用它自己给自己定义，就说这个对象是递归的。

若一个函数直接或间接地调用自己，那么这个函数是递归的。

函数递归调用分为直接递归调用和间接递归调用，分别如图 5-12 和图 5-13 所示。

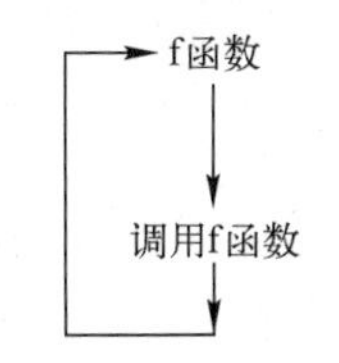

图 5-12　直接递归调用

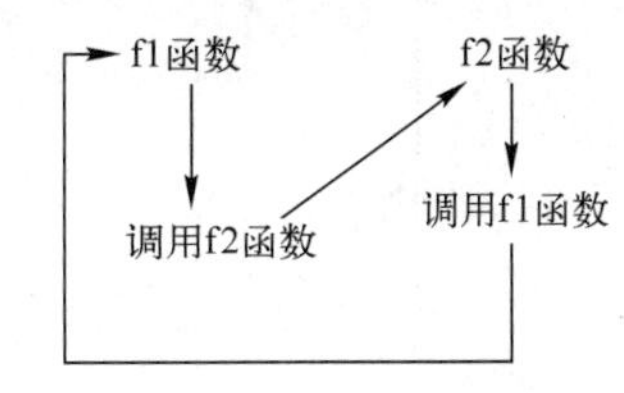

图 5-13　间接递归调用

如果在函数 f 中又调用函数 f，这种调用称为直接递归调用。

如果在函数 f1 中调用函数 f2，在函数 f2 中又调用了函数 f1，这样函数 f1 通过函数 f2 间接调用了自己，这种调用称为间接递归调用。

递归算法有两个基本特征：**递推归纳和递归终止。**

递推归纳：是把问题转化为比原问题规模小的同类问题。

递归终止：当问题小到一定规模，结束递归，逐层返回。

【例 5-10】 定义递归函数，计算 n!。

递推归纳：由 n！递推计算 n*(n−1)!，由(n−1)!递推计算(n−1)*(n−2)!…

递归终止：当递推计算 1！时，有明确结果 1！=1，再逐层返回。

因此，计算 n!可以得出如下计算公式：

$$n! = \begin{cases} 1, & n = 1 \\ n * (n-1)!, & n > 1 \end{cases}$$

【程序代码】

```
def fac(n):
    if n==1:
        return 1
    else:
        return fac(n-1)*n
print(fac(4))
```

函数调用 fac(4)，计算并输出 4 的阶乘值。

【运行结果】

```
24
```

5.6.2 递归的求解

递归函数的执行过程分为两个阶段：**递推和回归**。

递推，即不断把问题化为规模更小的同类问题。

例如计算 4!。

函数调用 fac(4)，递推计算 4*fac(3)；

函数调用 fac(3)，递推计算 3*fac(2)；

函数调用 fac(2)，递推计算 2*fac(1)；

函数调用 fac(1)，参数为 1 时，有明确的返回值 1，递归终止，开始回归。

逐层回归，依次返回值 1、2、6、24，最终输出结果 24。递归函数的执行过程如图 5-14 所示：

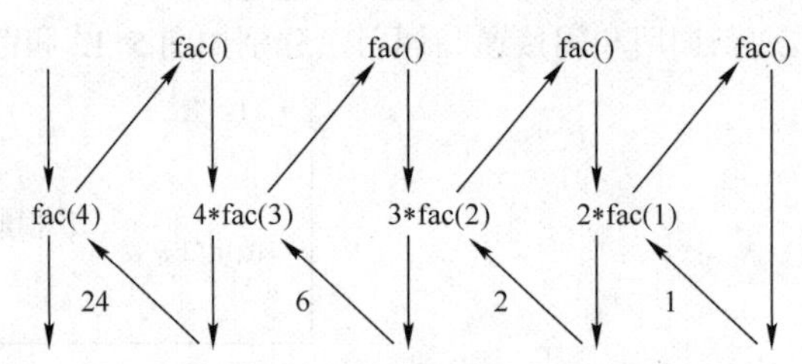

图 5-14　递归函数的执行过程

总结一下，什么情况下使用递归函数来解决问题呢？

把规模较大的、较难解决的问题变成规模较小的、易于解决的同一问题。规模较小的问题又可以变成规模更小的问题。当问题小到一定程度，就可以直接得出它的解，从而得到原来问题的解。

5.7 变量的作用域

5.7　变量的作用域

当程序中有多个函数时，定义的变量只能在一定的范围内访问，称为变量的作用域。

根据变量所在的位置和作用范围，变量可以分为局部变量和全局变量。在一个函数内定义的变量，称为局部变量。在所有函数之外定义的变量，称为全局变量。

5.7.1 简单数据类型变量作用域

下面通过一个例子来介绍全局变量和局部变量的作用域。

【程序代码】

```
n=30            #全局变量
def func(x,y):
    n=x*y       #局部变量
    print("n=",n)
func(3,4)
print("n=",n)
```

【运行结果】

```
n=12
n=30
```

```
>>>
```

程序执行，首先全局变量 n=30。函数调用 func(3,4)，执行循环体，局部变量 n 的值为两个参数的乘积：12，并输出 n=12。

函数结束，局部变量 n 消亡。返回主程序，输出全局变量 n=30。

这里，局部变量 n 与全局变量 n 同名，但是代表的是不同的对象。

Python 中，全局变量在函数内部使用时，需要在函数内用 global 声明，显式声明该变量是全局变量。

语法形式如下。

```
global   <全局变量>
```

【程序代码】

```
n=30                    #全局变量
def func(x,y):
    global   n          #全局变量
    n=x*y
    print("n=",n)
func(3,4)
print("n=",n)
```

【运行结果】

```
n=12
n=12
 >>>
```

程序执行，首先全局变量 n=30。函数内部声明了 n 是全局变量，表示函数内外的 n 是同一个对象，即全局变量 n。执行函数调用 func(3,4)，运行函数体，全局变量 n 重新赋值为两个参数的乘积 12，并输出 n=12。

执行完函数，回到主程序，输出全局变量 n=12。

本例中，函数内外使用的是同一个全局变量 n。

5.7.2　组合数据类型变量作用域

若全局变量是组合数据类型，函数内出现了同名的变量，怎么区分是局部变量还是全局变量呢？这时，要区分是给同名变量赋值，还是引用同名变量的值。

1．给同名变量赋值

【程序代码】

```
ls=[1,2,3]              #全局变量
def fun():
    ls=[4,5,6]          #给变量 ls 赋值，ls 为局部变量
    print(ls)
fun()
print(ls)
```

【运行结果】

```
[4,5,6]
```

```
[1,2,3]
>>>
```

全局变量列表 ls=[1,2,3]，而在 fun()函数内，出现了另一个赋值语句 ls=[4,5,6]，此刻，函数内真实地创建了列表对象[4,5,6]，这里的 ls 是局部变量，和外面的全局变量 ls 是不同的对象。

执行主程序，调用函数 fun()，执行函数体，输出局部变量 ls 的内容，输出[4,5,6]。

函数返回到主程序，输出全局变量 ls，输出[1,2,3]。

本例中，函数内给列表 ls 赋值，则生成了新的列表对象，由于局部变量 ls 和全局变量 ls 有各自的列表对象，所以运行时会输出各自的列表内容。

2. 引用同名变量的值

若在函数内不是给同名变量赋值，而仅仅是引用同名变量的值呢？

【程序代码】

```
ls=[1,2,3]                #全局变量
def fun():
    ls[0]=9               #修改变量 ls 的元素值，ls 是全局变量
    print(ls)
fun()
print(ls)
```

【运行结果】

```
[9,2,3]
[9,2,3]
>>>
```

全局变量列表 ls=[1,2,3]，fun()函数内，引用 ls[0]=9，此刻，没有创建新的列表对象，使用的 ls 就是外部的全局变量。

执行主程序，全局变量 ls=[1,2,3]。调用函数 fun()，执行函数体，修改全局变量 ls 的内容，ls[0]=9，输出列表 ls 的内容，修改后的[9,2,3]。

函数返回到主程序，输出全局变量 ls，输出[9,2,3]。

本例中，函数内仅仅是引用了全局变量 ls 的值，并做了修改，函数内外使用的是同一个列表对象，因此运行时会输出同一个列表的内容。

可以对变量的作用域归纳如下。

- 对于简单类型全局变量，函数体内部若要使用该全局变量，必须用 global 声明；否则函数体内部使用的是局部变量。
- 对于组合类型全局变量，若在函数体内部真实创建了同名变量，则函数内部的是局部变量；若在函数体内部没有创建同名变量，则函数体内部使用的是全局变量。

5.8　模块

5.8　模块

5.8.1　模块的定义

随着程序规模越来越大，为了使代码看起来更优美、紧凑、容易修改，适合团体开发，Python 引入了模块的概念。

在 Python 中，可以把程序分割成许多单个文件，这些单个的文件就称为模块。模块就是将一

些常用的函数、类和变量单独放置到一个文件中，方便其他文件来调用。以 .py 为扩展名保存的文件，就是独立的模块。

从用户的角度看，模块可以分为标准库模块和用户自定义模块。

标准库模块是 Python 自带的函数模块。Python 提供了大量的标准库模块，如文本处理、文件处理、操作系统功能等。

用户建立一个模块就是建立扩展名为 .py 的 Python 程序。

【例 5-11】 用户自定义 evensum.py 模块，定义函数 fun()，用于对形参列表 alist 中的偶数元素求和并返回和值。

【程序代码】

```
#evensum.py
def fun(alist):
    s=0
    for i in alist:
        if i%2==0:
            s=s+i
    return s
```

5.8.2　导入模块

用户要使用模块中提供的函数、类，首先需要导入模块。

导入模块的一般形式：

```
import 模块
```

这样就可以直接导入模块，建立一个到该模块的引用。使用被导入模块中定义的函数时，必须包含模块的名字。

【例 5-12】 主程序 t.py 中，通过 import　evensum.py 导入例 5-11 中的 evensum 模块。

【程序代码】

```
#t.py
import evensum
ls=[1,2,3,4,5,6,7,8,9]
s=evensum.fun(ls)
print("s=",s)
```

程序中，通过 s=evensum.fun(ls)调用模块中的函数，计算实参列表 ls 中偶数元素的和值，并输出结果。注意，函数调用时，需要在函数名前加上模块名限定。

【运行结果】

```
s=20
>>>
```

也可以导入模块中指定的函数，一般形式如下。

```
from 模块 import 函数名
```

函数名直接被导入，可以直接使用函数名，而不需要加上模块名的限定表示。

改造例 5-12 中的主程序：

【程序代码】

```
#t.py
from evensum import fun
ls=[1,2,3,4,5,6,7,8,9]
s=fun(ls)
print("s=",s)
```

这里，直接调用模块中的函数 fun()，函数名前无须模块名限定，通过 s=fun(ls)计算实参列表 ls 中偶数元素的和值，并输出结果。

若要导入模块中所有函数，而不需要一一列举函数名，一般形式如下。

```
from 模块 import *
```

改造刚才的主程序：

【程序代码】

```
#t.py
from evensum import *
ls=[1,2,3,4,5,6,7,8,9]
s=fun(ls)
print("s=",s)
```

这里，通过 s=fun(ls)直接调用模块中的函数，计算实参列表 ls 中偶数元素的和值，并输出结果。此刻，函数名前无须模块名限定。

5.9 应用实例

5.9.1 计算中奖概率

“七乐彩”彩票，采用组合玩法，从 01～30 共 30 个号码中选择 7 个号码，组合为一注投注号码。根据中奖规则，各等奖的中奖概率如图 5-15 所示。

中奖级别	中奖规则	中奖概率
一等奖	7个基本号码全中	$P_1 = C_7^7 \times C_{22}^0 \times C_1^0 / C_{30}^7$
二等奖	中6个基本号码及特别号码	$P_2 = C_7^6 \times C_{22}^0 \times C_1^1 / C_{30}^7$
三等奖	中6个基本号码	$P_3 = C_7^6 \times C_{22}^1 \times C_1^0 / C_{30}^7$
四等奖	中5个基本号码及特别号码	$P_4 = C_7^5 \times C_{22}^1 \times C_1^1 / C_{30}^7$
五等奖	中5个基本号码	$P_5 = C_7^5 \times C_{22}^2 \times C_1^0 / C_{30}^7$
六等奖	中4个基本号码及特别号码	$P_6 = C_7^4 \times C_{22}^2 \times C_1^1 / C_{30}^7$
七等奖	中4个基本号码	$P_7 = C_7^4 \times C_{22}^3 \times C_1^0 / C_{30}^7$

每个组合求解时需要多次使用阶乘

图 5-15 “七乐彩”彩票各等奖中奖概率计算

现在，要求用 Python 编程，计算并输出“七乐彩”各等奖的中奖概率。

【问题分析】

程序设计思路，就是计算出 P_1～P_7 概率公式的值，并输出。例如一等奖中奖概率 P_1 计算公式如下。

$$P_1 = C_7^7 \times C_{22}^0 \times C_1^0 / C_{30}^7$$
$$= \frac{7!}{7!\times(7-7)!} \times \frac{22!}{0!\times(22-0)!} \times \frac{1!}{0!\times(1-0)!} \Bigg/ \frac{30!}{7!\times(30-7)!}$$

可以看出，公式中多次使用组合，而每个组合求解时，又多次使用阶乘。

根据问题分析，整个程序需要定义两个函数。计算阶乘的函数 f 以及计算组合的函数 C。下面来分别定义这两个函数。

定义阶乘函数，需要传递一个参数 n，运行后，返回 n 的阶乘值 $n! = 1\times 2\times\cdots\times n$ 。

```
def f(n):
    s = 1
    for i in range(1, n+1):
        s *= i
    return s
```

定义组合函数，需要传递 n 和 m 两个参数，计算并返回组合的值 $C_n^m = \frac{n!}{m!\times(n-m)!}$。

公式使用了阶乘运算，因此需要调用已经定义好的阶乘函数 f。

```
def C(n,m):
     s=f(n)/(f(m)*f(n-m))
     return s
```

【程序代码】

```
def f(n):
    s = 1
    for i in range(1, n+1):
        s *= i
    return s
def C(n,m):
     s=f(n)/(f(m)*f(n-m))
     return s
p1=C(7,7)*C(23,0)/C(30,7)
p2=C(7,6)*C(22,0)*C(1,1)/C(30,7)
p3=C(7,6)*C(22,1)*C(1,0)/C(30,7)
p4=C(7,5)*C(22,1)*C(1,1)/C(30,7)
p5=C(7,5)*C(22,2)*C(1,0)/C(30,7)
p6=C(7,4)*C(22,2)*C(1,1)/C(30,7)
p7=C(7,4)*C(22,3)*C(1,0)/C(30,7)
print("一等奖中奖概率:{:.10f}".format(p1))
print("二等奖中奖概率:{:.10f}".format(p2))
print("三等奖中奖概率:{:.10f}".format(p3))
print("四等奖中奖概率:{:.10f}".format(p4))
print("五等奖中奖概率:{:.10f}".format(p5))
print("六等奖中奖概率:{:.10f}".format(p6))
print("七等奖中奖概率:{:.10f}".format(p7))
```

【运行结果】

```
一等奖中奖概率:0.0000004912
二等奖中奖概率:0.0000034385
三等奖中奖概率:0.0000756459
四等奖中奖概率:0.0002269378
五等奖中奖概率:0.0023828470
六等奖中奖概率:0.0039714117
七等奖中奖概率:0.0264760782
>>>
```

本例中，为计算彩票各等奖的中奖概率，根据公式定义了阶乘函数及组合函数，且在程序中多次被调用，实现了代码复用。

5.9.2　统计素数个数

定义一个函数，用以判别是否是素数，并输出 100～200 之间的所有素数，统计素数个数并输出。

【问题分析】

素数，是一个大于 1 的正整数，除了 1 和它本身以外，不能被其他正整数整除。比如 2、3、5、7 等就是素数。要输出 100～200 之间的所有素数，需要遍历 100～200 之间的每一个数，并判别该数是否是素数？是，则输出该数。否，则忽略。因此，判别一个数是否是素数，就可以设计成一个函数来实现。

【程序代码】

判别 n 是否是素数的函数，函数定义如下。

```
def prime(n):
    if n==1:
        return False
    if n==2:
        return True
    for i in range(2,n):
        if n%i==0:
            return False
    return True
```

可以用变量 i，逐个遍历 2～n-1 之间的每一个整数，判别 n 能否被 i 整除？若能被整除，则判定 n 不是素数，返回 False。若用变量 i 遍历结束 2～n-1，n 都不能被任一 i 整除，则判定 n 是素数，返回 True。

主程序代码如下。

```
count=0
for j in range(100,201):
    if prime(j)==True:      #调用函数
        print(j,end=" ")
        count=count+1
print("\n100～200 之间素数的个数=",count)
```

定义变量 count=0，用以统计素数的个数。

变量 j 逐个遍历 100～200 之间的每一个整数。调用 prime(j)函数，判别当前整数 j 是否是素数？若返回值为 True，则表明 j 是素数，输出 j，计数加 1。最后输出素数的个数。

【运行结果】

```
101 103 107 109 113 127 131 137 139 149 151 157 163 167 173 179 181 191 193 197 199
100～200 之间素数的素数个数= 21
>>>
```

本例中，判别某数是否素数，采用函数 prime()实现。然后在主程序中遍历 100～200 之间的每个数，并调用函数进行判别，输出所有素数以及素数的个数。采用函数实现特定功能，使得程序实现更加规范，且易于理解。

5.9.3 斐波那契数列

斐波那契数列是这样一个数列：1，1，2，3，5，8，13，21…。这个数列从第 3 项开始，每一项等于前两项之和。输出斐波那契数列前 20 项，使用递归算法实现。

【问题分析】

要输出该数列的前 20 项，根据递归思想，首先进行递推归纳。假设 Fib(n)是该数列的第 n 项，根据每一项等于前两项之和的原则，Fib(n)=Fib(n−2)+Fib(n−1)，再继续递推。

当递推到问题小到一定的规模，递推到数列的第 1 项和第 2 项时，有确切的值 Fib(1)=1 和 Fib(2)=1，递归终止。

因此得出计算斐波那契数列第 n 项的公式，如下所示。

$$\mathrm{Fib}(n)=\begin{cases}1, & n=1\\ 1, & n=2\\ \mathrm{Fib}(n-1)+\mathrm{Fib}(n-2), & n>2\end{cases}$$

据此，可以书写出计算斐波那契数列第 n 项的递归函数。

【程序代码】

```
def Fib(n):
    if n==1:
        return 1
    elif n==2:
        return 1
    else:
        return Fib(n-2)+Fib(n-1)
for i in range(1,21):
    print(Fib(i),end=" ")
```

运行上述代码，输出斐波那契数列前 20 项。

【运行结果】

```
1  1  2  3  5  8  13  21  34  55  89  144  233  377  610  987  1597  2584  4181  6765
>>>
```

总结归纳得出，利用递归思想解题时，需要对问题的三个方面进行分析。

1）找出决定问题规模的参数，比如计算斐波那契数列第 n 项数据的 n。

2）明确问题的边界条件及边界值，就是在什么情况下能够直接得出问题的解，比如计算斐波那契数列，当 n==1 或者 n==2 时，有明确的结果 1。

3）找出解决问题的通式。就是把规模大的、较难解决的问题，变成规模较小、易解决的同一问题，需要通过哪些步骤或等式来实现？比如 n>2 时，斐波那契数列的每一项等于前两项之和，得出 Fib(n)=Fib(n−2)+Fib(n−1)。

5.9.4　发红包游戏程序

5.9.4　发红包游戏程序

在某一微信群中，发非固定金额红包，要求输入红包总金额，红包个数，供群内人员抢红包。请使用所学函数知识，并结合 random 库，设计并实现抢红包游戏程序，最终输出每人抢红包的情况及手气最佳者。

【问题分析】

由大家在使用微信红包时的常识可得知，发红包的时候需要填写两个重要的参数，其一为红包的金额，其二就是有多少个人进行抢红包。

然后就是思考另外一个重要点：红包的最小值和最大值。以本任务为例，一般 0.01 元为最小值；单个能抢到的红包的最大值应该就是红包总金额减去最小值（0.01）乘以人数，这样，才能保证大家都有得抢。

群中领取红包人员，可是设计成列表 ls。发红包情况，用字典 d 记录。分发的红包金额，可以结合 random 库的随机数函数实现。还有统计红包已发放个数的计数器 count。这里，领取红包人员列表 ls，红包发放情况记录字典 d，已发红包个数 count，都需要设计成全局变量。

理清思路，就可以来设计程序了，程序主要功能可以由 hongbao()函数实现。

1．hongbao(cash,n)

输入：红包总金额 cash、红包个数 n。

输出：红包发放情况记录，用字典 d 表示。

【程序代码】

```
import random
def hongbao(cash,n):                    #使用两个参数，红包总金额、红包个数
    global count                        #全局变量，统计已发红包个数
    while True:
        t=random.uniform(0.01,cash-0.01*n)   #随机生成一个红包
        t=round(t,2)
        if count<n-1:                   #若已发红包数量<红包总数-1
            d[ls[count]]=t              #字典 d 记录红包领取人及红包金额
            cash=cash-t                 #计算红包余额
            count=count+1               #已发红包个数+1
        else:                           #处理最后一个红包的发放
            d[ls[count]]=round(cash,2)
            count=count+1
            break
```

2．主程序

先输出群中现有人员个数及名单，然后输入红包总金额和拟发放红包个数。根据红包个数，随机生成领取红包人员名单。然后调用函数 hongbao()，分配红包金额，并输出最终的红包领取情况。

【程序代码】

```
member=["Lucy","Jerry","Mike","Jack","Tom","Rose","White","Jim"]
print("目前群中共有{}人:". format(len(member)),end=" ")
```

```
for i in member: #输出目前群中人员列表
    print(i,end=" ")
print()
total=eval(input("输入红包总金额:"))
num=eval(input("输入红包个数："))
count=0           #全局变量，用来统计已发红包个数
ls=random.sample(member,num)    #从微信成员中随机生成领取红包人员列表，全局变量
d={}              #全局变量，字典 d，用于记录红包发放情况
hongbao(total,num)
for i in d:
    print("{}领取{}元".format(i,d[i]))
t=max(d.items(),key=lambda x:x[1])   #依据红包金额，提取字典最大元素
print("一共有{}人领取了红包，手气最佳{},领取{}元".format(count,t[0],t[1]))
```

【运行结果】

```
目前群中共有 8 人:Lucy Jerry Mike Jack Tom Rose White Jim
输入红包总金额:100
输入红包个数：6
Mike 领取 68.89 元
Jerry 领取 11.24 元
Rose 领取 13.27 元
Lucy 领取 4.57 元
Jack 领取 0.14 元
White 领取 1.89 元
一共有 6 人领取了红包，手气最佳 Mike,领取 68.89 元
>>>
```

本例中，使用了简单类型变量 count 作为全局变量，用来统计已发红包个数；使用组合数据类型变量 ls、d，分别用来记录领取红包人员列表及红包领取情况；使用了匿名函数，用来依据红包金额提取字典最大元素，实现手气最佳纪录的诞生。

5.9.5　学生管理系统程序

设计一个学生管理系统程序，程序各模块关系如图 5-16 所示。

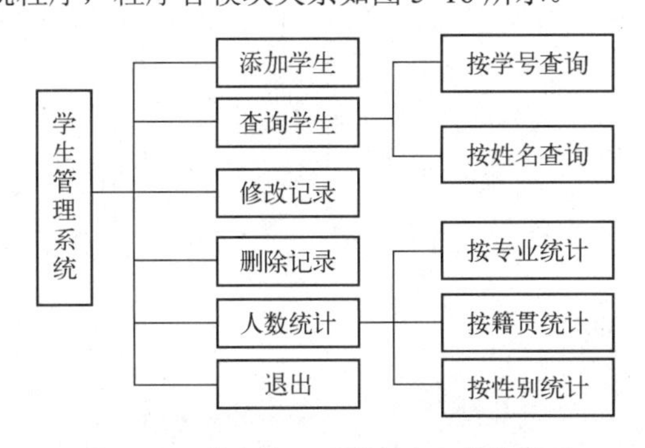

图 5-16　学生管理系统程序各模块关系

【问题分析】

采用自顶向下、逐步细化的方法，将复杂的问题分阶段、分层次解决。同时采用模块化结构，

将复杂的任务分解为若干个简单而独立的模块，即分而治之。

分析学生数据，每条学生记录适合采用字典格式存储，形如：

```
info={'学号':'1001','姓名':'刘玉','性别':'女','专业':'计算机','籍贯':'江苏'}
```

所有学生的记录，采用列表 ls 存储。

1）主程序及第一层函数定义的框架实现。

【程序代码】

```
def insert():
    input("添加学生，尚在建设！")
def find():
    input("查询学生，尚在建设！")
def modify():
    input("修改记录，尚在建设！")
def delete():
    input("删除记录，尚在建设！")
def stat():
    input("人数统计，尚在建设！")
def menu():
    print("*************************")
    print("        学生管理系统        ")
    print("*************************")
    print()
    print("1.添加学生      2.查询学生")
    print("3.修改记录      4.删除记录")
    print("5.人数统计      0.退出")
def main():
    while True:
        menu()
        choice=input("请输入数字 0-5:")
        if choice=='1':
            insert()
        elif choice=='2':
            find()
        elif choice=='3':
            modify()
        elif choice=='4':
            delete()
        elif choice=='5':
            stat()
        elif choice=='0':
            break
        else:
            print("输入数字错误！请重新输入。")
    print("谢谢访问！")
main()
```

2）继续向下扩展，分别完成各函数模块的具体功能，例如，完成“添加学生”模块。

【程序代码】

```
def insert(ls):                 #添加学生模块
    num=input("请输入学号：")
    name=input("请输入姓名：")
    sex=input("请输入性别：")
    subject=input("请输入专业：")
    native=input("请输入籍贯：")
    info={'学号':num,'姓名':name,'性别':sex,'专业':subject,'籍贯':native}
    ls.append(info)
def main():
    ls=[]   #初始化学生列表为空
    while True:
        menu()
        choice=input("请输入数字 0-5:")
        if choice=='1':
            insert(ls)     #向列表添加学生记录
            print(ls)      #输出列表中的学生记录
        elif choice=='2':
            find()
        elif choice=='3':
            modify()
        elif choice=='4':
            delete()
        elif choice=='5':
            stat()
        elif choice=='0':
            break
        else:
            print("输入数字错误！请重新输入。")
    print("谢谢访问！")
main()
```

【运行结果】

```
**************************
      学生管理系统
**************************

    1.添加学生        2.查询学生
    3.修改记录        4.删除记录
    5.人数统计        0.退出
    请输入数字 0-5:1
    请输入学号：1001
    请输入姓名：刘玉
    请输入性别：女
    请输入专业：计算机
    请输入籍贯：江苏
    [{'姓名': '刘玉', '专业': '计算机', '学号': '1001', '性别': '女', '籍贯': '江苏'}]
```

```
***************************
        学生管理系统
***************************


1.添加学生        2.查询学生
3.修改记录        4.删除记录
5.人数统计        0.退出
请输入数字 0-5:
```

其余模块的功能，读者可以试着一一编程实现。

5.10 习题

1．编写函数 leapyear(n)，判断输入的年份 n 是否是闰年。若是闰年，返回 True；否则返回 False。

闰年是能被 400 整除，或者能被 4 整除但不能被 100 整除的年份。

2．编写函数 count(s)，计算输入字符串 s 中数字、字母、空格以及其他字符的个数。

3．编写函数 product()，参数个数不限，实现返回所有参数的乘积。

4．定义四则运算模块 operate.py，内部定义 4 个函数，分别实现加减乘除运算，供其他程序调用。

5．采用递归算法，设计函数，实现字符串的逆置。

6．编写函数 Josephus(N,M)，解决约瑟夫环问题。

约瑟夫环问题是个有名的问题：N 个人围成一圈，从第一个开始报数，第 M 个将被淘汰，最后剩下一个，其余人都将被淘汰。例如，N=6，M=5，被淘汰的顺序是 5，4，6，2，3，1。

分析：

1）由于对于每个人只有存在和淘汰两种状态，因此可以用布尔型列表来标记每个人的状态，可用 True 表示淘汰，False 表示存在。

2）开始时每个人都是存在的，所以列表初值全部赋为 False。

3）模拟淘汰过程，直到所有人都被淘汰为止。

7．定义递归函数 bin(ls,target)，对有序列表 ls 进行二分法查找，查找目标数据 target。查找成功，返回 True；否则返回 False。

二分法查找的思路如下。

1）首先，从列表的中间位置元素开始搜索，如果该元素正好是目标元素，则搜索过程结束，否则执行下一步。

2）如果目标元素大于/小于中间位置元素，则在列表大于/小于中间位置元素的那一半区域查找，然后重复步骤 1）的操作。

3）如果某一步列表为空，则表示找不到目标元素。

第6章　类和对象

在此之前各章的编程学习均是基于面向过程的思想。但 Python 不只是支持面向过程的编程，还是支持面向对象的编程，而且其设计之初就是一门面向对象的程序语言，Python 中的各种数据类型皆是类，各种类型的数据皆是对象，这是 Python 语言的特点之一。

类和对象是面向对象中的最基本和最关键的两个概念，本章将对 Python 的类和对象进行简要介绍，以便能够在未来的学习和工作中更好地应用 Python 来解决各类问题。

【学习要点】

1．类的定义方法。

2．对象的创建与方法的调用。

3．派生类的定义和使用。

4．方法的重载。

6.1　面向对象的概念

6.1.1　类和对象的概念

面向过程程序设计把数据定义为不同的数据结构，用函数来实现功能，函数与数据是分离的。与之不同的是，面向对象程序设计将数据和对数据的操作方法封装在一起，构成一个相互依存、不可分割的整体，称之为对象，将相同类型的对象进行抽象形成类。

相比面向过程程序设计而言，面向对象程序设计与现实生活具有更好的对应关系。现实生活中的每一个独立事物都可以看成一个对象，比如：每个人、每位同学、每个班级、每张桌子等都是对象。对象是具有某些特性和行为的具体事物的抽象，对象所具有的特性称之为属性，对象所具有的行为称之为方法。例如，一个人有姓名、身高、体重、年龄、性别等属性，有走路、说话、吃饭、睡觉、学习等行为。

具有相同属性和行为的一组对象的集合可以抽象为类，如人、学生、班级、桌子等都是类，对象是类的一个实例。

考察人和学生两个类的关系可以发现，学生类应当具有人这个类的所有属性和行为，然后也应该有专属于学生的属性和行为。这样的两个类之间是父类和子类的关系，子类通过对父类的继承，形成类的层次结构。

6.1.2　面向对象程序设计基本特征

面向对象程序设计有 3 个基本特征：封装、继承和多态。

1．封装

封装是将对象的属性和行为打包放在一起形成一个整体，其中，对象的属性由若干数据组成，而对象的行为则由若干对数据的操作组成，这些操作采用函数形式实现，称为方法。

封装后的对象是一个独立单位，它将对象行为的实现细节隐藏起来，用户只需要根据对象提供的外部接口访问对象即可。例如，计算机是一个类，具体的某台计算机是一个对象，对其操作时，只需要通过外部的开关、键盘的输入、鼠标的操作等实现，不需要知道其内部具体如何实现。

封装提高了代码重用性，使得外部用户在使用对象时只需要了解各个外部接口实现的功能和调用方法，不需要熟悉其内部代码细节，大大降低了软件开发的难度。另一方面，封装可以避免外界事物随意改变对象内部属性，增加了代码的安全性。

2．继承

继承是指将现有的类作为基类派生出新的类，基类是父类，派生类是子类。通过继承，子类可以重用父类的部分属性和行为，提高了软件开发的效率和可靠性。例如，定义了人这个基类后，可以通过继承定义学生类、教师类等派生类，学生类和教师类将拥有人类的全部属性和行为，并可以定义属于自己的新的属性和行为。

3．多态

多态是一个跟继承相关的特性，在继承时，多个派生类可以定义与基类方法名称相同、但行为方式各不相同的方法。调用该名称的方法时，同样的消息会根据对象所属的派生类的不同做出不同的响应，这一特性称为多态。例如，Python 的整型、浮点型等都具有相同的加法运算操作，但输出结果的类型会根据输入类型的不同而不同，整型与整型的加法运算结果还会是整型，而浮点型与浮点型的加法运算结果则是浮点型。

6.2 类的定义和对象的创建

6.2.1 利用内置的类创建对象

如前所说，Python 中的数据类型都是内置的类，各种类型的数据都是对象。当定义某种数据类型的变量时，就是在创建一个类的对象。

在创建自己的类之前，首先来探讨一下 Python 中内置对象的使用过程，以更好地理解类和对象的概念及其使用。

Python 中，内置对象创建的语法形式如下。

```
<对象名>=<类名>(<形参列表>)
```

创建对象后，对象便具有了相应的属性和方法，调用对象的属性和方法，格式如下。

```
<对象名>.<属性名>
<对象名>.<方法名>(<实参列表>)
```

调用对象的属性和方法，都包含“<对象名>.<属性或方法的名称>”的格式，它们的区别在于对方法的调用还要在方法名后包含“(<参数列表>)”。请注意下例中，当参数列表为空时调用属性和方法的区别。

【例 6-1】 创建一个复数对象，对其进行相应的计算。

复数是形如“a+bi”（a、b 均为实数）的数，其中，a 称为实部，b 称为虚部，i 称为虚数单位。当虚部 b 为 0 时，该数为实数。

将复数的实部 a 与虚部 b 的平方和求平方根，所得值称为复数的模。

将复数的实部 a 不变，虚部 b 取相反数，所得复数“a-bi”称为原复数的共轭复数。

complex 类是 Python 内置的类，可以用来创建形如“a+bj”（在 Python 中，虚数单位使用 j 表示）的复数类型的对象实例，其基本形式如下。

```
complex(real[, imag])
```

复数对象有 real 和 image 两个属性，real 为复数的实部，imag 为复数的虚部（可选）。复数对象有多个方法，如：conjugate 方法是求共轭复数，__abs__方法是求复数的模。

【程序代码】

```
#创建值为 1+2j 的复数对象 c1，输出 c1 的复数表示形式及其实部、虚部和模
c1=complex(1,2)
print('c1:',c1)
print('c1 的实部：',c1.real)
print('c1 的虚部：',c1.imag)
print('c1 的模：',c1.__abs__())
#计算 c1 的共轭复数 c2，输出 c2 的复数表示形式及其实部、虚部和模
c2=c1.conjugate()
print('c2:',c2)
print('c2 的实部：',c2.real)
print('c2 的虚部：',c2.imag)
print('c2 的模：',c2. __abs__())
```

【运行结果】

```
c1: (1+2j)
c1 的实部： 1.0
c1 的虚部： 2.0
c1 的模： 2.23606797749979
c2: (1-2j)
c2 的实部： 1.0
c2 的虚部： -2.0
c2 的模： 2.23606797749979
```

本例中首先创建一个 complex 类（复数类型）的对象 c 并输出，该对象的 real 属性为 1，imag 属性为 2，直接输出复数对象会将其以复数形式输出。

接下来，调用对象 c 的 real 和 imag 属性，分别输出 c 的实部和虚部。

最后，调用对象 c 的 conjugate 方法和__abs__方法，分别输出 c 的共轭复数和模。注意一下，本例中，两个方法的参数列表虽然都为空，但括号不能省略。

6.2.2 定义自己的类

刚才探讨了利用 Python 内置的类来创建对象。接下来，探讨如何定义自己的类，以及如何利用定义的类来创建对象。

类的定义的语法形式如下。

```
class <类名>:
    <属性定义>
    <方法定义>
```

类定义中的属性分为类属性和实例属性，类的属性直接在类中进行定义，语法形式如下。

```
<类变量名>=<初始值>
```

类的方法的定义与函数的定义相似，语法形式如下。

```
def <方法名>(self,[形参列表]):
    <函数体>
```

```
[return <返回值列表>]
```

编写类的方法时，一般来说函数的第一个参数都是 self，这个参数表示类的实例对象自身（不是类自身）。调用类的方法时，不必传入相应的参数给 self。

实例属性的定义和初始化在__init__方法中完成，语法形式如下。

```
def __init__ (self,<形参列表>):
    self.<实例变量名>=初始值
```

__init__方法是一种类的特殊方法，称为构造函数，在创建对象时系统会自动调用该函数，用于初始化对象属性。初始值可以是一个常量、变量或表达式。通常会将初始值对应于参数列表中的参数，从而通过传参数的方法实现对实例属性的初始化。

【例 6-2】 创建一个类似于 complex 的类，可以实现例 6-1 所示功能。

【程序代码】

```
class Complex2:
    # 类属性定义
    count=0
    def __init__(self, real, imag=0):
        #类的构造函数，初始化对象属性
        self.real=real
        self.imag=imag
        Complex2.count+=1
    def conjugate(self):
        #求共轭复数
        return Complex2(self.real,-self.imag)
    def __abs__(self):
        #计算模
        return (self.real**2+self.imag**2)**0.5
    def __str__(self):
        #返回对象的描述信息，调用 print()打印实例化对象时会调用该方法
        if str(self.imag)[:1]=='-' :
            return '(' + str(self.real) + str(self.imag) + 'i' + ')'
        else:
            return '(' + str(self.real) + '+' + str(self.imag) + 'i' + ')'
```

本例定义了一个类 Complex2，该类实现了与例 6-1 同样的计算模、共轭复数和复数形式输出等功能。

count 为类的属性，在类中直接定义。real 和 imag 为实例属性，在__init__()方法中用“self.变量名”来定义。conjugate 和__abs__为类定义的方法，分别计算共轭复数和模。__str__是一种类的特殊方法，用于以字符串形式返回对象的描述信息，使用 print()打印用该类创建的实例化对象时会自动调用该函数。

6.2.3 利用自定义的类创建对象

在 Python 中，利用自定义的类创建对象与利用内置类创建对象的方法相同，其调用对象的方法也相同。

【例 6-3】 利用自定义的 Complex2 类创建一个对象，对其进行相应的计算。

【程序代码】

```
#创建 Complex2 类的实例对象 c1，输出 c1 及其实部、虚部和模
c1=Complex2(1,2)
print('c1:',c1)
print('c1 的实部：',c1.real)
print('c1 的虚部：',c1.imag)
print('c1 的模：',c1.__abs__())
#利用 conjugate 方法生成 Complex2 类的实例对象 c2，输出 c2 及其实部、虚部和模
c2=c1.conjugate()
print('c2:',c2)
print('c2 的实部：',c2.real)
print('c2 的虚部：',c2.imag)
print('c2 的模：',c2.__abs__())
```

【运行结果】

```
c1: (1+2i)
c1 的实部： 1
c1 的虚部： 2
c1 的模： 2.23606797749979
c2: (1-2i)
c2 的实部： 1
c2 的虚部： -2
c2 的模： 2.23606797749979
```

上述程序代码与例 6-1 的代码基本相似，运行结果也相同。关于代码不再做过多的说明。在此主要结合例 6-2 说明一下创建和使用对象的处理过程。

创建对象 c1 时，首先把 Complex2 类中的参数值 1 和 2 传给构造函数__init__()的 real 参数和 imag 参数，通过构造函数中的“self.real=real”和“self.imag=imag”定义 c1 的 real 属性和 imag 属性，并将对应参数的值赋给相应属性完成对象属性的初始化。

直接使用 print()输出对象 c1 时，将自动调用对象的特殊方法__str__()，该方法会返回一个描述对象的字符串，调用该方法时，不需要在对象后加“.__str__()”。

输出对象 c1 的属性时，直接使用“对象名.属性名”调用对象属性。注意，属性后不能加“()”。

计算对象 c1 的模时，使用“对象名.方法名(参数列表)”调用对象的__abs__方法。注意，虽然调用该方法时不传入任何参数，但是方法名后的“()”不能少。

计算对象 c1 的共轭复数时，将调用对象的 conjugate 方法。该方法通过“return Complex2 (self.real,-self.imag)”语句返回一个 Complex2 类的对象实例，将其赋给变量 c2。这样，c2 也是一个 Complex2 类的对象。该对象的属性定义和方法调用过程与 c1 的处理过程相似，这里就不再赘述。

6.2.4 类属性与实例属性

在定义类时，提到类定义的属性分为类属性和实例属性，现在通过一个实例来对类属性和实例属性做一个比较。

【例 6-4】 利用自定义的 Complex2 类创建一个对象 c1，并利用 conjugate 方法生成对象 c2，然后分别调用类属性和实例属性，比较其差别。

【程序代码】

```
#创建 Complex2 类的实例对象 c1
c1=Complex2(1,2)
#调用 Complex2 类的 count 属性并输出
print('当前已创建的 Complex2 类的对象总数：',Complex2.count)
#调用 c1 对象的 real 属性和 imag 属性并输出
print('c1 的 real 属性：',c1.real)
print('c1 的 imag 属性：',c1.imag)
#用 conjugate 方法生成 Complex2 类的实例对象 c2
c2=c1.conjugate()
#调用 Complex2 类的 count 属性并输出
print('当前已创建的 Complex2 类的对象总数：',c2.count)
#调用 c2 对象的 real 属性和 imag 属性并输出
print('c2 的 real 属性：',c2.real)
print('c2 的 imag 属性：',c2.imag)
```

【运行结果】

```
当前已创建的 Complex2 类的对象总数： 1
c1 的 real 属性： 1
c1 的 imag 属性： 2
当前已创建的 Complex2 类的对象总数： 2
c2 的 real 属性： 1
c2 的 imag 属性： -2
```

类属性可以使用类名访问，也可以使用对象名访问。在本例中，类的 count 方法是一个用于统计 Complex2 类的对象数量的属性，c2.count 与 Complex2.count 和 c1.count 是等价的。

分析一下本例中 count 属性的变化过程。首先要说明的是，初始化类属性的“count=0”只会在定义类时执行，创建对象时不会执行到此语句；创建对象过程中，会首先执行__init__方法，在该方法中会使得类的 count 属性自增 1。本例中，创建对象 c1 时，count 属性增加 1，其输出结果应为 1。调用 conjugate 方法后，该方法会再创建一个 Complex2 类的对象，count 属性再增加 1，其输出结果应为 2。需要说明的是，只要调用了 conjugate 方法，就会生成一个 Complex2 类的对象，不管是否将该对象与变量 c2 关联起来，Complex2 对象的数量都为 2。

在本例中，输出 count 属性的语句在程序中出现的位置不同，其结果也是不同的。更进一步的，如果在其他文件中调用 Complex2 类创建对象，count 属性也会发生相应的改变。这使得很难准确把握 count 属性的值的变化。因此，应谨慎定义和使用类属性。

与类属性不同的是，实例属性只能使用对象名访问，每个对象的实例属性只属于该对象本身。在本例中，c1.real 和 c2.real 是分属不同对象的实例属性，它们之间是没有任何关系的。

6.2.5 类的特殊方法

在 Python 中，类有很多内置的特殊方法，它们通常使用双下画线“__”开头和结尾。之前在定义类时，已经对一些特殊方法进行定义，如：__init__、__str__、__abs__等。

对特殊方法的访问，除了可以使用“对象名.方法名(实参列表)”，还可以采用系统规定的形式自动调用执行。表 6-1 列出部分常用的特殊方法及其调用方法。

表 6-1　部分常用的特殊方法及其调用方法

特殊方法	说明	调用方法
__init__(self,…)	构造函数，创建对象时调用	类名(实参列表)
__del__(self)	析构函数，释放对象时调用	del 对象名
__str__(self)	返回对象描述信息，使用 print 语句时被调用	print(对象名)
__len__(self)	返回对象的长度	len(对象名)
__abs__(self)	计算模长	abs(对象名)
__add__(self,other)	加运算	对象名 1+对象名 2
__sub__(self,other)	减运算	对象名 1-对象名 2
__mul__(self,other)	乘运算	对象名 1*对象名 2
__div__(self,other)	除运算	对象名 1/对象名 2

【例 6-5】 定义 Complex2 类的加运算和乘运算，并通过运算符形式进行相应的计算。

【程序代码】

```
class Complex2:
    ……
    def __add__(self,other):
        #加运算
        return Complex2(self.real+other.real,self.imag+other.imag)
    def __mul__(self,other):
        #乘运算
        newreal=self.real*other.real-self.imag*other.imag
        newimag=self.real*other.imag+self.imag*other.real
        return Complex2(newreal,newimag)
    ……

c1=Complex2(1,3)
c2=Complex2(3,-1)
c3=c1+c2
c4=c1*c2
print('c1:',c1)
print('c2:',c2)
print('c1+c2:',c3)
print('c1*c2:',c4)
```

【运行结果】

```
c1: (1+3i)
c2: (3-1i)
c1+c2: (4+2i)
c1*c2: (6+8i)
```

该例中，使用“+”运算符时会自动调用__add__方法，它等同于“c1.__add__(c2)”；使用“*”运算符时会自动调用__mul__方法，它等同于“c1.__mul__(c2)”。

6.3 类的继承和多态

6.3.1 类的继承

类继承的语法形式如下。

```
class <派生类名>(<基类名>):
    <派生类属性定义>
    <派生类方法定义>
```

在派生类中，定义实例属性并初始化的语法形式如下。

```
def __init__(self,<派生类属性列表>):
    <调用基类构造函数初始化基类属性>
    <新增属性初始化定义>
```

其中，调用基类构造函数的语法形式有如下两种。

```
形式 1：<基类名>.__init__(self,<基类属性列表>)
形式 2：super(<派生类名>,self).__init__(<基类属性列表>)
```

在继承时，派生类不会自动调用基类的构造函数，需要在派生类的构造函数中通过以上两种形式之一进行调用。

类似地，在派生类方法定义时，调用基类方法的语法形式也有如下两种。

```
形式 1：<基类名>.<基类方法名>(self,<实际参数列表>)
形式 2：super(<派生类名>,self). <基类方法名> (<实际参数列表>)
```

以上两种调用基类方法的形式可以实现同样的结果。所不同的是，第一种形式通过基类名称进行调用，如果基类名称发生改动或派生类改为继承其他类，所有调用基类方法之处都要对基类名进行修改，工作量很大，且容易发生遗漏；而第二种形式未使用基类名称，如果发生改变，只需要修改派生类定义中继承的类名即可，灵活性更好。

【例 6-6】 创建基类 Person 类，根据 Person 类派生出 Student 类，并分别创建 Person 类和 Student 类的对象，调用类的方法输出所创建对象的属性。

【程序代码】

```
#定义基类 Person 类
class Person:
    def __init__(self,name,sex,age,idcard):
        self.name=name
        self.age=age
        self.sex=sex
        self.idcard=idcard
    def show(self):
        print('姓名：',self.name,'年龄：',self.age,'性别：',self.sex)
        print('身份证号码：',self.idcard)
#定义派生类
class Student(Person):
    #派生类构造函数
```

```
    def __init__(self,stdnum,name,sex,major,age,idcard):
        #调用基类构造函数
        super(Student,self).__init__(name,sex,age,idcard)
        #派生类新增属性初始化
        self.stdnum=stdnum
        self.major=major
    def showStudent(self):
        print('学号：',self.stdnum,'专业：',self.major)
        #调用基类方法
        super(Student,self).show()
#创建 Person 类对象
per1=Person('张成','男',40,'123456198101011234')
print("调用 Person 类的 show 方法输出张成的个人信息如下：")
per1.show()
#创建 Student 类对象
stu1=Student('202101101','李玉','女','计算机',20,'123456200101015678')
print("调用派生类 Student 类的 showStudent 方法输出李玉的个人信息如下：")
stu1.showStudent()
print("调用基类 Person 类的 show 方法输出李玉的个人信息如下：")
stu1.show()
```

【运行结果】

```
调用 Person 类的 show 方法输出张成的个人信息如下：
姓名： 张成 年龄： 40 性别： 男
身份证号码： 123456198101011234
调用派生类 Student 类的 showStudent 方法输出李玉的个人信息如下：
学号： 202101101 专业： 计算机
姓名： 李玉 年龄： 20 性别： 女
身份证号码： 123456200101015678
调用基类 Person 类的 show 方法输出李玉的个人信息如下：
姓名： 李玉 年龄： 20 性别： 女
身份证号码： 123456200101015678
```

创建对象时，可以使用基类创建对象，也可以使用派生类创建对象。使用基类创建的对象只能使用基类定义的方法。使用派生类创建的对象，既可以使用派生类中定义的方法，也可以使用基类定义的方法，程序会首先在派生类中寻找对应的方法，如果在派生类中找不到，则会到基类中查找对应的方法。本例中，使用 Student 类创建的 stu1 对象调用 show 方法时，在 Student 类中找不到 show 方法，系统会到基类 Person 类中查找并调用该方法。

6.3.2 多态与方法重载

多态是指基类的一个方法在不同派生类中有不同的行为。Python 通过方法重载来实现多态。方法重载是在派生类中使用与基类完全相同的方法名，而对方法的内容进行改写，从而实现对基类方法的重新定义。利用派生类创建的对象调用该方法时，将调用派生类中的方法，而不再调用基类的方法。一个基类的多个派生类创建的不同对象调用同样的方法时会产生不同的调用结果，这就是多态性。

在 Python 中一个典型的多态应用的例子是运算符的重载。如：“+”运算符在不同的数据类型中操作方法和运行结果是不同的，也可以通过自定义类的特殊方法进行运算符的重载来实现所期望的功能。

【例 6-7】 加法运算符重载应用举例。

【程序代码】

```
#定义一个新的数据类型，对“+”运算符重载
class Number:
    def __init__(self, x, y):
        self.x=x
        self.y=y
    def __add__(self, other):
        return Number(self.x+other.x,self.y+other.y)
#不同数据类型中"+"实现的功能举例
a1=2
a2=3
a=a1+a2
print("两个整数 a1 与 a2 相加的结果：",a)
b1=complex(2,3)
b2=complex(3,-1)
b=b1+b2
print("两个复数 b1 与 b2 相加的结果：",b)
c1='hello '
c2='world!'
c=c1+c2
print("两个字符串 c1 与 c2 相连的结果：",c)
d1=Number(1,10)
d2=Number(2,20)
d=d1+d2
print("两个 Number 类型对象 d1 和 d2 进行加运算的结果：",d.x,d.y)
```

【运行结果】

```
两个整数 a1 与 a2 相加的结果： 5
两个复数 b1 与 b2 相加的结果： (5+2j)
两个字符串 c1 与 c2 相连的结果： hello world!
两个 Number 类型对象 d1 和 d2 进行加运算的结果： 3 30
```

本例中，整数类型的“+”运算是两整数直接相加得到一个新的整数；复数类型的“+”运算是复数的实部与实部相加，虚部与虚部相加，得到一个新的复数；字符串类型的“+”运算是两个字符串相连接得到一个新的字符串；自定义的 Number 类型的“+”运算是两个对象的第一个参数与第一个参数相加，第二个参数与第二个参数相加，得到一个新的 Number 类型对象。

接下来，再看一个自定义的基类，并在派生类中对基类方法进行重载的例子。

【例 6-8】 定义基类 Animal 以及它的派生类 Cat、Mouse 和 Dog 类，在派生类中重载 show 方法。

【程序代码】

```
#定义基类 Animal
class Animal:
    def __init__(self,name):
        self.name=name
    def show(self):
```

```
        print(self.name+' is an animal.')
#定义派生类 Cat
class Cat(Animal):
    def __init__(self,name):
        super(Cat,self).__init__(name)
    def show(self):
        print(self.name+' is a cat.')
#定义派生类 Mouse
class Mouse(Animal):
    def __init__(self,name):
        super(Mouse,self).__init__(name)
    def show(self):
        print(self.name+' is a mouse.')
#定义派生类 Dog
class Dog(Animal):
    def __init__(self,name):
        super(Dog,self).__init__(name)
    def show(self):
        print(self.name+' is a dog.')
#调用派生类方法
a=Cat('Tom')
b=Mouse('Jerry')
c=Dog('Spike')
a.show()
b.show()
c.show()
```

【运行结果】

```
Tom is a cat.
Jerry is a mouse.
Spike is a dog.
```

本例中，基类定义了 show 方法，派生类中对 show 方法进行了重写，利用三个派生类生成的三个对象调用 show 方法时，调用的是对应派生类中定义的方法，而不是基类定义的方法，从而实现了同一方法输出不同结果（输出的不是 animal，而是具体的动物种类 cat、mouse 和 dog），这就是多态。

6.4 应用实例：平面图形计算

本节介绍不同平面图形的周长和面积计算。平面图形是指所有点在同一平面内的图形，如三角形、矩形、圆等，它们都有共同的操作，就是计算周长和面积。现在，要求使用 Python 的类的操作，根据给定的平面图形的参数（如边长、半径等），计算其周长和面积。

【问题分析】

平面图形是一个大类，下面又包含三角形、矩形、平行四边形、圆、椭圆等众多类型，如图 6-1 所示。可以将平面图形作为一个基类，将三角形、矩形等各种类型作为派生类，在派生类中对属性重新定义和初始化，并对计算长度、面积的方法进行重载。

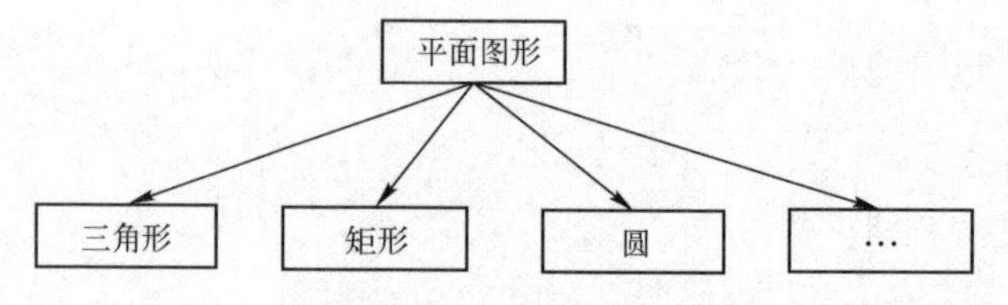

图 6-1 平面图形的派生类

【程序代码】

```
from math import pi
#定义基类
class Shape:
    def __init__(self):
        pass
    #定义计算周长的方法
    def perimeter(self):
        pass
    #定义计算面积的方法
    def area(self):
        pass
#定义派生类——长方形
class Rectangle(Shape):
    def __init__(self,a,b):
        self.a=a
        self.b=b
    def perimeter(self):
        return (self.a+self.b)*2
    def area(self):
        return self.a*self.b
#定义派生类——三角形
class Triangle(Shape):
    def __init__(self,a,b,c):
        self.a=a
        self.b=b
        self.c=c
    def perimeter(self):
        return self.a+self.b+self.c
    def area(self):
        p=1/2*self.perimeter()
        return (p*(p-self.a)*(p-self.b)*(p-self.c))**0.5
#定义派生类——圆
class Circle(Shape):
    def __init__(self,r):
        self.r=r
    def perimeter(self):
        return 2*pi*self.r
    def area(self):
        return pi*self.r*self.r
```

```
#调用创建的类计算不同平面图形的周长和面积
rec1=Rectangle(3.3,4.4)
print("边长为%.2f 和%.2f 的长方形的周长为%.2f，面积为%.2f"%(rec1.a,rec1.b, rec1.perimeter(), rec1.area()))
tri1=Triangle(3.3,4.4,5.5)
print("三边长为%.2f、%.2f 和%.2f 的三角形的周长为%.2f，面积为%.2f"%(tri1.a,tri1.b, tri1.c,tri1.perimeter(),tri1.area()))
cir1=Circle(3)
print("半径为%.2f 的圆的周长为%.2f，面积为%.2f"%(cir1.r,cir1.perimeter(), cir1.area()))
```

【运行结果】

```
边长为 3.30 和 4.40 的长方形的周长为 15.40，面积为 14.52
三边长为 3.30、4.40 和 5.50 的三角形的周长为 13.20，面积为 7.26
半径为 3.00 的圆的周长为 18.85，面积为 28.27
```

本例中，定义了基类 Shape，并定义了 Rectangle、Triangle 和 Circle 三个派生类继承基类。基类 Shape 中只定义了构造函数以及计算周长、面积的方法，不会利用基类的方法进行任何操作，因此函数体使用了 pass 语句，然后在派生类中对方法进行重载，实现了多态。

6.5　习题

1．学生成绩统计。要求：

（1）设计一个学生类，类的属性包括学号、姓名、年龄、成绩（语文、数学、英语）；

（2）定义两个方法：方法一用于计算学生的总分；方法二以学号、姓名、单科成绩、总分的形式输出学生信息；

（3）从键盘输入 10 个学生的学号、姓名、年龄和单科成绩；

（4）输出每个学生的信息（学号、姓名、单科成绩、总分）及各科所有学生的最高分、最低分和平均分。

2．游乐园门票票价计算。要求：

（1）定义一个基类门票类，类的属性包括姓名、身份证号、购票日期，类的方法为输出姓名、票价；

（2）基于门票类定义三个派生类（对应三种类型门票）：成人票、儿童票和家庭套票；

（3）成人票为单人票，周末 100 元，非周末 8 折优惠，年满 14 周岁的应购买成人票；

（4）儿童票为单人票，价格为成人票的半价，未满 14 周岁的可购买儿童票；

（5）家庭套票增加两个属性：成人数量和儿童数量，票价是在计算出成人票价和儿童票价总和的基础上再 8 折优惠。

提示：可以根据购票日期判断是否为周末，可以根据身份证号码判断是否年满 14 周岁。

第7章　文　　件

在变量、序列和对象中存储的数据是暂时的，程序结束后就会丢失。为了能够长时间地保存程序中的数据，需要将它们保存到磁盘文件中。Python 提供了内置的文件对象和对文件进行操作的内置模块，可以很方便地将数据保存到外部文件中，以达到长时间保存数据的目的。本章来学习 Python 文件操作，让程序能够更好地与外部交互。

读写文件是最常见的 I/O 操作，就是请求操作系统打开一个文件对象，然后，通过操作系统提供的接口从这个文件对象中读取数据（读文件），或者把数据写入这个文件对象（写文件）。

【学习要点】

1．文件的打开、读写与关闭。

2．一维数据和二维数据的表示、存储和处理。

3．CSV 文件格式对一维、二维数据的读写和处理。

4．csv 模块中对数据进行读写的处理函数。

7.1　文件概述

7.1　文件概述

7.1.1　文件与文件路径

文件一般都存储在磁盘中，计算机中存储的图片、资料、音视频等都是以文件方式存储的，每个文件都有一个名称，可以根据文件的名称来选择打开或存储到某一文件。

关于文件，它有两个关键属性，分别是“文件名”和“路径”。其中，文件名指的是为每个文件设定的名称，而路径则用来指明文件在计算机上的位置。例如，D 盘有一个文件名为 projects.docx（.docx 称为文件的“扩展名”，它指出了文件的类型），它的路径在 D:\demo\exercise，也就是说，该文件位于 D 盘下 demo 文件夹中的 exercise 子文件夹下。

通过文件名和路径可以分析出，project.docx 是一个 Word 文档，demo 和 exercise 都是“文件夹”（也称为目录）。文件夹可以包含文件和其他文件夹。

7.1.2　Python 中的文件操作

Python 中，对文件的操作有很多种，常见的操作包括创建、删除、修改权限、读取、写入等，这些操作可大致分为以下两类。

- 删除、修改权限：作用于文件本身，属于系统级操作。
- 写入、读取：是文件最常用的操作，作用于文件的内容，属于应用级操作。

其中，对文件的系统级操作功能单一，比较容易实现，可以借助 Python 中的专用模块（os、sys 等），并调用模块中的指定函数来实现。例如，假设如下代码文件的同级目录中有一个文件“a.txt”，通过调用 os 模块中的 remove 函数，可以将该文件删除，具体实现代码如下。

```
import os
os.remove("a.txt")
```

文件的应用级操作可以分为以下 3 步，每一步都需要借助对应的函数实现。

● 打开文件：使用 open() 函数，该函数会返回一个文件对象。
● 对已打开文件做读/写操作：读取文件内容可使用 read()、readline() 以及 readlines() 函数；向文件中写入内容，可以使用 write() 函数。
● 关闭文件：完成对文件的读/写操作之后，最后需要关闭文件，可以使用 close() 函数。

必须在打开一个文件之后才能对其进行操作，并且在操作结束之后，还应该将其关闭，这 3 步的顺序不能打乱。

7.2 打开文件

7.2.1 open()函数

在 Python 中，内置了文件对象，文件对象不仅可以访问存储在磁盘中的文件，也可以访问网络文件。文件对象通过 open 函数得到，获取文件对象后，就可以使用文件对象提供的方法来读写文件。

在 Python 中，想要操作文件需要先创建或者打开指定的文件并创建文件对象，open 函数的语法格式如下。

```
file = open(file_name [, mode='r' [ , buffering=-1 [ , encoding = None ]]])
```

其中，用[]括起来的部分为可选参数，即可以使用也可以省略。各个参数所代表的含义如下。

● file：表示要创建的文件对象。
● file_name：要创建或打开文件的文件名称，该名称要用引号（单引号或双引号都可以）括起来。需要注意的是，如果要打开的文件和当前执行的代码文件位于同一目录，则直接写文件名即可；否则，此参数需要指定打开文件所在的完整路径。
● mode：可选参数，用于指定文件的打开模式。如果不写，则默认以只读（r）模式打开文件。
● buffering：可选参数，用于指定对文件进行读写操作时，是否使用缓冲区。
● encoding：手动设定打开文件时所使用的编码格式，不同操作系统的 encoding 参数值也不同，以 Windows 为例，其默认为 cp936（即 GBK 编码）。

open() 函数支持的文件打开模式如表 7-1 所示。

表 7-1　open()函数支持的文件打开模式

模式	意义	注意事项
r	只读模式打开文件，读文件内容的指针会放在文件的开头	操作的文件必须存在
rb	以二进制格式、采用只读模式打开文件，读文件内容的指针位于文件的开头，一般用于非文本文件，如图片文件、音频文件等	
r+	打开文件后，既可以从头读取文件内容，也可以从开头向文件中写入新的内容，写入的新内容将会覆盖文件中等长度的原有内容	
rb+	以二进制格式、采用读写模式打开文件，读写文件的指针会放在文件的开头，通常针对非文本文件（如音频文件）	
w	以只写模式打开文件，若该文件存在，打开时会清空文件中原有的内容	若文件存在，会清空其原有内容（覆盖文件）；反之，则创建新文件
wb	以二进制格式、采用只写模式打开文件，一般用于非文本文件（如音频文件）	
w+	打开文件后，会对原有内容进行清空，并对该文件具有读写权限	
wb+	以二进制格式、采用读写模式打开文件，一般用于非文本文件	
a	以追加模式打开一个文件，对文件只有写入权限，如果文件已经存在，文件指针将放在文件的末尾（即新写入内容会位于已有内容之后）；反之，则会创建新文件	

（续）

模式	意义	注意事项
ab	以二进制格式打开文件，并采用追加模式，对文件只有写权限。如果该文件已存在，文件指针位于文件末尾（新写入文件会位于已有内容之后）；反之，则创建新文件	
a+	以读写模式打开文件；如果文件存在，文件指针放在文件的末尾（新写入文件会位于已有内容之后）；反之，则创建新文件	
ab+	以二进制模式打开文件，并采用追加模式，对文件具有读写权限，如果文件存在，则文件指针位于文件的末尾（新写入文件会位于已有内容之后）；反之，则创建新文件	

其中涉及三点：①操作权限：可读/可写；②内容位置定位：指针的概念（控制读写数据的位置和顺序的）；③文件格式：文件分为两种，一种是二进制文件（不能通过某种编码解析成字符），另外一种是文本文件（能够通过某种编码解析成字符）。

文件打开模式直接决定了后续可以对文件进行哪些操作。例如，使用 r 模式打开的文件，后续编写的代码只能读取文件，而无法修改文件内容。

【例 7-1】 有名为 my_file.txt 的文本文件，其内容如下。

```
Python 教程
学习使我快乐！
```

现在要求以读的方式打开该文件，并遍历文件，逐行输出。

【程序代码】

```
f = open("my_file.txt","r",encoding = "utf-8")
for line in f:
    print(line,end="")
f.close()
```

【运行结果】

```
Python 教程
学习使我快乐！
```

- 当以只读模式“r”打开文件时，该权限要求打开的文件必须存在。
- 使用 open()函数打开文件时，默认采用系统平台编码。但当要打开的文件不是系统平台编码格式时，需要手动指定打开文件的编码格式，例如：

```
f = open("my_file.txt",encoding="utf-8")
```

注意，手动修改 encoding 参数的值，仅限于文件以文本的形式打开，也就是说，以二进制格式打开时，不能对 encoding 参数的值做任何修改，否则程序会抛出 ValueError 异常。

- 文本文件可以使用遍历循环逐行遍历文件，并进行处理。

7.2.2 文件对象常用的属性

成功打开文件之后，可以调用文件对象本身拥有的属性来获取当前文件的部分信息，其常见的属性如下。

- file.name：返回文件的名称；
- file.mode：返回打开文件时采用的文件打开模式；
- file.encoding：返回打开文件时使用的编码格式；
- file.closed：判断文件是否已经关闭。

【例 7-2】 使用 open()函数打开文件对象。

【程序代码】

```
# 以默认方式打开文件
f = open('my_file.txt')
# 输出文件是否已经关闭
print(f.closed)
# 输出访问模式
print(f.mode)
#输出编码格式
print(f.encoding)
# 输出文件名
print(f.name)
```

【运行结果】

```
False
R
cp936
my_file.txt
```

注意，使用 open() 函数打开文件对象时必须手动进行关闭，Python 垃圾回收机制无法自动回收打开文件所占用的资源。

7.3 关闭文件

7.3.1 close()函数

close() 函数是专门用来关闭已打开文件的，其语法格式如下所示。

```
file.close()
```

其中，file 表示已打开的文件对象。

使用 open() 函数打开的文件，在操作完成之后，就应该及时关闭，否则程序的运行可能出现问题。

分析如下代码。

【程序代码】

```
import os
f = open("my_file.txt",'w')
#...
os.remove("my_file.txt")
```

代码中，引入了 os 模块，调用了该模块中的 remove()函数，该函数的功能是删除指定的文件。但是，如果运行此程序，Python 解释器会报如下错误。

【运行结果】

```
Traceback (most recent call last):
File "C:\Users\mengma\Desktop\demo.py", line 4, in <module>
os.remove("my_file.txt")
PermissionError: [WinError 32] 另一个程序正在使用此文件，进程无法访问。: 'my_file.txt'
```

显然，由于使用了 open()函数打开了 my_file.txt 文件，但没有及时关闭，直接导致后续的 remove() 函数在运行时出现错误。

7.3.2 with as 自动资源管理

前面在介绍文件操作时，一直强调打开的文件最后一定要关闭，否则会对程序的运行造成意想不到的隐患。但是，即便使用 close() 做好了关闭文件的操作，如果在打开文件或文件操作过程中抛出了异常，还是无法及时关闭文件。

为了更好地避免此类问题，在 Python 中，对应的解决方式是使用 with as 语句来操作上下文管理器（context manager），它能够自动分配并且释放资源。

with as 语句可以操作已经打开的文件对象（本身就是上下文管理器），无论期间是否抛出异常，都能保证 with as 语句执行完毕后自动关闭已经打开的文件。

with as 语句的基本语法格式如下。

```
with 表达式 [as target]:
    代码块
```

其中，用 [] 括起来的部分可以使用，也可以省略。其中，target 参数用于指定一个变量，该语句会将表达式指定的结果保存到该变量中。

【例 7-3】 使用 with as 语句打开文件对象。

【程序代码】

```
with open("my_file.txt","r") as f:
    for line in f:
        print(line)
```

【运行结果】

```
Python 教程
学习使我快乐！
```

open()和 with open()的异同点如下。

- with 语句在不再需要访问文件后会将其关闭，而是让 Python 自己判断什么时候该关闭，并自己去关闭。
- 直接使用 open()方法打开文件，要自己调用 close()方法关闭文件。未妥善地关闭文件可能会导致数据丢失或受损。
- open()后是一个对象，这个对象有 read()方法与 write()方法。

7.4 读取文件

Python 提供了如下 3 种函数，它们都可以实现读取文件中的数据。

- read() 函数：逐个字节或者字符读取文件中的内容；
- readline() 函数：逐行读取文件中的内容；
- readlines() 函数：一次性读取文件中多行内容。

7.4.1 read()函数

对于借助 open() 函数，并以可读模式（包括 r、r+、rb、rb+）打开的文件，可以调用 read() 函数逐个字节（或者逐个字符）读取文件中的内容。

如果文件是以文本模式（非二进制模式）打开的，则 read() 函数会逐个字符进行读取；反之，如果文件以二进制模式打开，则 read() 函数会逐个字节进行读取。

read() 函数的基本语法格式如下。

```
file.read([size])
```

其中，file 表示已打开的文件对象；size 作为一个可选参数，用于指定一次最多可读取的字符（字节）个数，如果省略，则默认一次性读取所有内容。

【例 7-4】 使用 read()函数读取文件。

有名称为 my_file.txt 的文本文件，其内容如下。

```
Python 教程
学习使我快乐！
```

现要求读入文件内容，并输出。

【程序代码】

```
#以 utf-8 的编码格式打开指定文件
f = open("my_file.txt",encoding = "utf-8")
#输出读取到的数据
print(f.read())
#关闭文件
f.close()
```

【运行结果】

```
Python 教程
学习使我快乐！
```

也可以通过修改 size 参数指定 read() 每次可读取的最大字符（或者字节）数。

【例 7-5】 文件读取：指定字符数。

【程序代码】

```
#以 utf-8 的编码格式打开指定文件
f = open("my_file.txt",encoding = "utf-8")
#输出读取到的数据
print(f.read(6))
#关闭文件
f.close()
```

【运行结果】

```
Python
```

显然，该程序中的 read() 函数只读取了 my_file 文件开头的 6 个字符。size 表示的是一次最多可读取的字符（或字节）数，因此，即便设置的 size 大于文件中存储的字符（字节）数，read() 函数也不会报错，这种情况下它只会读取文件中所有的数据。

除此之外，对于以二进制格式打开的文件，read() 函数会逐个字节读取文件中的内容。

【例 7-6】 文件读取：指定字节数。

【程序代码】

```
#以二进制形式打开指定文件
```

```
f = open("my_file.txt",'rb+')
#输出读取到的数据
print(f.read())
#关闭文件
f.close()
```

【运行结果】

```
b'Python\xe6\x95\x99\xe7\xa8\x8b\r\n\xe5\xad\xa6\xe4\xb9\xa0\xe4\xbd\xbf\xe6\x88\x91\xe5\xbf\xab\xe4\xb9\x90\xef\xbc\x81\r\n'
```

可以看到，输出的数据为字节串（bytes）。

7.4.2　readline()和 readlines()函数

读取用 open()函数打开的文件中的内容，除了可以使用 read()函数之外，还可以使用 readline()和 readlines()函数。和 read()函数不同，这两个函数都以“行”作为读取单位。对于读取以二进制格式打开的文件，它们会以“\n”作为读取一行的标志。

1．readline()函数

readline() 函数用于读取文件中的一行，包含最后的换行符“\n”。此函数的基本语法格式如下。

```
file.readline([size])
```

其中，file 为打开的文件对象；size 为可选参数，用于指定读取每一行时，一次最多读取的字符（字节）数。

【例 7-7】　文件读取：读取一行。

以前面创建的 my_file.txt 文件为例，用 readline() 函数读取文件内容。

【程序代码】

```
f = open("my_file.txt", encoding = "utf-8")
#读取一行数据
byt = f.readline()
print(byt)
f.close()
```

【运行结果】

```
Python 教程

```

由于 readline() 函数在读取文件中一行的内容时，会读取最后的换行符“\n”，再加上 print() 函数输出内容时默认会换行，所以输出结果中会看到多出了一个空行。

不仅如此，在逐行读取时，还可以限制最多可以读取的字符（字节）数，例如：

【例 7-8】　文件读取：读取一行指定字节数。

【程序代码】

```
#以二进制形式打开指定文件
f = open("my_file.txt",'rb')
byt = f.readline(6)
print(byt)
```

```
f.close()
```

【运行结果】

```
b'Python'
```

和例 7-7 的输出结果相比，由于这里没有完整读取一行的数据，因此不会读取到换行符。

2．readlines()函数

readlines()函数用于读取文件中的所有行，返回一个字符串列表，其中每个元素为文件中的一行内容。和 readline()函数一样，readlines()函数在读取每一行时，会连同行尾的换行符一块读取。

readlines()函数的基本语法格式如下。

```
file.readlines()
```

其中，file 为打开的文件对象。和 read()、readline() 函数一样，它要求打开文件的模式必须为可读模式（包括 r、rb、r+、rb+）。

【例 7-9】 文件读取：读取所有行。

【程序代码】

```
#以 utf-8 的编码格式打开指定文件
f = open("my_file.txt",encoding = "utf-8")
#输出读取到的数据
print(f.readlines())
#关闭文件
f.close()
```

【运行结果】

```
['Python 教程\n', '学习使我快乐！']
>>>
```

7.4.3　遍历文件

文本文件可以使用遍历循环的方式逐行遍历文件，并进行处理。

【例 7-10】 遍历文件并逐行输出。

【程序代码】

```
f = open("my_file.txt",encoding = "utf-8")
for line in f:
    print(line,end="")
f.close()
```

【运行结果】

```
Python 教程
学习使我快乐！
```

7.5　文件写入

7.5.1　write() 函数

Python 中的文件对象提供了 write() 函数，可以向文件中写入指定内容。该函数的语法格式如下。

```
file.write(string)
```

其中，file 表示已经打开的文件对象；string 表示要写入文件的字符串（或字节串，仅适用写入二进制文件中）。

注意，在使用 write()函数向文件中写入数据时，需保证使用 open() 函数是以 r+、w、w+、a 或 a+ 的模式打开文件，否则执行 write() 函数会抛出 io.UnsupportedOperation 错误。

【例 7-11】 创建一个文件 a.txt，向该文件写入新的内容。

【程序代码】

```
f = open("a.txt", 'w')
f.write("Python 教程\n")
f.write("学习使我快乐！")
f.close()
```

如果打开文件模式中包含 w（写入），那么向文件中写入内容时，会先清空原文件中的内容，再写入新的内容。因此运行上面程序，再次打开 a.txt 文件，只会看到新写入的内容。

```
Python 教程
学习使我快乐！
```

如果打开文件模式中包含 a（追加），则不会清空原有内容，而是会将新写入的内容添加到原内容后边。

【例 7-12】 保留 a.txt 文件的原有内容，并追加写入新内容。

【程序代码】

```
f = open("a.txt", 'a')
f.write("\n 写入一行新数据")
f.close()
```

再次打开 a.txt 文件，可以看到如下内容。

```
Python 教程
学习使我快乐！
写入一行新数据
```

因此，采用不同的文件打开模式，会直接影响 write() 函数向文件中写入数据的效果。

另外，在写入文件完成后，一定要调用 close() 函数将打开的文件关闭，否则写入的内容不会保存到文件中。

例如，将上面程序中最后一行 f.close() 删掉，再次运行此程序并打开 a.txt 文件，会发现追加的数据没有被写入文件。这是因为，在写入文件内容时，操作系统不会立刻把数据写入磁盘，而是先缓存起来，只有在调用 close()函数时，操作系统才会保证把没有写入的数据全部写入磁盘文件中。

7.5.2　writelines()函数

Python 的文件对象中不仅提供了 write() 函数，还提供了 writelines()函数，它可以实现将字符串列表写入文件中。

注意，写入函数只有 write()和 writelines()函数，而没有名为 writeline 的函数。

【例 7-13】 文件复制。

已有 a.txt 文件，该文件内容如下。

```
Python 教程
学习使我快乐！
```

使用 writelines()函数，将 a.txt 文件中的数据复制到其他文件中，实现代码如下。

【程序代码】

```
f = open('a.txt', 'r')
n = open('b.txt','w+')
n.writelines(f.readlines())
n.close()
f.close()
```

执行此代码，在 a.txt 文件同级目录下会生成一个 b.txt 文件，且该文件中包含的数据和 a.txt 完全一样。

b.txt 文件中的内容如下。

```
Python 教程
学习使我快乐！
```

需要注意的是，使用 writelines() 函数向文件中写入多行数据时，不会自动给各行添加换行符。上面例子中，之所以 b.txt 文件中会逐行显示数据，是因为 readlines() 函数在读取各行数据时，读入了行尾的换行符。

7.6　文件定位

在使用 open()函数打开文件并读取文件中的内容时，总是会从文件的第一个字符（字节）开始读起。那么，该如何指定读取的起始位置呢？这就需要移动文件指针的位置。

文件指针用于标明文件读写的起始位置，通过移动文件指针的位置，再借助 read()和 write()函数，就可以轻松实现读取文件中指定位置的数据（或者向文件中的指定位置写入数据）。

注意，当向文件中写入数据时，如果不是文件的尾部，新写入的数据会将文件中处于该位置的数据直接覆盖掉。

实现对文件指针的移动，需要用 tell()函数和 seek()函数。tell()函数用于判断文件指针当前所处的位置，而 seek()函数则用于移动文件指针到文件的指定位置。

7.6.1　tell() 函数

tell() 函数的语法格式如下。

```
file.tell()
```

其中，file 表示文件对象。

【例 7-14】 编写程序对 a.txt 文件进行读取操作，a.txt 文件中的内容如下。

```
http://c.biancheng.net
```

读取 a.txt 的代码如下。

【程序代码】

```
f = open("a.txt",'r')
print(f.tell())
```

```
print(f.read(3))
print(f.tell())
```

【运行结果】

```
0
htt
3
```

可以看到，当使用 open() 函数打开文件时，文件指针的起始位置为 0，表示位于文件的开头处，当使用 read() 函数从文件中读取 3 个字符之后，文件指针同时向后移动了 3 个字符的位置。这就表明，当程序使用文件对象读写数据时，文件指针会自动向后移动：读写了多少个数据，文件指针就会自动向后移动多少个位置。

7.6.2 seek()函数

seek() 函数用于将文件指针移动至文件的指定位置，该函数的语法格式如下。

```
file.seek(offset[, whence])
```

其中，各个参数的含义如下。

- file：表示文件对象；
- whence：作为可选参数，用于指定文件指针要放置的位置，该参数的参数值有 3 个选择：0 代表文件头（默认值）、1 代表当前位置、2 代表文件尾。
- offset：表示相对于 whence 位置文件指针的偏移量，正数表示向后偏移，负数表示向前偏移。例如，当 whence == 0 &&offset == 3，即 seek(3,0)时，表示文件指针移动至距离文件开头处 3 个字符的位置；当 whence == 1 &&offset == 5，即 seek(5,1)时，表示文件指针向后移动，移动至距离当前位置 5 个字符处。

注意，当 offset 值非 0 时，Python 要求文件必须要以二进制格式打开，否则会抛出 io.UnsupportedOperation 错误。

【例 7-15】 文件指针操作。

例如，在同一目录下，编写如下程序对 a.txt 文件进行读取操作，a.txt 文件中的内容如下。

```
http://c.biancheng.net
```

【程序代码】

```
f = open('a.txt', 'rb')
# 判断文件指针的位置
print(f.tell())
# 读取一个字节，文件指针自动后移 1 个数据
print(f.read(1))
print(f.tell())
# 将文件指针从文件开头，向后移动到 5 个字符的位置
f.seek(5)
print(f.tell())
print(f.read(1))
# 将文件指针从当前位置，向后移动到 5 个字符的位置
f.seek(5, 1)
print(f.tell())
```

```
print(f.read(1))
# 将文件指针从文件结尾，向前移动到距离 2 个字符的位置
f.seek(-1, 2)
print(f.tell())
print(f.read(1))
```

【运行结果】

```
0
b'h'
1
5
b'/'
11
b'a'
21
b't'
```

注意：由于程序中的 seek()函数使用了非 0 的偏移量，因此文件的打开方式中必须包含 b，否则就会抛出 io.UnsupportedOperation 错误，有兴趣的读者可自行尝试。

上面程序示范了使用 seek()函数来移动文件指针，包括从文件开头、指针当前位置、文件结尾处开始计算。运行上面程序，结合程序输出结果可以体会文件指针移动的效果。

7.7 CSV 格式文件操作

7.7 CSV 格式文件操作

7.7.1 CSV 文件概述

CSV（Comma Separated Values），即逗号分隔值文件，是一种纯文本文件，它使用特定的结构来排列表格数据。因为是纯文本文件，所以 CSV 只包含实际的文本数据，CSV 可以包含可打印的 ASCII 或 Unicode 字符。这种文件格式经常用来作为不同程序之间的数据交互的格式，在工程、金融、商业和科学领域广泛使用。

逗号并不是唯一的分隔符。其他流行的分隔符包括制表符（\t）、冒号（:）和分号（;）。 正确解析 CSV 文件需要知道正在使用的分隔符。

CSV 格式存储的文件一般采用.csv 为扩展名，可以通过记事本或 Excel 工具打开。

1．CSV 文件格式规则如下。

- 以行为单位。
- 每行表示一条记录。
- 读取的数据一般为字符类型。
- 以英文逗号分隔每列数据（如果数据为空，逗号也要保留）。
- 列名通常放置在文件第一行。

2．CSV 文件来源

CSV 文件通常由处理大量数据的程序创建。CSV 是从电子表格和数据库导出数据以及在其他程序中导入或使用数据的便捷方式。例如，可以将数据挖掘程序的结果导出到 CSV 文件，然后将其导入电子表格以分析数据，生成演示文稿或准备报告以供发布。

CSV 文件非常易于以编程方式工作，任何支持文本文件输入和字符串操作的程序（如 Python）都可以直接使用 CSV 文件。

7.7.2 一维数据的读写

进行 CSV 格式文件的读写操作时，通常借助于列表作为数据的存储结构，一维线性的数据，采用一维列表存放。例如学生的个人成绩记录，采用一维列表存放。

1. 一维数据的写

【例 7-16】 列表 ls 内容如右：ls=['1001','刘丽',86,97,90]。

现要求将一维列表数据以 CSV 格式写入 score1.csv 文件中，如图 7-1 所示。

1001, 刘丽, 86, 97, 90	⟺	ls=['1001', '刘丽', '86', '97', '90']

图 7-1　存放一维列表数据的 CSV 格式文件

【程序代码】

```
f=open("D:\\score1.csv","w",encoding="utf-8")
ls=['1001','刘丽',86,97,90]
for i in range(2，len(ls)):
    ls[i]=str(ls[i])              #将列表元素处理成字符串
f.write(",".join(ls))             #将列表元素通过逗号连接成大字符串，写入文件
f.close()
```

【运行结果】

score1.csv 文件中内容如下。

```
1001,刘丽,86,97,90
```

具体实现过程：首先以写的方式打开 CSV 文件。通过 for 循环语句，将列表元素转换成字符串；然后执行 "," .join(ls)，把字符形式的元素值通过逗号连接成长字符串，然后执行 f.write()方法，以 CSV 格式写入文件。

2. 一维数据的读

【例 7-17】 score1.csv 文件中内容如下。

```
1001,刘丽,86,97,90
```

现在要求将文件内容以 CSV 格式读入一维列表中。

【程序代码】

```
f=open("D:\\score1.csv","r",encoding="utf-8")
s=f.read().strip("\n")   #去除换行符
ls=s.split(",")  #以逗号分隔，生成列表
print(ls)
f.close()
```

【运行结果】

```
['1001', '刘丽', '86', '97', '90']
>>>
```

具体实现过程：首先以读的方式打开 CSV 文件，通过 f.read()方法读入文本，并去除换行符，得到字符串 s。根据 CSV 格式特点，数据项之间用逗号分隔，因此采用字符串的 split()方法，以逗号作为分隔符，对字符串内容进行分隔，生成列表 ls。生成的列表中，每个元素都是字符串形式，

每个元素就是一个数据项。

7.7.3 二维数据的读写

由行和列组成的二维数据，则采用二维列表存放，例如班级中所有同学的成绩记录，采用二维列表存放。每个子列表存放一条学生记录。

参考 CSV 格式的一维数据读写方式，实现二维数据的读写，只要在外部增加一层遍历循环即可。

1．二维数据的写

【例 7-18】 有二维列表内容如下。

```
ls=[['1001',' 刘 丽 ','86','97','90'], ['1002',' 李 阳 ','78','79','65'],['1003',' 张 宇 ','89','87','85'], ['1004',' 赵 俊 ','96','95','94']]
```

现要求将二维列表数据以 CSV 格式写入文件 score2.csv 中，如图 7-2 所示。

1001, 刘丽, 86, 97, 90 1002, 李阳, 78, 79, 65 1003, 张宇, 89, 87, 85 1004, 赵俊, 96, 95, 94	⇔	ls=[['1001', '刘丽', '86', '97', '90'], ['1002', '李阳', '78', '79', '65'], ['1003', '张宇', '89', '87', '85'], ['1004', '赵俊', '96', '95', '94']]

图 7-2 存放二维列表数据的 CSV 文件

【问题分析】

参考 CSV 格式一维数据的读写方式，实现二维数据的读写。首先逐行遍历二维列表的每一行，将每个子列表 row 的内容，通过 join()方法，以逗号相连，形成长字符串，写入文件中。

【程序代码】

```
f=open("D:\\score2.csv","w",encoding="utf-8")
ls=[['1001','刘丽','86','97','90'], ['1002','李阳','78','79','65'],
        ['1003','张宇','89','87','85'], ['1004','赵俊','96','95','94']]
for row in ls:
        f.write(",".join(row) +"\n")
f.close()
```

【运行结果】

score2.csv 文件中内容如下。

```
1001,刘丽,86,97,90
1002,李阳,78,79,65
1003,张宇,89,87,85
1004,赵俊,96,95,94
```

具体实现过程：遍历二维列表 ls（for row in ls），针对当前子列表 row，通过 ",".join(row)+ "\n"，将子列表中的元素用逗号连接成长字符串，并加上换行符，执行 f.write()方法，写入文件中。

2．二维数据的读

【例 7-19】 score2.csv 文件中内容如下。

```
1001,刘丽,86,97,90
1002,李阳,78,79,65
1003,张宇,89,87,85
```

```
1004,赵俊,96,95,94
```

现要求将文件内容以 CSV 格式读入二维列表。

【问题分析】

参考 CSV 格式的一维数据读写方式，实现二维数据的读写。文件内容为二维数据，需要逐行遍历文件内容，将每行字符串 line，通过 split()方法，以逗号分隔，生成子列表 lt。然后将子列表 lt 添加到列表 ls 中，形成二维列表。

【程序代码】

```
f=open("D:\\score2.csv","r",encoding="utf-8")
ls=[]
for line in f:
    lt=line.strip("\n").split(",")
    ls.append(lt)
print(ls)
f.close()
```

【运行结果】

```
[['1001', '刘丽', '86', '97', '90'], ['1002', '李阳', '78', '79', '65'], ['1003', '张宇', '89', '87', '85'], ['1004', '赵俊', '96', '95', '94']]
>>>
```

具体实现过程：设置二维列表，初始化为空；逐行遍历文件内容（for line in f），执行 line.strip("\n").split(",")将每行文本内容先去除换行符，再以逗号分隔，生成子列表 lt；最后，通过 append()方法，将子列表内容添加到二维列表 ls 中。

7.8 csv 模块

有些情况下，不可简单地使用 str.split(",")，譬如有些字段可能含有嵌套的逗号，因此需要专门用于解析和生成 CSV 文件的库，如 Python 的 csv 库。Python 自带的 csv 库，专门用于处理 CSV 文件的读取和存档。

csv 库是 Python 的一个标准库，使用前需要导入该模块。

```
import csv
```

7.8.1 直接读写

直接读取 CSV 文件，可以简单地遍历每一行，使用 split()方法得到每一个单独的列。

【例 7-20】 直接读取 CSV 文件 scores.csv，CSV 格式数据用记事本保存，编码采用 ANSI 方式，文件内容如下。

```
学号,姓名,性别,班级,语文,数学,英语
100001,小雨,女,1 班,72,85,87
100002,小雪,女,2 班,67,87,77
100003,小宇,男,3 班,88,78,78
100004,小天,男,1 班,76,87,84
100005,小军,男,3 班,79,86,83
```

使用 split()方法直接读写。

【程序代码】

```
f=open("D:\\scores.csv","r")
for line in f:
    ls = line.strip("\n").split(",")
    print(ls)
f.close()
```

【运行结果】

```
['学号', '姓名', '性别', '班级', '语文', '数学', '英语']
['100001', '小雨', '女', '1 班', '72', '85', '87']
['100002', '小雪', '女', '2 班', '67', '87', '77']
['100003', '小宇', '男', '3 班', '88', '78', '78']
['100004', '小天', '男', '1 班', '76', '87', '84']
['100005', '小军', '男', '3 班', '79', '86', '83']
```

7.8.2　csv 模块读写

1．csv.reader 对象和 CSV 文件的读取

语法格式如下。

```
csv.reader(csvfile,dialect='Excel',**fmtparams)
```

csv.reader 对象主要用于文件的读取，返回一个 reader 对象，用于在 CSV 文件内容上进行行迭代。

- 参数 csvfile 是文件对象或者 list 对象；
- dialect 用于指定 CSV 的格式模式，不同程序输出的 CSV 格式有细微差别；
- fmtparams 是一系列参数列表，主要用于设置特定的格式，以覆盖 dialect 中的格式。

csv.reader 对象是可迭代对象，它包含以下属性。

- csv.reader().dialect：返回其 dialect；
- csv.reader().line_num：返回读入的行数。

【例 7-21】 使用 reader 对象读取 CSV 文件 scores.csv，代码如下。

【程序代码】

```
import csv
with open(r'D:\scores.csv', 'r', newline='') as csvfile:
#列表方式读取
    reader = csv.reader(csvfile)    #创建 csv.reader 对象
    for row in reader:              #读取出的内容是列表格式的
        print(row)
print(reader.line_num)
```

【运行结果】

```
['学号', '姓名', '性别', '班级', '语文', '数学', '英语']
['100001', '小雨', '女', '1 班', '72', '85', '87']
['100002', '小雪', '女', '2 班', '67', '87', '77']
['100003', '小宇', '男', '3 班', '88', '78', '78']
```

```
['100004', '小天', '男', '1 班', '76', '87', '84']
['100005', '小军', '男', '3 班', '79', '86', '83']
6
>>>
```

2. csv.writer 对象和 CSV 文件的写入

语法格式如下。

```
csv.writer(csvfile,dialect='Excel',**fmtparams)
```

主要用于把列表数据写入 CSV 文件。

csv.writer 对象的参数如下。

- csvfile 是任何支持 write()方法的对象，通常为文件对象；
- dialect 用于指定 CSV 的格式模式。

csv.writer 对象包含以下属性和方法。

- writer.writerow(row) 方法：写入一行数据；
- writer.writerows() 方法：写入多行数据；
- writer.dialect：只读属性，返回其 dialect。

【例 7-22】 使用 writer 对象写入 CSV 文件。

现要求在 scores.csv 文件的末尾增加两行数据，内容如下。

```
100006,小江,男,1 班,77,79,80
100007,小美,女,4 班,77,88,80
```

【程序代码】

```
import csv
rows=[(100006,'小江','男','1 班','77','79','80'),(100007,'小美','女','4 班','77','88','80')]
with open(r'D:\scores.csv','a+',newline='')as csvfile:  #列表方式写入
writer = csv.writer(csvfile,dialect='Excel')
writer.writerows(rows)                                  #写入多行
print(writer.dialect)
```

CSV 文件以 Excel 表格方式呈现如图 7-3 所示。

学号	姓名	性别	班级	语文	数学	英语
100001	小雨	女	1班	72	85	87
100002	小雪	女	2班	67	87	77
100003	小宇	男	3班	88	78	78
100004	小天	男	1班	76	87	84
100005	小军	男	3班	79	86	83
100006	小江	男	1班	77	79	80
100007	小美	女	4班	77	88	80

图 7-3　以 Excel 表格方式增加两行数据后的 CSV 文件

3. csv.DictReader 对象和 CSV 文件的读取

使用 csv.reader 对象从 CSV 文件读取数据，结果为列表对象 row，需要通过索引 row[i]访问。如果希望通过 CSV 文件的首行标题字段名访问，则可以使用 csv.DictReader 对象读取。

```
csv.DictReader(csvfile,fieldnames=None,restkey=None,restval=None,dialect='Excel',*args,**kwds)
```

csv.DictReader 对象参数如下。

- csvfile 是文件对象或 list 对象；
- fieldnames 用于指定字段名，如果没有指定，则第一行为字段名；
- restkey 和 restval 分别用于指定字段名和数据个数不一致时所对应的字段名或数据值，其他参数同 reader 对象。

DictReader 对象的属性和方法如下。

- csv.DictReader()._next_()：称之为 next(reader)；
- csvreader.dialect：解析器使用模式；
- csvreader.line_num：返回读入的行数；
- csvreader.fieldnames：返回标题字段名。

【例 7-23】 使用 DictReader 对象读取 CSV 文件，文件内容如图 7-4 所示。

学号	姓名	性别	班级	语文	数学	英语
100001	小雨	女	1班	72	85	87
100002	小雪	女	2班	67	87	77
100003	小宇	男	3班	88	78	78
100004	小天	男	1班	76	87	84
100005	小军	男	3班	79	86	83
100006	小江	男	1班	77	79	80
100007	小美	女	4班	77	88	80

图 7-4　存放成绩数据的 CSV 文件

【程序代码】

```
import csv
with open(r'D:\scores.csv',newline='') as f:
    f_csv = csv.DictReader(f)
    for row in f_csv:
        print(row['姓名'],row['班级'])
print('fieldnames:',f_csv.fieldnames)
print('dialect:',f_csv.dialect)
print('line_num:',f_csv.line_num)
```

【运行结果】

```
小雨  1 班
小雪  2 班
小宇  3 班
小天  1 班
小军  3 班
小江  1 班
小美  4 班
fieldnames: ['学号', '姓名', '性别', '班级', '语文', '数学', '英语']
dialect: Excel
line_num: 8
>>>
```

4．csv.DictWriter 对象和 CSV 文件的写入

csv.DictWriter 对象用于将字典形式的数据以 CSV 格式写入文件，格式如下。

```
csv.DictWriter(csvfile,fieldnames,restval = '',extrasaction = 'raise',dialect = 'Excel',*args,**kwds)
```

csv.DictWriter 对象参数如下。

- extrasaction 用于指定多余字段时的操作；

DictWriter 对象的属性和方法如下。

- csvwriter.writerow(row)：将 row 写入 writer 的文件对象，根据当前模式进行格式化，支持迭代；
- csvwriter.writerows(rows)：将行中的所有元素写入解析器的文件对象，并根据当前模式进行格式化，支持迭代；
- DictWriter.writeheader()：写入标题字段名；
- csvwriter.dialect：使用的模式。

【例 7-24】 使用 DictWriter 对象写入 CSV 文件。

使用 DictWriter 对象，向 CSV 文件末尾增加数据内容如下。

```
rows=[{'学号':'100001','姓名':'小鱼','性别':'男','班级':'1 班','语文':'72','数学':'82','英语':'85'},{'学号':
'100002','姓名':'小高','性别':'女','班级':'6 班','语文': '74', '数学': '88', '英语': '85'}]
```

列表元素由字典构成，用键值对信息记载各学生成绩数据。以键作为标题字段。

【程序代码】

```
import csv
headers = ['学号','姓名','性别','班级','语文','数学','英语']
rows = [{'学号':'100008','姓名':'小鱼','性别':'男','班级':'1 班','语文':'72','数学':'82','英语':'85'},{'学号':
'100009','姓名':'小高','性别':'女','班级':'6 班','语文': '74', '数学': '88', '英语': '85'}]
with open(r'D:\scores.csv','a+',newline='') as f:
    f_csv = csv.DictWriter(f,headers)
    f_csv.writerows(rows)
```

【运行结果】 增加两行成绩数据后的 CSV 文件如图 7-5 所示。

学号	姓名	性别	班级	语文	数学	英语
100001	小雨	女	1班	72	85	87
100002	小雪	女	2班	67	87	77
100003	小宇	男	3班	88	78	78
100004	小天	男	1班	76	87	84
100005	小军	男	3班	79	86	83
100006	小江	男	1班	77	79	80
100007	小美	女	4班	77	88	80
100008	小鱼	男	1班	72	82	85
100009	小高	女	6班	74	88	85

图 7-5 增加两行成绩数据后的 CSV 文件

7.9 应用实例

7.9.1 创建包含 IP 地址的文件

生成一个大文件 ips.txt，要求产生 200 行数据，每行数据为 172.25.254.0～244 段的随机 IP 地址。

【问题分析】

1）以可读写方式打开文件；

2）要产生 200 行数据，采用循环实现；

3）要求 IP 地址随机，可采用 random 库的 randint()函数实现；

4）将 IP 地址逐行写入文件。

【程序代码】

```
import random
f=open('ips.txt','w+')
for i in range(200):
    f.write('172.25.254.'+str(random.randint(0,244))+'\n')
f.close()
```

【运行结果】生成的随机 IP 地址文件如图 7-6 所示。

```
ips - 记事本
文件(F) 编辑(E) 格式(O) 查看(V) 帮助(H)
172.25.254.23
172.25.254.213
172.25.254.71
172.25.254.4
172.25.254.186
172.25.254.80
172.25.254.241
172.25.254.28
172.25.254.146
172.25.254.237
172.25.254.32
172.25.254.47
172.25.254.134
172.25.254.184
172.25.254.105
172.25.254.150
172.25.254.134
```

图 7-6　生成的随机 IP 地址文件截图

7.9.2　超市销售额统计

7.9.2　超市销售额统计

已知文件 a.csv 中记录了某超市 1 天的营业额，现在要求编程，统计每个员工的销售总额，以及每个柜台的销售总额，如图 7-7 所示。

```
a.csv - 记事本
文件(F) 编辑(E) 格式(O) 查看(V) 帮助(H)
工号,姓名,日期,交易额,柜台
1001,张三,20190301,2000,化妆品
1002,李四,20190301,1800,化妆品
1003,王五,20190301,800,食品
1004,赵六,20190301,1100,食品
1005,周七,20190301,600,日用品
1006,钱八,20190301,700,日用品
1006,张三,20190301,850,蔬菜水果
1001,张三,20190301,600,蔬菜水果
1001,张三,20190301,1300,化妆品
1002,李四,20190301,1500,化妆品
1003,王五,20190301,1000,食品
1004,赵六,20190301,1050,食品
1005,周七,20190301,580,日用品
1006,钱八,20190301,720,日用品
1002,李四,20190301,680,蔬菜水果
1003,王五,20190301,830,蔬菜水果
第 13 行，第 24 列　100%　Windows (CRLF)　ANSI
```

图 7-7　超市销售额 CSV 文件内容

【问题分析】

首先，读取 CSV 格式文件中的二维数据。然后，汇总同一个员工的销售记录用于统计销售总额。

实现思路：

1）将 CSV 格式二维数据读入二维列表 ls；

2）下标方式遍历二维列表，用字典统计员工销售总额，字典键值对为“姓名：销售总额”；

3）遍历字典，输出各员工的销售总额。

【程序代码】

```
f=open("d:\\a.csv","r",encoding="utf-8")
d={}
ls=[]
for line in f:
        lt=line.strip("\n").split(",")
        ls.append(lt)
for i in range(1,len(ls)):
        d[ls[i][1]]=d.get(ls[i][1],0)+int(ls[i][3])
for item in d:
        print("{}:{}".format(item,d[item]))
f.close()
```

【运行结果】

```
李四:3980
周七:1180
赵六:2150
王五:2630
钱八:1420
张三:4750
>>>
```

进一步，如何统计各柜台的销售总额呢？留待读者自行完成。

7.9.3 综合成绩统计

已知文件 score.csv 中记录了某个班级学生的语、数、外三门课程的成绩，如图 7-8 所示。现在要求编程，统计每个学生的综合成绩，并保存到 target.csv 中。

【问题分析】

需要逐行遍历源数据文件，将语、数、外成绩求和。

实现思路：

1）将 CSV 格式二维数据读入二维列表 ls；

2）逐行遍历二维列表 ls，统计语、数、外成绩总和，并存入目标二维列表 lt；

3）将目标二维列表 lt 写入 target.csv。

【程序代码】

```
f1=open("d:\\score.csv","r",encoding="utf-8")
f2=open("d:\\target.csv","w")
ls=[]    #ls 存放三门课程的成绩
```

```
lt=[]    #lt 存放总成绩
for line in f1:     #将 score.csv 数据放入二维列表 ls
    ls.append(line.strip("\n").split(","))
for row in ls:     #将二维列表 ls 中的数据处理到二维列表 lt 中
    s=int(row[2])+int(row[3])+int(row[4])
    lt.append([row[0],row[1],str(s)])
for row in lt:     #将二维列表 lt 中的数据写入到 target.csv 文件中
    f2.write(",".join(row)+"\n")
f1.close()
f2.close()
```

【运行结果】学生总成绩 target.csv 文件内容如图 7-9 所示。

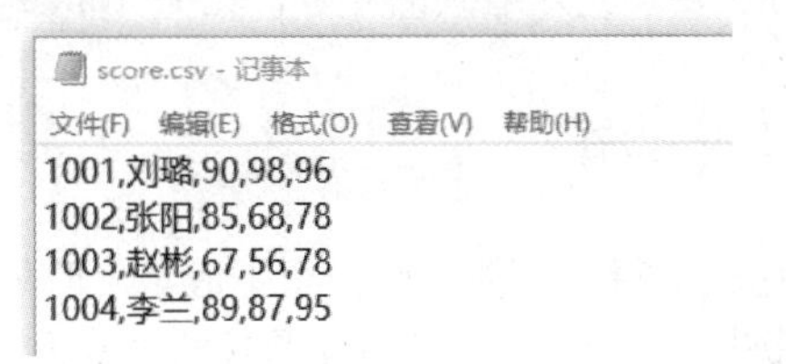
score.csv - 记事本
文件(F) 编辑(E) 格式(O) 查看(V) 帮助(H)
1001,刘璐,90,98,96
1002,张阳,85,68,78
1003,赵彬,67,56,78
1004,李兰,89,87,95

图 7-8　学生成绩 score.csv 文件内容

target.csv - 记事本
文件(F) 编辑(E) 格式(O) 查看(V) 帮助(H)
1001,刘璐,284
1002,张阳,231
1003,赵彬,201
1004,李兰,271

图 7-9　学生总成绩 target.csv 文件内容

进一步，如何统计各科总成绩呢？留待读者自行完成。

7.9.4　读取 CSV 文件指定列的内容

现有 CSV 数据文件 test.csv，使用 Excel 方式打开，文件内容如图 7-10 所示。

	A	B	C	D
1	No.	Name	Age	Score
2	1	mayi	18	99
3	2	jack	21	89
4	3	tom	25	95
5	4	rain	19	80

图 7-10　test.csv 数据文件

记事本方式打开 test.csv，文件内容如下。

```
No.,Name,Age,Score
1,mayi,18,99
2,jack,21,89
3,tom,25,95
4,rain,19,80
```

读取 test.csv 文件指定列的内容。要想像操作 Excel 一样提取文件中的一列（即一个字段），可以利用 Python 自带的 csv 模块，有两种方法可以实现，第一种方法使用 reader 函数，第二种方法是使用 DictReader 方法。

1）使用 reader 函数读取数据文件 test.csv 指定列的内容。

【问题分析】

使用 reader 函数，接收一个可迭代的对象（比如 CSV 文件），它能返回一个生成器，这样就可以从其中解析出 CSV 文件的内容，要提取其中某一列，可以用下面的代码。

【程序代码】

```
import csv
#读取第二列的内容
with open("test.csv", "r", encoding = "utf-8") as f:
    reader = csv.reader(f)
    column = [row[1] for row in reader]
print(column)
```

【运行结果】

```
['Name', 'mayi', 'jack', 'tom', 'rain']
```

注意从 CSV 文件中读出的都是 str 类型。这种方法要事先知道列的序号，比如 Name 在第 2 列，而不能根据'Name'这个标题查询。

2）使用 DictReader 方法读取数据文件 test.csv 指定列的内容。

【问题分析】

和 reader 函数类似，DictReader 方法接收一个可迭代的对象，能返回一个生成器，但是返回的每一个单元格都放在一个字典的值内，而这个字典的键则是这个单元格的标题（即列头）。如果想用 DictReader 读取 CSV 文件的某一列，就可以用列的标题查询。

【程序代码】

```
import csv
#读取 Name 列的内容
with open("test.csv", "r", encoding = "utf-8") as f:
    reader = csv.DictReader(f)
    column = [row['Name'] for row in reader]
print(column)
```

【运行结果】

```
['mayi', 'jack', 'tom', 'rain']
```

7.10 习题

1．假设有一个英文文本文件，编写一个程序读取其内容并将里面的大写字母变成小写字母，小写字母变成大写字母，输出到原文件。

2．《鹿鼎记》是金庸的重要武侠作品之一，这里给出一个《鹿鼎记》的网络版本（仅供学习参考之用，不得用于商业用途），文件名为“鹿鼎记-网络版.txt”。

基础中文字符的 Unicode 编码范围是[0x4e00,0x9fa5]，请统计给定文本中存在多少该范围内的基础中文字符以及每个字符的出现次数。以如下模式（CSV 格式）保存在“鹿鼎记-字符统计.txt”文件中。

```
鹿(0x9e7f):888, 鼎(0x9f0e):666, 记(0x8bb0):111
```

示例输出中，括号内是对应字符的十六进制 Unicode 编码形式，冒号后是出现的次数，逗号两侧无空格。

3．下面是一个传感器采集数据文件 sensor.txt 的一部分。

```
2018-02-28 01:03:16 19.3024 38.4629 45.08 2.68742
2018-02-28 01:03:17 19.1652 38.8039 45.08 2.68742
2018-02-28 01:03:18 19.175   38.8379 45.08 2.69964
……
```

分别表示日期、时间、温度、湿度、光照和电压。其中温度处于第 3 列。

编写程序，统计并输出温度部分的平均值，保留小数点后两位。

4．下面是一个班级“Python 程序设计”课程的成绩数据文件 score.csv 的一部分。

```
学号,姓名,平时成绩,期末成绩
100001,小雨,72,85
100002,小雪,67,87
100003,小宇,88,78
100004,小天,76,87
100005,小军,79,86
```

现在要求按照：综合成绩=平时成绩*40%+期末成绩*60%，来计算该门课程的综合成绩，保留 1 位小数，并存入 scored.csv 文件中。

5．csv 模块读写数据文件。

下面是一个传感器采集数据文件 sensor1.txt 的一部分。

```
date,time,temperature,humidity,brighten,voltage
2018-02-28，01:03:16，19.3024，38.4629，45.08，2.68742
2018-02-28，01:03:17，19.1652，38.8039，45.08，2.68742
2018-02-28，01:03:18，19.175，  38.8379，45.08，2.69964
……
```

分别表示日期、时间、温度、湿度、光照和电压。

题目要求：

1）读取 sensor1.csv 文件。

2）添加一行新的数据：

```
['2018-02-28'，'01:03:20'，'19.450'，'38.9593'，'45.00'，'2.6990']
```

编写程序，通过标题字段分别统计并输出温度、湿度的平均值，保留小数点后两位。

第 8 章　Python 常用标准库

Python 的标准库是随着 Python 安装时默认自带的库，是日常应用比较广泛的模块。本章将介绍常用的一些标准库，包括数据序列化操作的 pickle 库，生成随机数的 random 库，以及用于绘图的 turtle 库。

【学习要点】

1．pickle 库序列化、反序列化函数。

2．random 库的相关函数。

3．turtle 库的相关函数。

8.1　pickle 库

Python 程序运行中会得到一些字符串、列表、字典等数据，想要将这些数据长久保存下来，方便以后使用，就需要使用 pickle 库，它可以将对象转换为一种可以传输或存储的格式。

pickle 库是 Python 的一个标准库，使用前需要导入该模块。

```
import pickle
```

pickle 库的相关函数见表 8-1。

表 8-1　pickle 库的相关函数

函数	功能
dump(obj,file)	将要持久化的数据对象 obj，保存到文件 file 中
load(file)	将文件 file 中的对象反序列化读出
dumps(obj)	将数据对象 obj 序列化为字符串类型（string），而不是存入文件中
loads(string)	从字符串 string 中读出序列化前的对象

8.1.1　文件数据序列化操作

1．pickle 序列化对象到文件

pickle 模块将任意一个 Python 对象转换成一系列字节，保存到文件中的操作过程，称作序列化对象。

函数：pickle.dump(obj, file)

作用：将要持久化的数据对象 obj 保存到文件 file 中。

【例 8-1】 生成 4 种花色、52 张扑克牌的列表，使用 pickle 序列化，将列表保存到文件 D:\cards.dat 中。

【问题分析】

首先导入 pickle 库，列表 a 的内容为扑克牌的点数，列表 b 的内容为扑克牌花色：黑桃、红桃、梅花、方块。通过[x+y for x in a for y in b]生成 52 张不同点数、不同花色的扑克牌列表 ls。以二进制写的方式打开文件 D:\cards.dat，调用 pickle.dump(ls,f)函数，将列表数据以字节方式写入文件保存。

【程序代码】

```
import pickle
a=['2','3','4','5','6','7','8','9','10','J','Q','K','A']
b=['♠', '♥', '♣', '♦']
ls=[x+y for x in a for y in b]
f=open("D:\\cards.dat","wb")
pickle.dump(ls,f)
f.close()
```

2．pickle 从文件反序列化对象

将文件中的对象反序列化读出。

函数：pickle.load(file)

作用：从文件 file 中读取字符串，将它们反序列化，转换为 Python 的数据对象，这样就可以用操作数据类型的方法来操作它们。

【例 8-2】 读入包含 4 种花色、52 张扑克牌数据的文件 D:\cards.dat，并输出。

【问题分析】

首先导入 pickle 库，以二进制读的方式打开文件 D:\cards.dat。调用 pickle.load(f)函数，读入文件数据（字节形式）到 Python 对象 b，此刻 b 是 Python 的列表对象，输出该列表。

【程序代码】

```
import pickle
f=open("D:\cards.dat","rb")
b=pickle.load(f)
print(b)
f.close()
```

【运行结果】

```
['2♠', '2♥', '2♣', '2♦', '3♠', '3♥', '3♣', '3♦', '4♠', '4♥', '4♣', '4♦', '5♠', '5♥', '5♣', '5♦', '6♠', '6♥', '6♣', '6♦', '7♠', '7♥', '7♣', '7♦', '8♠', '8♥', '8♣', '8♦', '9♠', '9♥', '9♣', '9♦', '10♠', '10♥', '10♣', '10♦', 'J♠', 'J♥', 'J♣', 'J♦', 'Q♠', 'Q♥', 'Q♣', 'Q♦', 'K♠', 'K♥', 'K♣', 'K♦', 'A♠', 'A♥', 'A♣', 'A♦']
```

8.1.2　字符串数据序列化操作

1．pickle 序列化对象到字符串

函数：pickle.dumps(obj)

作用：将数据对象 obj 序列化为字符串类型（string），而不是存入文件中。

2．pickle 从字符串反序列化对象

函数：pickle.loads(string)

作用：从字符串 string 中读出序列化前的对象。

【例 8-3】 将内容为中国各省份及省会映射的字典，使用 pickle 序列化对象到字符串；再从字符串反序列化读出该字典数据，并输出。

【问题分析】

导入 pickle 模块，字典 d 记录了中国的所有省份及省会信息。执行 s=pickle.dumps(d)，pickle 将字典 d 序列化为字符串 s；执行 d1=pickle.loads(s)，pickle 再从字符串 s 反序列化到字典对象 d1，并输出。

【程序代码】

```
import pickle
d={'山东':'济南','河北':'石家庄','吉林':'长春','黑龙江':'哈尔滨','辽宁':'沈阳','内蒙\
古':'呼和浩特','新疆':'乌鲁木齐', '甘肃':'兰州','宁夏':'银川','山西':'太原','陕西':'西\
安','河南':'郑州','安徽':'合肥','江苏':'南京','浙江':'杭州','福建':'福州','广东':'广州',\
'江西':'南昌','海南':'海口','广西':'南宁','贵州':'贵阳','湖南':'长沙','湖北':'武汉','四川':'\
成都','云南':'昆明','西藏':'拉萨','青海':'西宁','天津':'天津','上海':'上海','重庆':'重庆','\
北京':'北京','台湾':'台北','香港':'香港','澳门':'澳门'}
s=pickle.dumps(d)
d1=pickle.loads(s)
print("序列化:",s)
print("反序列化:",d1)
```

【运行结果】

```
序列化：b'\x80\x03}q\x00(X\x06\x00\x00\x00\xe8\xa5\xbf\xe8\x97\x8fq\x01X\x06\x00\x00\x00\xe6\x8b\x89\xe8\x90\xa8q\x02X\x06\x00\x00\x00\xe6\xb9\x96\xe5\x8d\x97q\x03X\x06\x00\x00\x00\xe9\x95\xbf\xe6\xb2\x99q\x04X\x06\x00\x00\x00\xe5\xa4\xa9\xe6\xb4\xa5q\x05h\x05X\x06\x00\x00\x00\....'
反序列化: {'内蒙古': '呼和浩特', '西藏': '拉萨', '湖南': '长沙', '天津': '天津', '辽宁': '沈阳', '甘肃': '兰州', '江苏': '南京', '福建': '福州', '江西': '南昌', '黑龙江': '哈尔滨', '新疆': '乌鲁木齐', '贵州': '贵阳', '台湾': '台北', '陕西': '西安', '广西': '南宁', '海南': '海口', '河北': '石家庄', '河南': '郑州', '山西': '太原', '湖北': '武汉', '香港': '香港', '重庆': '重庆', '北京': '北京', '青海': '西宁', '云南': '昆明', '四川': '成都', '上海': '上海', '安徽': '合肥', '吉林': '长春', '山东': '济南', '广东': '广州', '浙江': '杭州', '宁夏': '银川', '澳门': '澳门'}
```

8.2　turtle 库

8.2　turtle 库

Python 使用标准库 turtle 库实现绘图功能，导入 turtle 库。

```
import turtle
```

turtle 的中文意思是小海龟，可以把绘图想象为小海龟在画布上爬行的路径。

1．设置画布

函数：setup(width,height,startx,starty)。

作用：设置画布的大小和位置。

参数说明如下。

width：设置画布的宽度。整数，表示像素值；小数，表示与屏幕的比例；

height：设置画布的高度。整数，表示像素值；小数，表示与屏幕的比例；

startx：设置画布左侧与屏幕左侧的像素距离，默认画布在屏幕水平中央；

starty：设置画布顶部与屏幕顶部的像素距离，默认画布在屏幕垂直中央；

例如：设置一个宽 600 像素、高 400 像素的画布，位于屏幕中央。

【程序代码】

```
import turtle
turtle.setup(600,400)
```

【运行结果】宽 600 像素、高 400 像素的画布如图 8-1 所示。

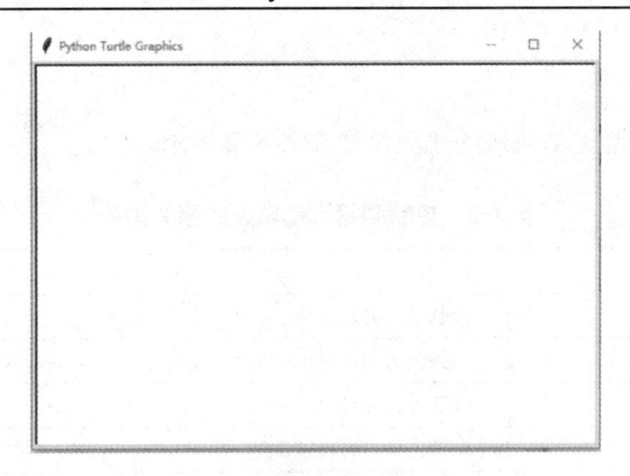

图 8-1　600×400 像素的画布

2. 绘图坐标体系

绘图时，首先要清楚 turtle 库的角度坐标体系，如图 8-2 所示。

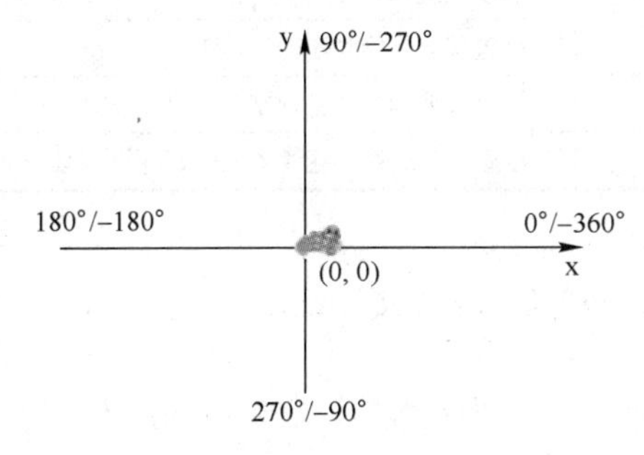

图 8-2　turtle 库的角度坐标体系

如图所示，turtle 画笔的起始位置为坐标轴的原点(0,0)，也就是画布的中心位置。画笔的形状箭头，仿佛是一只小海龟，初始方向 0°，是 x 轴的正方向。

角度坐标中，按照逆时针方向，角度依次沿着 0°、90°、180°、270°、360°进行变化；按照顺时针方向，角度依次沿着 0°、-90°、-180°、-270°、-360°进行变化。这种角度称为绝对角度，通常在设置小海龟的朝向时，要参考绝对角度。

【例 8-4】 在画布中央绘制一朵五瓣花，如图 8-3 所示。

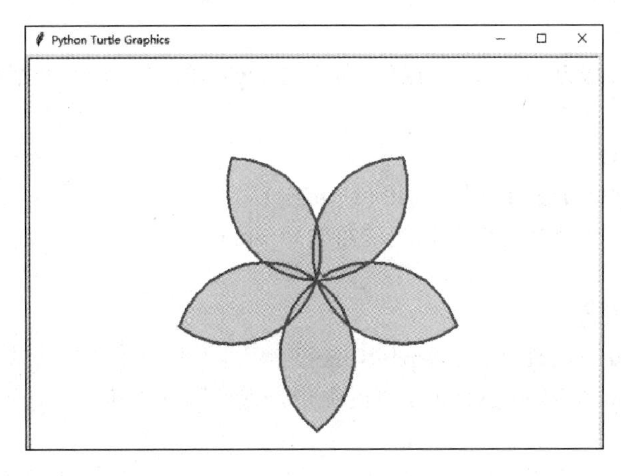

图 8-3　五瓣花

8.2.1　画笔运动函数

绘图过程中，控制画笔运动轨迹的相关函数如表 8-2 所示。

表 8-2　控制画笔运动轨迹的相关函数

方法	功能
forward()	沿画笔方向前进指定距离，简写 fd()
backward()	沿画笔方向后退指定距离，简写 bk()
left()	画笔方向左转指定角度
right()	画笔方向右转指定角度
setheading()	设置画笔方向绝对角度，简写 seth()
circle(radius,extent=None,steps=None)	绘制一个指定半径为 radius 和角度为 extent 的圆或圆弧
setx(x)	修改画笔横坐标到 x
sety(y)	修改画笔纵坐标到 y
goto(x,y)	画笔移动到绝对坐标(x,y)处
home()	设置当前画笔位置为原点，朝向 x 轴正方向
speed(s)	设置画笔的绘制速度 s，参数 s 在 0～10 之间

● 函数：forward(distance)，别名 fd(distance)。

作用：小海龟向当前行进方向前进 distance 距离。

参数说明如下。

distance：行进距离的像素值。当值为负数时，表示向相反方向运动。

● 函数：backward(distance)，别名 bk(distance)。

作用：小海龟向当前行进方向的反方向，运动 distance 距离。

参数说明如下。

distance：行进距离的像素值。当值为负数时，表示向前进方向运动。

● 函数：left(angle)。

作用：小海龟改变行进方向，转向当前方向左侧 angle 角度，angle 是相对角度值。

参数说明如下。

angle：角度的整数值。

● 函数：right(angle)。

作用：小海龟改变行进方向，转向当前方向右侧 angle 角度，angle 是相对角度值。

参数说明如下。

angle：角度的整数值。

● 函数：setheading(to_angle)，别名 seth(to_angle)。

作用：设置小海龟向当前行进方向为绝对角度 to_angle。

参数说明如下。

to_angle：角度的整数值。

● 函数：circle(radius,extent=None,steps=None)。

作用：根据半径 radius，绘制 extent 角度的弧形，或者圆的内接正多边形，边数为 steps。

参数说明如下。

radius：弧形半径。当值为正数时，半径在小海龟的左侧，当值为负数时，半径在小海龟的右侧。

extent：绘制弧形的角度。当不给出该参数时，绘制整个圆形。

steps：圆的内接正多边形的边数。

● 函数：setx(x)。

作用：修改画笔的横坐标到 x，纵坐标不变。

参数说明如下。

x：画布横坐标的一个值。

● 函数：sety(y)。

作用：修改画笔的纵坐标到 y，横坐标不变。

参数说明如下。

y：画布纵坐标的一个值。

● 函数：goto(x,y)。

作用：移动画笔到画布中的坐标位置(x,y)处。

参数说明如下。

x：画布特定位置的横坐标。

y：画布特定位置的纵坐标。

● 函数：home()。

作用：移动画笔到坐标原点，画笔方向为初始方向。

参数：无。

● 函数：speed(s)

作用：设置画笔的绘制速度。

参数说明如下。

s：速度的设定值，0～10 之间。0 表示速度最快；不设置，速度最慢。

观察五瓣花图形，需要构思，如何绘制出这 5 片弧形花瓣，且每片花瓣都是对称的？

要绘制弧形花瓣，首先使用 circle()函数来绘制半径是 100 像素的圆形。

【程序代码】

```
import turtle
turtle.circle(100)
```

执行上述代码，绘制出一幅以原点(0,0)为起始点，半径为 100 像素，逆时针旋转，与 x 轴相切的圆，如图 8-4 所示。

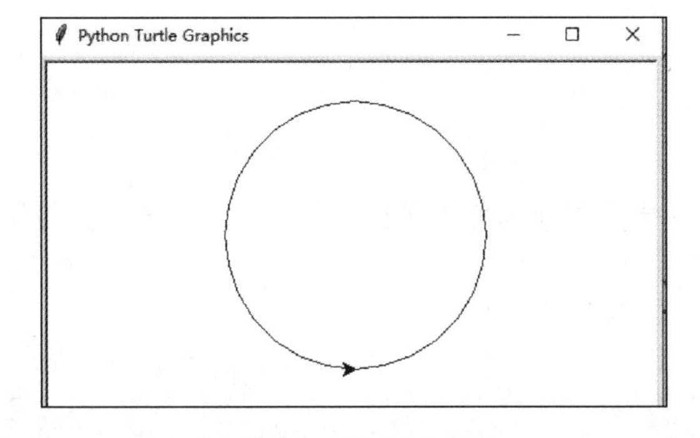

图 8-4　绘制圆形

分析一下，五个瓣花中的一个花瓣，可以看作是由一段 108° 的圆弧对称形成，如图 8-5 所示。

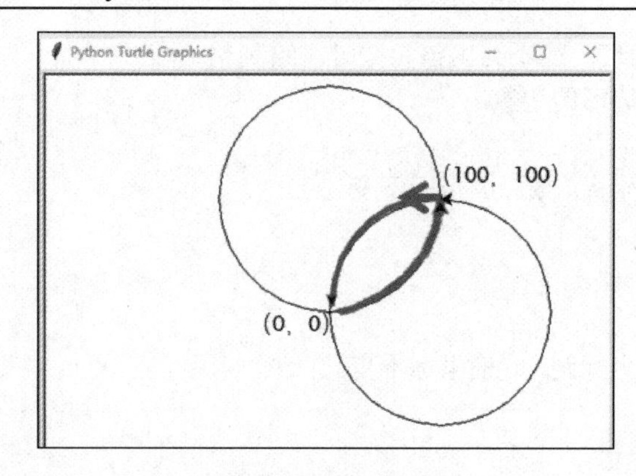

图 8-5 构成花瓣

下面，以初始角度 0°，开始**绘制一侧花瓣**，半径 100 像素，108°的圆弧。

【程序代码】

```
import turtle
turtle.seth(0)
turtle.circle(100,108)
```

turtle.seth(0)，初始设置小海龟的朝向 0°，就是 x 轴的正方向。执行 turtle.circle(100,108)，逆时针旋转，绘制一侧花瓣图形。此刻，小海龟的朝向是绝对角度 108°。

【运行结果】绘制一侧花瓣如图 8-6 所示。

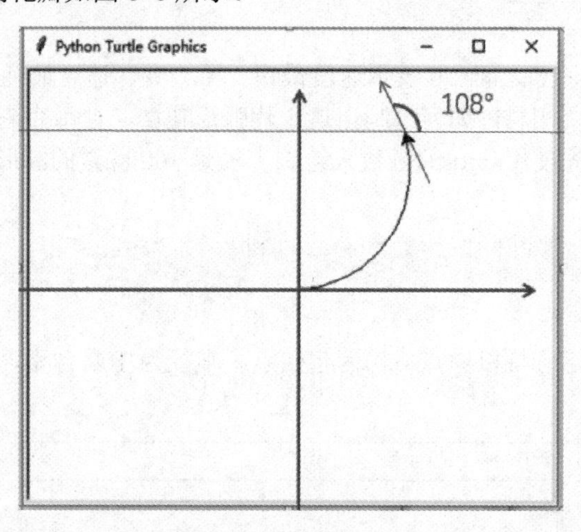

图 8-6 绘制一侧花瓣

绘制对称花瓣，首先需要**调整小海龟的朝向**。使得小海龟的朝向是绝对角度 180°，这样才方便小海龟在当前位置，逆时针绘制对称的圆弧。

【程序代码】

```
import turtle
turtle.seth(0)
turtle.circle(100,108)
turtle.left(72)
```

【运行结果】调整花瓣朝向如图 8-7 所示。

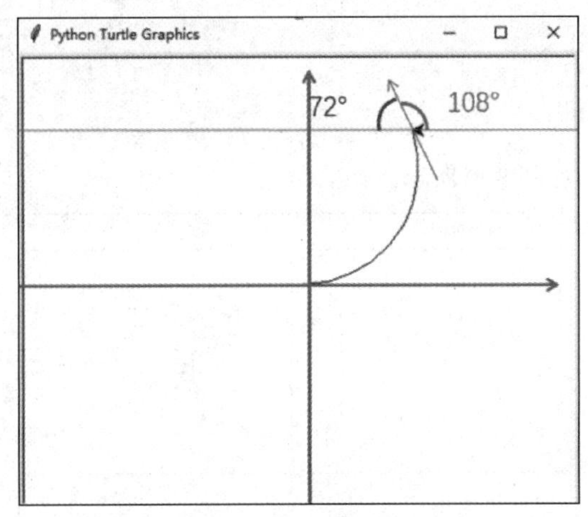

图 8-7　调整花瓣朝向

调整好小海龟的朝向后，**再绘制对称的花瓣弧形**，使得小海龟又回到原点。这样一个完整的花瓣绘制结束。

【程序代码】

```
import turtle
turtle.seth(0)
turtle.circle(100,108)
turtle.left(72)
turtle.circle(100,108)
```

【运行结果】绘制对称花瓣如图 8-8 所示。

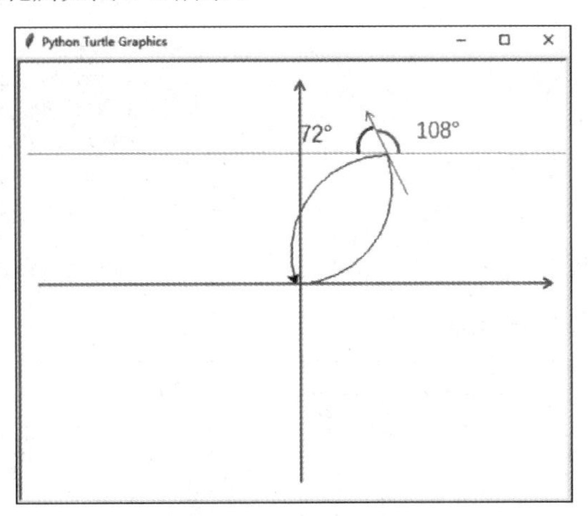

图 8-8　绘制对称花瓣

下面继续**绘制第二个花瓣**，调整为绝对角度 72°，继续绘制一个花瓣。

【程序代码】

```
import turtle
turtle.seth(0)
turtle.circle(100,108)
turtle.left(72)
turtle.circle(100,108)
turtle.seth(72)
```

```
turtle.circle(100,108)
turtle.left(72)
turtle.circle(100,108)
```

得到的两个花瓣图形，如图 8-9 所示。

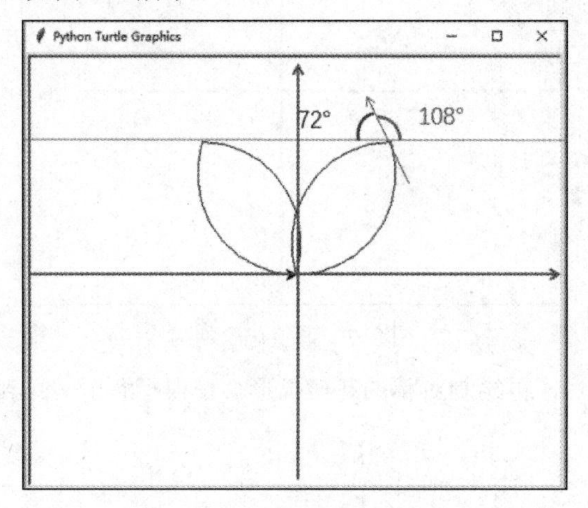

图 8-9　绘制第二个花瓣

为什么要调整绝对角度，将它由 0° 变为 72° 呢？因为一个五瓣花，相邻花瓣之间旋转的角度是 360°/5=72°。所以五瓣花，在绘制每个花瓣时，小海龟的绝对角度是以 72° 的递增幅度变化的。

因此，**完整绘制五瓣花**，可以通过循环实现。在循环体内调整小海龟的绝对角度，再绘制一个花瓣。循环 5 次，一朵五瓣花就绘制完成了。

【程序代码】

```
import turtle
for i in range(5):
    turtle.seth(72*i)
    turtle.circle(100,108)
    turtle.left(72)
    turtle.circle(100,108)
```

绘制的五瓣图形，如图 8-10 所示。

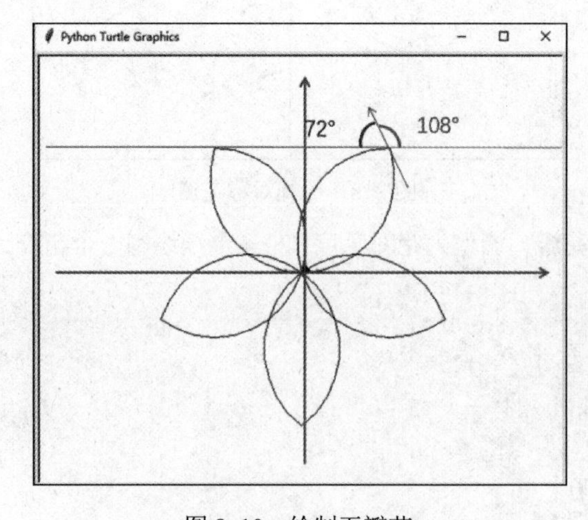

图 8-10　绘制五瓣花

在绘制的过程中，要注意调整小海龟的朝向。

8.2.2　画笔状态函数

当前完成的五瓣花，是没有颜色填充效果的。可以通过调整画笔的状态属性，对图形进行修饰。画笔状态函数如表 8-3 所示。

表 8-3　画笔状态函数

函数	功能
pensize(width)	设置画笔线条的粗细
pencolor()	设置画笔的颜色
fillcolor()	设置填充颜色
color()	同时设置画笔颜色和填充颜色
begin_fill()	开始填充图形
end_fill()	结束填充图形
pendown()	放下画笔，简写 pd()
penup()	提起画笔，简写 pu()
hideturtle()	隐藏画笔的 turtle 形状
showturtle()	显示画笔的 turtle 形状
write(str,font=None)	根据设置的字体（font），将字符串显示在画布上

- 函数：pensize(width)。

作用：设置画笔的宽度为 width 像素。

参数说明如下。

width：画笔线条宽度，像素值。

- 函数：pencolor(colorstring)或者 pencolor((r,g,b))。

作用：设置画笔的颜色。

参数说明如下。

colorstring：表示颜色的字符串，比如“red”“blue”等。

(r,g,b)：颜色对应的 RGB 的 0～1 数值。例如（0.65，0.65，1）。

- 函数：fillcolor(colorstring)，或者 fillcolor((r,g,b))。

作用：设置填充的颜色。

参数说明如下。

colorstring：表示颜色的字符串，比如“red”“blue”等。

(r,g,b)：颜色对应的 RGB 的 0～1 数值。例如（0.65，0.65，1）。

- 函数：color(colorstring1,colorstring2)，或者 color((r1,g1,b1),(r2,g2,b2))。

作用：同时设置画笔的颜色和背景颜色。

参数说明如下。

colorstring：表示颜色的字符串，比如“red”“blue”等。

(r,g,b)：颜色对应的 RGB 的 0～1 数值。例如（0.65，0.65，1）。

- 函数：begin_fill()。

作用：开始区域填充色彩。

参数：无。

- 函数：end_fill()。

作用：结束区域填充色彩。

参数：无。

● 函数：pendown()，简写为 pd()。

作用：放下画笔，之后，移动画笔将绘制形状。

参数：无。

● 函数：penup()简写为 pu()。

作用：提起画笔，之后，移动画笔不再绘制形状。

参数：无。

● 函数：hideturtle()。

作用：隐藏画笔的 turtle 形状。

参数：无。

● 函数：showturtle()。

作用：显示画笔的 turtle 形状。

参数：无。

● 函数：write(str,font=None)。

作用：根据设置的字体（font），将字符串（str）显示在画布上。

参数说明如下。

str：拟输出的字符串。

font：字体名称、字体大小、字体类型构成的元组。

【例 8-5】 对图 8-10 所示的五瓣花进行修饰：采用红色线条描绘，黄色填充。

【程序代码】

```
import turtle
turtle.pensize(3)                #设置画笔粗细为 3 像素
turtle.pencolor("red")           #设置画笔颜色为红色
turtle.fillcolor("yellow")       #设置填充颜色为黄色
turtle.begin_fill()              #开始填充图形
for i in range(5):               #绘制一朵五瓣花
    turtle.seth(72*i)
    turtle.circle(100,108)
    turtle.left(72)
    turtle.circle(100,108)
turtle.end_fill()                #结束填充图形
```

【运行结果】绘制并修饰过的五瓣花如图 8-11 所示。

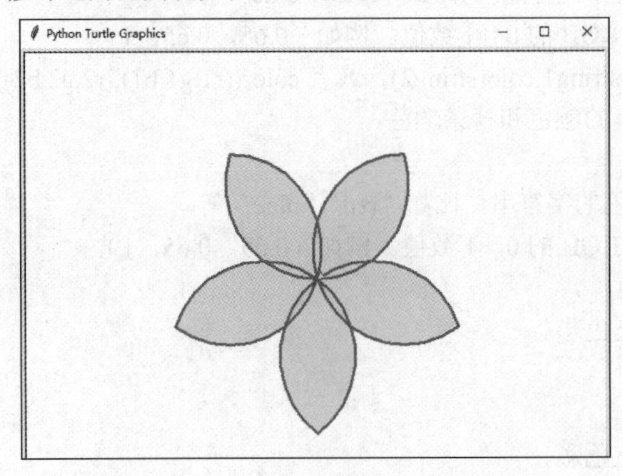

图 8-11　绘制并修饰过的五瓣花

8.3　random 库

Python 中的 random 库主要用于产生随机数，使用时需要导入库。

```
import random
```

从概率论角度看，随机数是随机产生的数据，计算机采用梅森旋转算法生成随机序列元素。random 库的相关函数如表 8-4 所示。

表 8-4　random 库的相关函数

函数	功能
seed()	设置随机数种子，可以在调用其他随机函数之前使用
random()	生成一个[0.0, 1.0)之间的随机小数
randint(a, b)	生成一个[a,b]之间的整数
randrange(m, n[, k])	生成一个[m, n)之间的、以 k 为步长的随机整数
uniform(a, b)	生成一个[a, b]之间的随机小数
choice(seq)	从序列类型中随机选择一个元素返回
shuffle(seq)	将序列元素次序随机打乱
sample(pop,k)	从序列中随机取出 k 个元素，组成新的列表

- 函数：seed(a=None)。

作用：为随机数序列确定种子，参数 a 就是种子。

参数说明如下。

a：随机数种子，是一个整数，或浮点数。缺省时是当前系统时间。只要种子相同，产生的随机数序列也相同。

例如：

```
>>>import random
>>>random.seed(100)
>>>random.random()
0.1456692551041303
>>>random.random()
0.45492700451402135
>>>random.seed(100)
>>>random.random()
0.1456692551041303
>>>random.random()
0.45492700451402135
```

random.seed(100)，设定种子后，第一次 random()函数生成的随机数序列与第二次生成的随机数序列是相同的。可见，seed()函数是伪随机序列的一种应用：序列可以重复地生产和复制，同时又具备随机序列的随机特性。

- 函数：random()。

作用：生成[0.0,1.0) 之间的随机小数。注意，不包含 1.0。

参数：无。

- 函数：randint(a,b)。

作用：生成[a,b]之间的随机整数。

参数：a、b 都是整数。

- 函数：randrange(m,n[,k])。

作用：生成一个[m,n)之间以 k 为步长的随机整数。

参数说明如下。

m：开始值，包含在范围内。

n：结束值，不包含在范围内。

k：步长，递增基数。

例如：

```
>>>random.randrange(10,20,2)
12
>>>random.randrange(10,20,2)
16
```

- 函数：uniform(a,b)。

作用：生成[a,b]之间的随机小数。

参数：a、b 是整数或浮点数。

例如：

```
>>>import random
>>>random.random()
0.48614923936820276
>>>random.randint(6,10)
6
>>>random.uniform(4,6)
5.739520964102294
```

- 函数：choice(seq)。

作用：从序列 seq 中随机选择一个元素，序列类型包括列表、元组、字符串。

参数说明如下。

seq：一个序列类型变量。

- 函数：shuffle(seq)。

作用：将序列元素随机排列，返回打乱次序的序列。由于打乱次序后，对原有列表进行了改动，所以该函数不能作用于不可变序列，主要应用于列表。

参数：seq 是一个列表变量。

- 函数：sample(pop,k)。

作用：从 pop 表示的组合数据类型中随机选取 k 个元素，以列表类型返回。注意：pop 中所含元素的个数不少于 k 个。

参数说明如下。

pop：一个组合数据类型，如集合、列表、元组、字符串等。

k：一个整数。

例如：

```
>>>ls=[1,2,3,4,5]
>>>random.choice(ls)
```

```
4
>>>random.shuffle(ls)
>>>ls
[1, 4, 5, 2, 3]
>>>random.sample(ls,3)
[1, 2, 5]
>>>random.sample(("hello","hi","Jack","White","Lucy"),3)
['hi', 'Jack', 'hello']
>>>
```

【例 8-6】 应用 random 库函数，随机生成 4 位验证码，验证码由数字字符或字母组成。查阅 ASCII 码表，发现字母 A～Z 的 ASCII 码值在 65～90，字母 a～z 的 ASCII 码值在 97～122。

【问题分析】

首先，生成数字和字母混合的字符串 s，然后调用 random.sample(s,4)，从中随机选择 4 个字符生成列表，再用空串进行连接，形成 4 位验证码。

【程序代码】

```
import random
s="0123456789"
for i in range(65,91):
    s=s+chr(i)
for i in range(97,123):
    s=s+chr(i)
ls=random.sample(s,4)
print("".join(ls))
```

【运行结果】

```
pWrv
>>>
```

8.4　应用实例

8.4.1　随机抽取卡牌

从一堆牌中随机抽取 5 张牌。

文件 cards.dat 是一个使用 pickle 保存的二进制文件，其中保存了 52 张牌。现要求从这堆牌中随机抽取 5 张牌，并输出。

【问题分析】

解决该任务的思路如下。

1）52 张牌的信息使用 pickle 保存在文件中，需读入并反序列化为列表。

2）使用 random 库的 sample()函数，随机抽取 5 张牌。

综合运用 random 库和 pickle 库中的相关函数，实现代码如下。

【程序代码】

```
import pickle
import random
```

```
f=open("D:\\card.dat","rb")
ls=pickle.load(f)
print(random.sample(ls,5))
f.close()
```

【运行结果】

```
['5♦', '5♥', '8♦', '8♥', '4♥']
>>>
```

8.4.2 省会小测试

编写一段程序，随机抽取 5 个省份，用户输入省会名称。程序需要输出答错的数量，并显示正确的答案。注意：中国所有省份及省会信息都使用 pickle 以字典方式保存在文件 china.dat 中。

【问题分析】

解决该任务的思路如下。

1）省会信息使用 pickle 保存在文件中，需读入并反序列化为字典 d。

2）从字典 d 中随机抽取 5 个省份，保存到字典 d1 中。

3）初始化字典 d2=d1.copy()，记载用户答案信息。

4）将用户答案 d2 与字典 d1 进行比较，统计错误题目数量，并输出正确答案信息。

综合运用 random 库和 pickle 库中的相关函数，实现代码如下。

【程序代码】

```
import random
import pickle
count=0                              #统计错题数量
f=open("D:\\china.dat","rb")
d=pickle.load(f)
d1=dict(random.sample(list(d.items()),5)) #从字典 d 中随机抽取 5 个省份，保存到字典 d1
d2=d1.copy()                         #复制字典 d1 到 d2 中
for i in d2:                         #遍历字典 d2，提出问题，并用 d2 记录回答的答案
    print("{}的省会是哪个城市？".format(i))
    d2[i]=input()
for i in d2:                         #将 d2 与正确答案 d1 内容进行比较，统计答错题数
    if d2[i]!=d1[i]:
        count=count+1
if count>0:                          #若错题数>0，则输出错题内容，并反馈正确答案
    print("你答错了{}个问题".format(count))
    for i in d2:
        if d2[i]!=d1[i]:
            print("{}的省会应该是{}".format(i,d1[i]))
else:               #否则输出：全答对了。
    print("恭喜，你全部答对了！")
f.close()
```

【运行结果】

```
河南的省会是哪个城市？
太原
```

```
内蒙古的省会是哪个城市？
呼和浩特
辽宁的省会是哪个城市？
沈阳
陕西的省会是哪个城市？
西安
新疆的省会是哪个城市？
拉萨
你答错了 2 个问题
河南的省会应该是郑州
新疆的省会应该是乌鲁木齐
>>>
```

8.4.3　发红包小程序

编程实现发 100 元红包的小程序，人数不限，每个红包的金额小于等于 10 元。编写程序，要求每发一个红包，输出一行内容，直到发完为止。例如：第几人，收到几元，剩余几元。

【问题分析】

解决该任务的思路如下。

程序主要采用循环实现，循环体内包括如下。

1）随机生成一个红包金额，可采用随机库的 uniform()函数；

2）若剩余金额>红包金额，则进行发红包处理：更新剩余金额，同时红包数量加 1；

3）若剩余金额<=红包金额，则执行发最后一个红包的处理，终止循环。

运用 random 库相关函数，实现代码如下。

【程序代码】

```
import random
total=100   #红包总金额
count=0      #已发红包数量
while True:
    t=random.uniform(0,10)        #随机生成一个红包金额
    t=round(t,2)
    if total>t:                    #若红包余额大于红包金额，执行发放红包处理
        total=total-t
        count=count+1
        print("第{}人，收到{}元，剩余{}元".format(count,t,round(total,2)))
    else:     #否则，执行发放最后一个红包处理
        print("第{}人，收到{}元，剩余{}元".format(count+1,round(total,2),0))
        break
```

【运行结果】

```
第 1 人，收到 9.0 元，剩余 91.0 元
第 2 人，收到 1.33 元，剩余 89.67 元
第 3 人，收到 3.32 元，剩余 86.35 元
第 4 人，收到 3.95 元，剩余 82.4 元
第 5 人，收到 0.98 元，剩余 81.42 元
第 6 人，收到 8.54 元，剩余 72.88 元
```

```
第 7 人，收到 6.06 元，剩余 66.82 元
第 8 人，收到 3.91 元，剩余 62.91 元
第 9 人，收到 7.26 元，剩余 55.65 元
第 10 人，收到 1.61 元，剩余 54.04 元
第 11 人，收到 8.77 元，剩余 45.27 元
第 12 人，收到 9.77 元，剩余 35.5 元
第 13 人，收到 7.27 元，剩余 28.23 元
第 14 人，收到 1.13 元，剩余 27.1 元
第 15 人，收到 4.01 元，剩余 23.09 元
第 16 人，收到 5.52 元，剩余 17.57 元
第 17 人，收到 8.89 元，剩余 8.68 元
第 18 人，收到 0.86 元，剩余 7.82 元
第 19 人，收到 6.43 元，剩余 1.39 元
第 20 人，收到 1.39 元，剩余 0 元
>>>
```

8.4.4　生成随机密码程序

编写一段程序，生成 10 个 8 位密码。密码字符来源于数字字符及大小写英文字母。要求，生成的密码首字母互不相同。

【问题分析】

解决该任务的思路如下。

1）首先生成密码字符的源字符串；

2）初始化列表 ls=[]，用来记录生成密码的首字符；

3）初始化 count=0，记录已生成密码个数；

4）循环；

5）采用 random 库的 sample()函数，生成一个 8 位密码。

6）若该密码首字符不在列表中，则将该密码首字符添加到列表 ls 中，输出该密码，同时 count=count+1；否则，转到步骤 4)。

7）若 count==10，已生成足够的密码，结束循环。

运用 random 库中的相关函数，实现代码如下。

【程序代码】

```
import random
ls=[]
count=0
s="0123456789"
for i in range(65,91):
    s=s+chr(i)
for i in range(97,123):
    s=s+chr(i)
while True:
    lt=random.sample(s,8)
    p="".join(lt)
    if p[0] not in ls:
        ls.append(p[0])
        print(p)
```

```
        count=count+1
        if count==10:
            break
```

【运行结果】

```
QSD5fRA4
vXzaY9JK
MFybaLBv
RZo2cSxl
HIQZi9bp
ZhQiLqVF
EGviyBK4
toxOrkRY
oxHeaC4R
hUsOaPwl
>>>
```

8.4.5　绘制五彩缤纷的花朵

综合运用 turtle 库和 random 库中的相关函数，绘制 60 朵颜色、大小、位置随机的五彩缤纷的花朵。效果图如图 8-12 所示。

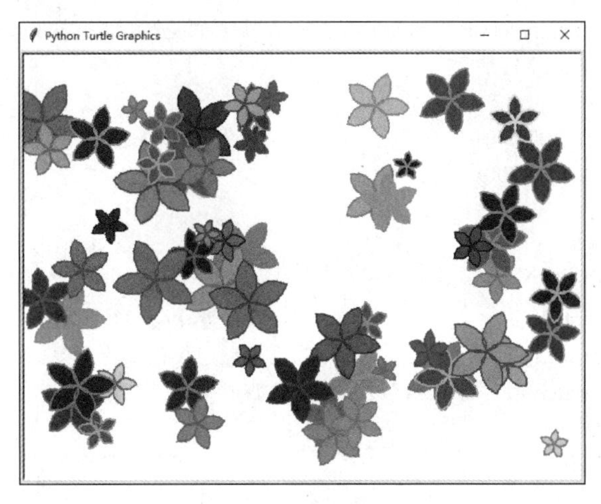

图 8-12　五彩缤纷的花朵

【问题分析】

前面例题中，已经运用 turtle 库完成了一朵五瓣花的绘制。若需要绘制 60 朵五彩缤纷的五瓣花，该如何实现呢？

观察效果图，要呈现五彩缤纷的效果，需要花朵的颜色、位置、大小以及旋转角度随机。因此需要采用 random 库的相关函数，来设置花朵的随机颜色、花瓣的随机半径、花朵的随机位置，以及花朵的随机旋转角度。

颜色随机：设置画笔颜色 pencolor()和填充颜色 fillcolor()，颜色值可以是 red、blue 字符串，也可以是（r,g,b）三原色，取值在 0 到 1 之间的数值，例如元组(1,0,0)表示红色。可以使用 random 库的 random()函数，令 r,g,b=random(),random(),random()，使得三原色的各颜色值都是 0 到 1 之间的随机小数。

坐标随机：可以采用randint()函数生成随机坐标值。设置水平方向坐标x=randint(-300,300)，设置垂直方向坐标y=randint(-200,200)，调用goto(x,y)函数，使得花朵位置随机。

大小随机：限制花朵绘制半径值在10～30像素之间，可以采用randint()函数，设置花朵半径size=randint(10,30)，使得花朵大小随机。

旋转角度随机：可以设置旋转角度在0°～72°之间变化。如旋转角度k=randint(0,72)，实现花朵旋转角度随机。

综合运用random库和turtle库中的相关函数，实现代码如下。

【程序代码】

```
from turtle import *
from random import *
def oneflow(size,k):                   #定义函数，绘制一朵半径为size，旋转角度为k的五瓣花
    for i in range(5):
        seth(72*i+k)
        circle(size,108)
        left(72)
        circle(size,108)
def manyflow():#定义函数，绘制60多随机花朵
    for i in range(60):
        r,g,b=random(),random(),random()          #设置画笔颜色随机
        pencolor(r,g,b)
        r1,g1,b1=random(),random(),random()       #设置填充颜色随机
        fillcolor(r1,g1,b1)
        penup()
        x=randint(-300,300)                       #设置坐标位置随机
        y=randint(-200,200)
        goto(x,y)
        pendown()
        begin_fill()
        size=randint(10,30)                       #设置花朵半径随机
        k=randint(0,72)                           #设置花朵旋转角度随机
        oneflow(size,k)#调用函数oneflow()，绘制一朵随机的花朵
        end_fill()
setup(600,400,300,200)                            #主程序，设置画布大小及位置
pensize(2)                                        #设置画笔粗细
manyflow()                                        #调用函数，绘制60朵五彩缤纷的花朵
```

程序执行，绘制出的60个花朵，每一个花朵的大小、颜色及位置都是随机呈现的（见图8-12）。

8.5　习题

1．分析桥牌手牌。编写一段程序，使用cards.dat文件。随机从牌堆中选择13张牌并输出，然后输出花色的分布。如下所示。

```
随机抽取的13张牌如下。
['5♦', 'J♦', '9♣', '5♣', '4♣', '5♠', 'A♦', '7♥', '6♣', 'J♠', 'K♠', '8♠', '4♦']
♦ 有4张
```

```
♠ 有 4 张
♥ 有 1 张
♣ 有 4 张
>>>
```

2．分析扑克手牌。编写一段程序，使用 cards.dat 文件。随机从牌堆中选择 5 张牌并输出，并判断是否是以下这 6 种类型。

四条（Four of a Kind）：有四张同一点数的牌。例如 4♣,4♦,4♥,4♠,9♥。

满堂红（Fullhouse）：三张同一点数的牌，加一对其他点数的牌。例如 8♣,8♦,8♠,K♥,K♠。

三条（Three of a kind）：有三张同一点数的牌。例如 7♣,7♥,7♠,K♦,2♠。

两对（Two Pairs）：两张相同点数的牌，加另外两张相同点数的牌。例如 A♣,A♦,8♥,8♠,Q♠。

一对（One Pair）：两张相同点数的牌。例如 9♥,9♠,A♣,J♠,4♥。

无对（No Pair）：不能排成以上组合的牌，以点数决定大小。例如 A♦,10♦,9♠,5♣,4♣。

例如：

```
随机抽取的 5 张牌如下。
['5♦', 'J♦', '9♣', '5♣', '4♣']
一对(One Pair)
>>>
```

3．编写程序，随机产生 20 个长度不超过 3 位的数字，让其首尾相连以字符串形式输出，随机数种子为 17。

4．猜单词游戏：从列表

```
words=["hello","easy","difficult","answer","continue","phone","position","game"]
```

中随机产生一个单词，打乱字母顺序，供玩家去猜。

【运行结果】

```
乱序后的单词: seya
请你猜:dasy
对不起，不正确
继续猜:easy
真棒，你猜对了!
是否继续(y/n):y
乱序后的单词: iiponots
请你猜:position
真棒，你猜对了!
是否继续(y/n):y
乱序后的单词: tneniocu
请你猜:continue
真棒，你猜对了!
是否继续(y/n):n
>>>
```

5．利用 turtle 库的相关函数，自拟主题，设计并完成一幅图片，辅助使用网格化工具精确定位坐标。

第 9 章　Python 第三方库

Python 除了提供标准库之外，还支持功能丰富的 Python 第三方库。本章将分别介绍用于中文字分词处理的 jieba 库，词云展示的 wordcloud 库，数据分析处理的 numpy、pandas 库，以及绘图使用的 matplotlib 库，同时还会简单了解一些常用的 Python 第三方库。

【学习要点】

1．Python 第三方库的安装与使用方法。

2．jieba 库相关函数的使用。

3．wordcloud 库相关函数的使用。

4．numpy 库相关函数的使用。

5．pandas 库相关函数的使用。

6．matplotlib 库相关函数的使用。

9.1　Python 常用第三方库

Python 拥有大量功能强大的第三方库，本节将简单介绍一些 Python 较为常用的第三方库。

1．jieba 库

jieba 库是优秀的中文分词第三方库 ，它可以利用一个中文词库，确定汉字之间的关联概率，将汉字间概率大的组成词组，形成分词结果，将中文文本通过分词获得单个的词语。

2．wordcloud 库

wordcloud 库是 Python 中优秀的词云展示第三方库。以词语为基本单位，通过图形可视化的方式，更加直观和艺术地展示文本。

3．numpy 库

numpy 库是高性能科学计算和数据分析的基础包，支持大量的维度数组与矩阵运算，此外也针对数组运算提供大量的数学函数库。numpy 库中处理的最基础数据类型是同种元素构成的数组。

4．pandas 库

基于 numpy 库的一种工具，该工具是为了解决数据分析任务而创建的，用于数据挖掘和数据分析，同时也提供数据清洗功能。pandas 库中包含大量能够快速便捷地处理数据的函数和方法，以及一些标准的数据模型，使 Python 成为强大而高效的数据分析工具。

5．matplotlib 库

matplotlib 库是 Python 的绘图库，是受 MATLAB 的启发构建的，它提供了一整套与 MATLAB 相似的应用程序接口（API），十分适合交互式地进行制图。

6．scipy 库

scipy 库是一个用于数学、科学、工程领域的常用软件包，可以适用于插值、积分、优化、图像处理、常微分方程数值解的求解、信号处理等问题。它还可以用于有效计算 numpy 矩阵，使 numpy 库和 scipy 库协同工作，高效解决问题。

7．sklearn 库

sklearn 库是机器学习中常用的第三方库，建立在 numpy 库和 scipy 库之上，对常用的机器学习方法进行了封装，包括回归（Regression）、降维（Dimensionality Reduction）、分类

（Classfication）、聚类（Clustering）等方法。

8．requests 库

requests 库是用 Python 语言基于 urllib 库编写，采用 Apache2 Licensed 开源协议的 HTTP 库。urllib 库是 Python 的标准库，requests 库比 urllib 库更加方便，是 Python 实现的最简单易用的 HTTP 库，在爬虫应用中使用较为广泛。

9．BeautifulSoup 库

BeautifulSoup 库是基于 Python 的 HTML/XML 解析器，主要功能是解析和提取 HTML/XML 数据。BeautifulSoup 将复杂 HTML 文档转换成一个复杂的树形结构，每个节点都是 Python 对象。

10．scrapy 库

scrapy 库是一个完整的爬虫框架，不同于 requests 库，爬虫框架是实现爬虫功能的一个软件结构和功能组件的组合，能够帮助用户实现专业网络爬虫，scrapy 共 7 个部分，又称“5+2”结构，其中有 5 个部分是框架的主体部分，另外两个是中间件。

11．Django 库

Django 库提供了构建 Web 系统的基本应用框架，它鼓励快速开发，并遵循 MVC 设计模式。Django 库的主要目的是简便、快速地开发数据库驱动的网站。它强调代码复用，多个组件可以很方便地以“插件”形式服务于整个框架，Django 库有许多功能强大的第三方插件，甚至可以很方便地开发出自己的工具包，这使得 Django 库具有很强的可扩展性。

12．tensorflow 库

tensorflow 库是一个使用数据流图进行数值计算的开源软件库，最初由谷歌大脑团队的研究人员和工程师开发，可为机器学习和深度学习提供强力支持，并且其灵活的数值计算核心广泛应用于许多其他科学领域。

9.2　第三方库的安装

Python 第三方库有两种常用的安装方式，分别为 pip 工具安装和文件安装。

9.2.1　pip 工具安装

pip 工具安装是 Python 第三方库最常用的快捷安装方式。pip 工具安装的使用方法如下。

打开 cmd 命令窗口后，输入以下命令进行第三库安装。

```
pip install 第三方库名
```

下面以 jieba 库为例，展示 pip 工具安装的使用方法，如图 9-1 所示。

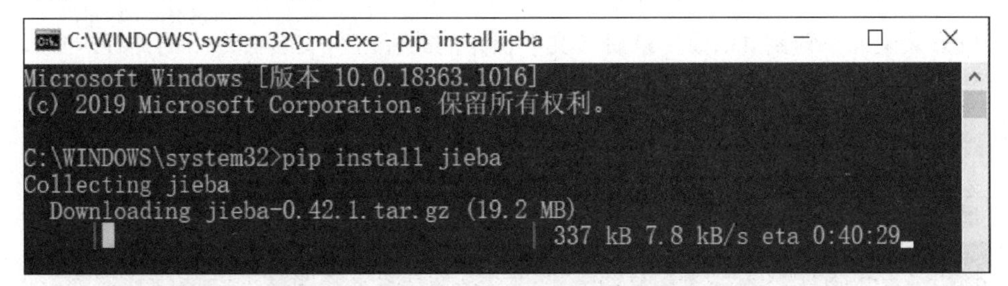

图 9-1　在命令窗口，通过 pip 命令安装 jieba 库

图 9-2 中的提示“Successfully installed jieba-0.42.1”说明 jieba 库安装成功，版本为 0.42.1。

```
Using legacy setup.py install for jieba, since package 'wheel' is not in
stalled.
Installing collected packages: jieba
    Running setup.py install for jieba ... done
Successfully installed jieba-0.42.1
```

图 9-2 提示 jieba 库安装成功

9.2.2 文件安装

虽然 pip 工具安装是 Python 第三方库最常用的快捷安装方式，但 pip 工具安装并不能保证所有的第三方库都能 100%安装成功，针对少部分无法通过 pip 工具安装成功的第三方库，可以通过文件安装方式进行安装。

文件安装其实就是用户先直接下载 Python 第三方库文件，再通过 pip 工具安装，其中 Python 第三方库文件的扩展名为.whl。Python 第三方库文件可通过以下网址下载：https://www.lfd.uci.edu/~gohlke/pythonlibs/，该网址为美国加州大学尔湾分校提供。以第三方库 wordcloud 为例，可以发现该网站提供了多个 wordcloud 的文件下载。如图 9-3 所示，方框中的文件表示 wordcloud 的版本为 1.8.0、Python 解释器版本为 3.8、操作系统为 64 位的对应 wordcloud 安装文件。

Wordcloud: a little word cloud generator.
wordcloud-1.8.0-cp39-cp39-win_amd64.whl
wordcloud-1.8.0-cp39-cp39-win32.whl
wordcloud-1.8.0-cp38-cp38-win_amd64.whl
wordcloud-1.8.0-cp38-cp38-win32.whl
wordcloud-1.8.0-cp37-cp37m-win_amd64.whl
wordcloud-1.8.0-cp37-cp37m-win32.whl
wordcloud-1.8.0-cp36-cp36m-win_amd64.whl
wordcloud-1.8.0-cp36-cp36m-win32.whl
wordcloud-1.6.0-cp35-cp35m-win_amd64.whl
wordcloud-1.6.0-cp35-cp35m-win32.whl
wordcloud-1.6.0-cp27-cp27m-win_amd64.whl
wordcloud-1.6.0-cp27-cp27m-win32.whl
wordcloud-1.5.0-cp34-cp34m-win_amd64.whl
wordcloud-1.5.0-cp34-cp34m-win32.whl

图 9-3 wordcloud 库文件

将相应安装文件下载到 D:\根目录后（文件保存的路径应与安装命令中的路径一致即可）。在 cmd 命令窗口中输入以下命令进行安装，如图 9-4 所示。

```
pip install D:\wordcloud-1.8.0-cp38-cp38-win_amd64.whl
```

图 9-4 以文件方式安装 wordcloud 库

若出现图 9-5 所示的“Successfully installed certifi-2020.6.20 cycler-0.10.0 kiwisolver-1.2.0 matplotlib-3.3.1 pillow-7.2.0 pyparsing-2.4.7 python-dateutil-2.8.1 six-1.15.0 wordcloud-1.8.0”提示，说明 wordcloud 库安装成功，版本为安装前下载的 1.8.0。

```
Installing collected packages: pillow, six, python-dateutil, cycler, cer
tifi, kiwisolver, pyparsing, matplotlib, wordcloud
Successfully installed certifi-2020.6.20 cycler-0.10.0 kiwisolver-1.2.0
matplotlib-3.3.1 pillow-7.2.0 pyparsing-2.4.7 python-dateutil-2.8.1 six-
1.15.0 wordcloud-1.8.0
```

图 9-5　提示 wordcloud 库安装成功

对于上述两种第三方库安装方法，一般优先采用 pip 工具安装，如果 pip 工具安装不成功，则采用文件安装方法。

9.3　jieba 库

9.3　jieba 库

jieba 库是一款优秀的 Python 第三方中文分词库。

jieba 库的分词原理是利用中文词库，分析汉字与汉字之间的关联概率，汉字间关联概率大的组成词组，形成分词结果。除了中文词库，用户还可以自定义词组。

jieba 库支持三种分词模式：精确模式、全模式以及搜索引擎模式。

jieba 库中的三种分词模式分别对应着三个函数，如表 9-1 所示。

表 9-1　jieba 库三种分词模式与函数功能对照表

函数	功能
lcut(s)	精确模式，返回一个列表类型
lcut(s,cut_all=True)	全模式，返回一个列表类型
lcut_for_search(s)	搜索引擎模式，返回一个列表类型
add_word(w)	向中文词库中添加新词 w

- 精确模式：把文本精确地切分开，不存在冗余词；
- 全模式：把文本中所有可能的词语都扫描出来，有冗余；
- 搜索引擎模式：在精确模式基础上，对长词语进行再次切分。

三种分词模型的分词效果如下。

```
>>> import jieba
>>> jieba.lcut("好好学习，天天向上")
 ['好好学习', '，', '天天向上']
>>> jieba.lcut("好好学习，天天向上",cut_all=True)
['好好', '好好学', '好好学习', '好学', '学习', '，', '天天', '天天向上', '向上']
>>> jieba.lcut_for_search("好好学习，天天向上")
['好好', '好学', '学习', '好好学', '好好学习', '，', '天天', '向上', '天天向上']
```

可以看出，三种分词模式的分词结果都是以列表的形式给出。

其中，lcut(s)函数是最常用的分词函数，用于精确模式分词，即字符串 s 被分成等量的词。

lcut(s,cut_all=True)函数用于全模式分词，即将字符串 s 所有可能的词组均分割出来，但冗余性较大。

lcut_for_search(s)函数用于搜索引擎模式分词，即先以精确模式对字符串 s 进行分词，再对分词结果中的长词语进行再次分割，该模型也具有一定的冗余度。

用户可以基于分词结果是否冗余，以及对长词是否需要再次分割等因素，综合考虑选择合适的分词模式。

jieba 库中的中文词库有时并不能满足所有用户的需求，此时用户可以通过函数 add_word()函数增加用于分词的自定义词组。add_word()函数的使用方法如下所示。

```
>>> import jieba
>>> jieba.lcut("我们在学习 jieba 库")
['我们', '在', '学习', 'jieba', '库']
>>> jieba.add_word("jieba 库")
>>> jieba.lcut("我们在学习 jieba 库")
['我们', '在', '学习', 'jieba 库']
>>>
```

从上面的运行结果可以看出，在未自定义用于分词的词组前，“jieba 库”被分割成了两个词，而通过 add_word("jieba 库")将“jieba 库”词组添加进分词库后，“jieba 库”未被分割为两个词。

9.4 wordcloud 库

9.4 wordcloud 库

wordcloud 库是 Python 中优秀的词云展示第三方库。词云是以词语为基本单位，通过图形可视化的方式，更加直观和艺术地展示文本。

词云是对文本中出现频率较高的“关键词”予以视觉上的突出，形成“关键词云层”或“关键词渲染”，从而过滤掉大量的文本信息，使读者只要一眼扫过文本就可以领略文本的主旨。

wordcloud 库中有一个非常关键的类 WordCloud 类，WordCloud 类封装了 wordcloud 库中所有的功能。wordcloud 库把每一个词云当作一个 WordCloud 对象，即 wordcloud.WordCloud()代表一个文本对应的词云。

wordcloud 库以 WordCloud 对象为基础，生成词云需完成以下三个步骤。

- 配置参数。
- 加载文本。
- 输出词云文件。

WordCloud 对象加载文本以及输出文件由表 9-2 中的两个方法完成。

表 9-2 WordCloud 对象的加载文本以及输出文件方法

方法	描述
generate(text)	向 WordCloud 对象中加载文本 text
to_file(filename)	将词云输出为名为 filename 的图像文件

根据文本中词语出现的频率等参数绘制词云，通过设定不同的参数可以修改词云的形状、尺寸和颜色等。生成词云的效果由该词云对应的 WordCloud 对象中的各参数决定，WordCloud 对象的常用参数如表 9-3 所示。

表 9-3 WordCloud 对象的常用参数

参数	描述
width	指定词云对象生成图片的宽度，默认 400 像素
height	指定词云对象生成图片的高度，默认 200 像素

（续）

参数	描述
max_font_size	指定词云中字体的最大字号，根据高度自动调节
min_font_size	指定词云中字体的最小字号，默认 4 号
font_path	指定字体文件的路径，默认 None
font_step	指定词云中字体字号的步进间隔，默认为 1
max_words	指定词云显示的最大单词数量，默认 200
stop_words	指定词云的排除词列表，即不显示的单词列表
background_color	指定词云图片的背景颜色，默认为黑色
mask	指定词云形状，默认为长方形，需要引用 imread()函数

下面将分别以英文文本与中文文本为例，演示如何调用 wordcloud 库进行词云可视化操作。

【例 9-1】 根据英文文本生成词云。

【程序代码】

```
import wordcloud
text_E = "life is short, you need python"     #英文文本
w = wordcloud.WordCloud(background_color = "blue")
#生成 WordCloud 对象，设置参数 background_color 背景颜色为蓝色
w.generate(text_E)                            #向 WordCloud 对象中加载文本 text_E
w.to_file("testcloud_E.png")             #将词云输出为名为 testcloud_E.png 的图像文件
```

【运行结果】

英文文本词云如图 9-6 所示。

需要注意的是，在生成词云时，wordcloud 默认会以空格或标点为分隔符对文本 text 进行分词处理。因此，对于英文文本，一般事先已满足单词间以空格分隔的文本形式。

图 9-6　英文文本词云

但对于中文文本，还需要先将中文文本进行分词处理，再以空格拼接分词结果，组成空格分隔字符串文本形式。即对于英文文本，可以直接调用 wordcloud 库进行词云可视化操作。但对于中文文本，首先需要调用 jieba 库完成分词操作，再以空格拼接分词结果，最后再调用 wordcloud 库进行词云可视化操作。

【例 9-2】 根据中文文本生成词云。

```
import wordcloud
import jieba
text_C = "人生苦短，我用 Python"              #中文文本
words = jieba.lcut(text_C)                    #首先调用 jieba 库完成中文文本的分词操作
text_C_New = " ".join(words)                  #以空格拼接分词结果
w = wordcloud.WordCloud(font_path = "msyh.ttc", background_color = "red")
#生成 WordCloud 对象，设置参数 font_path 字体文件为 msyh.ttc （微软雅黑），background_color 背景颜色为红色
w.generate(text_C_New)                        #向 WordCloud 对象中加载文本 text_C_New
w.to_file("testcloud_C.png")                   #将词云输出为名为 testcloud_cpng 的图像文件
```

【运行结果】

中文文本词云如图 9-7 所示。

需要注意的是，wordcloud 库默认是不支持显示中文的，中文会被显示成方框，因此，在生成

WordCloud 对象时，需要为参数 font_path 指定字体文件的路径，如本例中 font_path = "msyh.ttc"，即为参数 font_path 指定字体文件的路径为 C:\Windows\Fonts\msyh.ttc，其中，C:\Windows\Fonts\为 Windows 操作系统字体的默认路径，可省略。

图 9-7 中文文本词云

9.5 numpy 库

numpy 库是用于高性能科学计算和数据分析的基础包，支持大量的维度数组与矩阵运算，此外也针对数组运算提供大量的数学函数库。numpy 库通常与 scipy 库和 matplotlib 库一起使用，这种组合广泛用于替代 MATLAB，是一个强大的科学计算环境，有助于通过 Python 学习数据科学或者机器学习。

numpy 库中处理的最基础的数据类型是同种元素构成的数组，同种元素指元素一般是相同类型的，例如都是整数或都是浮点数。numpy 数组是一个多维数组对象，即 ndarray。

创建 numpy 库数组的方法有很多种，下面将介绍常用的创建 numpy 库数组的方法。

9.5.1 numpy 数组的创建

1. array()函数

使用 array()函数可以从常规的 Python 列表或元组创建数组，所创建的数组类型通过原列表或元组中元素的类型决定。通过 array()函数创建数组的方法如下。

```
>>> import numpy as np
>>> ls = [1, 2, 3, 4, 5]                #定义列表 ls
>>> a = np.array(ls)                    #基于列表 ls 创建数组 a
>>> a                                   #输出数组 a
array([1, 2, 3, 4, 5])                  #输出结果
>>> tup = (6, 7, 8, 9, 10)              #定义元组 tup
>>> a = np.array(tup)                   #基于元组 tup 创建数组 a
>>> a                                   #输出数组 a
array([ 6, 7, 8, 9, 10])                #输出结果
```

可以看出，使用 array()函数基于列表或元组都可以创建数组。

同理可知，也可以不直接定义列表或元组，直接通过 array()函数创建数组。方法如下。

```
>>> a = np.array([1, 2, 3, 4])          #直接在 array()函数的参数中定义列表
>>> a                                   #输出数组 a
array([1, 2, 3, 4])                     #输出结果
>>> a = np.array((5, 6, 7, 8))          #直接在 array()函数的参数中定义元组
>>> a                                   #输出数组 a
array([5, 6, 7, 8])                     #输出结果
```

由前面章节的学习可知，range()函数可以产生一个列表，因此，将 range()对象作为 array()函数的参数也可以创建数组。方法如下。

```
>>> a = np.array(range(3))              #将 range()对象作为 array()函数的参数
>>> a                                   #输出数组 a
array([0, 1, 2])                        #输出结果
```

另外，也可以将数组转换为列表形式，这时需要使用到的是数组对象的方法 tolist()。通过

tolist()方法将数组转换为列表的方法如下。

```
>>> a.tolist()                          #a 为数组，将数组 a 转换为列表
[6, 7, 8, 9, 10]                        #输出结果
```

Python 中的列表不仅仅只有简单的一维列表，还有二维列表以及多维列表，同样，numpy 数组除了一维数组之外，也有二维数组以及多维数组。通过 array()函数也可以创建二维数组以及多维数组，方法如下。

```
>>> ls = [[1, 2], [3, 4], [5, 6]]                #定义二维列表 ls
>>> a = np.array(ls)                             #基于二维列表 ls 创建二维数组 a
>>> a                                            #输出二维数组 a
array([[1, 2],                                   #输出结果
       [3, 4],
       [5, 6]])
>>> a = np.array([[1, 2, 3], [4, 5, 6]])         #直接在 array()函数的参数中定义二维列表
>>> a                                            #输出二维数组 a
array([[1, 2, 3],                                #输出结果
       [4, 5, 6]])
>>> a = np.array([[[1, 2, 3], [2, 3, 4], [3, 4, 5]], [[4, 5, 6], [6, 7, 8], [7, 8, 9]]])
#直接在 array()函数的参数中定义三维列表
>>> a                                            #输出三维数组 a
array([[[1, 2, 3],                               #输出结果
        [2, 3, 4],
        [3, 4, 5]],
       [[4, 5, 6],
        [6, 7, 8],
        [7, 8, 9]]])
```

2．arange()函数

通过 arange()函数创建数组的原理，类似于将 array()函数与 range()函数结合使用，通过指定开始值、终值和步长创建一维数组，同 range()函数创建列表类似，通过 arange()函数创建的数组也不包括终值。通过 arange()函数创建数组的方法如下。

```
>>> a = np.arange(10)                   #通过 arange()函数创建数组，默认开始值为 0，步长为 1
>>> a                                   #输出数组 a
array([0, 1, 2, 3, 4, 5, 6, 7, 8, 9])   #输出结果
>>> a = np.arange(1, 10, 2)
#通过 arange()函数创建数组，开始值为 1，终值为 10，步长为 2
>>> a                                   #输出数组 a
array([1, 3, 5, 7, 9])                  #输出结果
```

需要注意的是，arange()函数一般有三个参数，分别表示开始值、终值和步长。如果 arange()函数只有一个参数，则该参数表示终值，默认开始值为 0，步长为 1；如果 arange()函数只有两个参数，则该参数分别表示开始值与终值，默认步长为 1。

3．linspace()函数

linspace()函数是创建数组的另一种方法，linspace()函数指定开始值、终值与元素个数来创建一维数组，有点类似于 arange()函数，但需要区分它们各自参数的不同意义，另外 linspace()函数的终值是否包括在创建的数组中，也不同于 arange()函数，可以通过关键字 endpoint 来设置 linspace()函

数的终值是否包括在创建的数组中，默认设置包括终值。通过 linspace()函数创建数组的方法如下。

```
>>> a = np.linspace(0, 10, 11)
#通过 linspace()函数创建数组，开始值为 0，终值为 10，元素个数为 11
>>> a                                                                   #输出数组 a
array([ 0., 1.,  2.,  3.,  4.,  5.,  6.,  7.,  8.,  9., 10.])            #输出结果
>>> a = np.linspace(1, 10)
#通过 linspace()函数创建数组，开始值为 1，终值为 10，默认元素个数为 50
>>> a                                                                   #输出数组 a
array([ 1.        ,  1.18367347,  1.36734694,  1.55102041,  1.73469388,  #输出结果
        1.91836735,  2.10204082,  2.28571429,  2.46938776,  2.65306122,
        2.83673469,  3.02040816,  3.20408163,  3.3877551 ,  3.57142857,
        3.75510204,  3.93877551,  4.12244898,  4.30612245,  4.48979592,
        4.67346939,  4.85714286,  5.04081633,  5.2244898 ,  5.40816327,
        5.59183673,  5.7755102 ,  5.95918367,  6.14285714,  6.32653061,
        6.51020408,  6.69387755,  6.87755102,  7.06122449,  7.24489796,
        7.42857143,  7.6122449 ,  7.79591837,  7.97959184,  8.16326531,
        8.34693878,  8.53061224,  8.71428571,  8.89795918,  9.08163265,
        9.26530612,  9.44897959,  9.63265306,  9.81632653, 10.        ])
>>> a = np.linspace(0, 10, 11, endpoint = False)
#通过 linspace()函数创建数组，开始值为 0，终值为 10，元素个数为 11，通过关键字 endpoint 设置创建的数组不包括终值
>>> a                                                                   #输出数组 a
array([0.        , 0.90909091, 1.81818182, 2.72727273, 3.63636364,       #输出结果
       4.54545455, 5.45454545, 6.36363636, 7.27272727, 8.18181818,
       9.09090909])
```

需要注意的是，linspace()函数一般有三个参数，分别表示开始值、终值和元素个数。如果 linspace()函数只有两个参数，该参数分别表示开始值与终值，默认元素个数为 50。如果 linspace()函数只有一个参数，则会报错，linspace()函数必须至少有开始值与终值两个参数。另外，关键字 endpoint 的默认值为 True，即包括终值，当 endpoint 设为 False 时，即不包括终值。

4．特殊数组的创建

除了通过上述方法创建一般数组外，还可以通过特殊方法创建特殊数组，如通过 zeros()函数创建全 0 数组，通过 ones()函数创建全 1 数组，通过 identity()函数创建单位矩阵。通过这三个函数创建数组的方法如下。

```
>>> import numpy as np
>>> np.zeros(4)                        #通过 zeros()函数创建一维全 0 数组
array([0., 0., 0., 0.])
>>> np.zeros((4, 4))                   #通过 zeros()函数创建二维全 0 数组
array([[0., 0., 0., 0.],
       [0., 0., 0., 0.],
       [0., 0., 0., 0.],
       [0., 0., 0., 0.]])
>>> np.ones(4)                         #通过 ones()函数创建一维全 1 数组
array([1., 1., 1., 1.])
>>> np.ones((4, 4))                    #通过 ones()函数创建二维全 1 数组
array([[1., 1., 1., 1.],
```

```
        [1., 1., 1., 1.],
        [1., 1., 1., 1.],
        [1., 1., 1., 1.]])
>>> np.identity(4)                          #通过 identity()函数创建单位矩阵
array([[1., 0., 0., 0.],
        [0., 1., 0., 0.],
        [0., 0., 1., 0.],
        [0., 0., 0., 1.]])
```

特殊数组的创建并不仅仅局限于上述几种，读者可以参照 numpy 的官方手册进一步学习，这里不再赘述。

9.5.2　numpy 数组中的元素访问

numpy 数组中的元素可以通过索引（即下标）与切片的方式访问单个或多个元素，数组中元素的访问方法有点类似于列表中元素的访问方法，numpy 数组的索引与切片方法如表 9-4 所示。

表 9-4　numpy 数组的索引与切片方法

访问元素	具体说明
a[i]	索引数组 a 中的第 i 个元素
a[-i]	索引数组 a 中的倒数第 i 个元素
a[n:m]	切片数组 a 中的第 n 个到第 m−1 个元素，步长默认为 1
a[-m:-n]	切片数组 a 中的倒数第 m 个到倒数第 n−1 个元素，步长默认为 1
a[n:m:i]	切片数组 a 中的第 n 个到第 m−1 个元素，步长为 i

numpy 数组的通过索引与切片访问一维数组中元素的方法如下。

```
>>> import numpy as np
>>> a = np.arange(10)
>>> a
array([0, 1, 2, 3, 4, 5, 6, 7, 8, 9])
>>> a[9]
9
>>> a[-1]
9
>>> a[6:8]
array([6, 7])
>>> a[:6]                    #省略切片的开始下标，表示从 a[0]开始
array([0, 1, 2, 3, 4, 5])
>>> a[6:]                    #省略切片的结束下标，表示到最后一个元素结束
array([6, 7, 8, 9])
>>> a[-8:-6]                 #下标可以使用负数，表示从数组最后往前数
array([2, 3])
>>> a[:-6]
array([0, 1, 2, 3])
>>> a[-6:]
array([4, 5, 6, 7, 8, 9])
>>> a[1:6:2]                 #切片中的第三个元素表示步长
```

```
array([1, 3, 5])
>>> a[1:-1:2]                #切片中开始下标与结束下标可以同时使用正负数
array([1, 3, 5, 7])
>>> a[6:1:-1]
#切片中的步长可以是负数，表示从后往前切片，但此时开始下标必须大于结束下标
array([6, 5, 4, 3, 2])
>>> a[6:1:-2]
array([6, 4, 2])
>>> a[::-1]                  #省略切片的开始与结束下标，且步长为-1，表示整个数组首位倒序
array([9, 8, 7, 6, 5, 4, 3, 2, 1, 0])
>>> a[6] = 8                 #另外，可以通过与修改列表元素类似的方法修改数组中的元素
>>> a
array([0, 1, 2, 3, 4, 5, 8, 7, 8, 9])
```

与访问一维数组有所不同，多维数组每一个轴都有一个索引，使用不同轴的索引时，通过逗号隔开，以二维数组为例，访问多维数组中元素的方法如下。

```
>>> a = np.array([[1, 2, 3], [4, 5, 6], [7, 8, 9]])      #定义二维数组
>>> a
array([[1, 2, 3],
       [4, 5, 6],
       [7, 8, 9]])
>>> a[0]                                                 #第 1 行所有元素
array([1, 2, 3])
>>> a[0][1]                                              #第 1 行第 2 列的元素
2
>>> a[0, 1]                                              #第 1 行第 2 列的元素，与 a[0][1]作用相同
2
>>> a[0:2, 1]                                            #行上 0:2 切片，然后取第 2 列的所有元素
array([2, 5])
>>> a[:, 1]                                              #第 2 列的所有元素
array([2, 5, 8])
>>> a[[0, 2], 1]                                         #第 1 行与第 3 行中第 2 列元素
array([2, 8])
>>> a[[0, 2]]                                            #第 1 行与第 3 行的所有元素
array([[1, 2, 3],
       [7, 8, 9]])
>>> a[[0, 2], [1, 2]]                                    #第 1 行第 2 列与第 3 行第 3 列的元素
array([2, 9])
```

需要注意的是，在二维列表访问中，索引下标中逗号前的切片、列表或数字表示行下标，逗号后的切片、列表或数字表示列下标。

9.5.3　numpy 数组的运算

numpy 数组的算术运算是按元素逐个运算的，且运算后 numpy 会创建新的数组，原数组依然存在。numpy 数组的算术运算如下。

```
>>> import numpy as np
```

```
>>> a = np.array([1, 2, 3])
>>> b = np.array([4, 5, 6])
>>> a
array([1, 2, 3])
>>> b
array([4, 5, 6])
>>> c = a + b
>>> c
array([5, 7, 9])
>>> b * 2
array([ 8, 10, 12])
>>> b                                   #可以发现数组 b 运算后，数组 b 本身并没有发生变化
array([4, 5, 6])
```

numpy 数组可以进行相应的函数计算，由一般 math 库函数前加上 np.前缀实现数组的函数计算，如 np.sin()、np.cos()、np.log()等。另外，numpy 数组对象本身也包含一些函数方法，numpy 数组的函数计算如下。

```
>>> np.cos(a)                                        #计算数组 a 中每个元素的余弦值
array([ 0.54030231, -0.41614684, -0.9899925 ])
>>> a.sum()                                          #计算数组 a 中所有元素之和
6
>>> a.max()                                          #计算数组 a 中所有元素最大值
3
>>> a.sort()                                         #对数组 a 中元素进行排序
>>> a
array([1, 2, 3])
```

9.5.4　numpy 数组的形状操作

numpy 数组的形状由每个轴上元素的个数确定，可以通过数组的 shape 属性查看数组的形状，通过数组的 size 属性查看数组的元素个数。另外，数组的形状是可以改变的，通过 reshape()、resize()方法可修改数组的形状，其中，reshape()方法只能改变数组的形状，但不能改变数组中元素的个数；resize()方法可以根据指定的新的元素个数来舍弃部分或复制部分元素。numpy 库提供了同名的函数实现类似的功能。numpy 数组的形状操作方法如下。

```
>>> import numpy as np
>>> a = np.arange(10)
>>> a
array([0, 1, 2, 3, 4, 5, 6, 7, 8, 9])
>>> a.shape                          #查看数组形状
(10,)
>>> a.size                           #查看数组个数
10
>>> a.shape = 2, 5                   #改变数组形状
>>> a                                #通过 shape 属性改变数组形状，数组 a 相应改变
array([[0, 1, 2, 3, 4],
       [5, 6, 7, 8, 9]])
```

```
>>> a.shape
(2, 5)
>>> a.shape = (5, 2)
>>> a
array([[0, 1],
       [2, 3],
       [4, 5],
       [6, 7],
       [8, 9]])
>>> a.shape
(5, 2)
>>> a.reshape(2, 5)                    #改变数组形状
array([[0, 1, 2, 3, 4],
       [5, 6, 7, 8, 9]])
>>> a                                  #通过 reshape()方法改变数组形状，数组 a 没有改变
array([[0, 1],
       [2, 3],
       [4, 5],
       [6, 7],
       [8, 9]])
>>> np.resize(a, (2, 4))
#通过 resize()函数改变数组形状，元素个数也将改变，新数组元素个数小于原数组，则舍弃了最后两个元素
array([[0, 1, 2, 3],
       [4, 5, 6, 7]])
>>> a
array([[0, 1],
       [2, 3],
       [4, 5],
       [6, 7],
       [8, 9]])
>>> np.resize(a, (2, 6))
#通过 resize()函数改变数组形状，元素个数也将改变，新数组元素个数大于原数组，则将会复制原数组中的值对新数组进行填充
array([[0, 1, 2, 3, 4, 5],
       [6, 7, 8, 9, 0, 1]])
```

另外，还有其他一些方法可以改变数组的形状，如 ravel()方法可以将多维数组平坦化为一维数组。

9.6 pandas 库

pandas 库是 Python 的一个数据分析包，最初由 AQR Capital Management 于 2008 年 4 月开发，并于 2009 年年底开源出来，目前由专注于 Python 数据包开发的 PyData 开发团队继续开发和维护，属于 PyData 项目的一部分。pandas 最初被作为金融数据分析工具而开发出来，因此，pandas 为时间序列分析提供了很好的支持。pandas 的名称来自于面板数据（panel data）和 Python 数据分析（data analysis）。

pandas 库是基于 numpy 的一种工具，该工具是为解决数据分析任务而创建的。pandas 库纳入

了大量库和一些标准的数据模型，提供了高效操作大型数据集所需的工具。pandas 库提供了大量快速便捷地处理数据的函数和方法。它是使 Python 成为强大而高效的数据分析环境的重要因素之一。

9.6.1　pandas 数据类型

1．Series

Series（系列）是能够保存任何类型的数据（整数、字符串、浮点数、Python 对象等）的一维标记数组，它由一组数据以及与之相关的一组数据索引组成。与 numpy 中的一维 array 类似。二者与 Python 的基本数据结构 List 也很相近。

Series 的创建方法有很多，包括：基于列表创建、基于数组创建、基于字典创建、基于常量创建。

Series 对象可以使用以下函数创建。

```
pandas.Series(data, index, dtype, copy)
```

各参数含义如下。

- data：数据可以采取各种形式，如列表、数组、字典、常量。
- index：索引值必须唯一，与数据的长度相同。
- dtype：用于数据类型，如果没有，将推断数据类型。
- copy：用于复制数据，默认值为 False。

基于列表创建 Series 的方法如下。

```
>>> import pandas as pd
>>> s = pd.Series(["python", "C", "java"])
>>> s
0        python
1             C
2          java
dtype: object
```

Series 对象有两个主要的属性：index 和 values，分别为上面左、右两列的结果。

```
>>> print(s.index)
RangeIndex(start=0, stop=3, step=1)
>>> print(s.values)
['python' 'C' 'java']
```

列表的索引只能是从 0 开始的整数，在默认情况下，Series 的索引也是如此，但 Series 可以自定义索引。

```
>>> s = pd.Series(["python", "C", "java"], index = ["a", "b", "c"])
>>> s = pd.Series(data = ["python", "C", "java"], index = ["a", "b", "c"])
>>> s
a    python
b         C
c      java
dtype: object
```

基于数组创建 Series 的方法如下。

```
>>> import numpy as np
>>> data = np.array(["python", "C", "java"])
```

```
>>> s = pd.Series(data)
>>> s
0      python
1           C
2        java
dtype: object
```

基于字典创建 Series 的方法如下。

```
>>> data = {"a":"python", "b":"C", "c":"java"}
>>> s = pd.Series(data)
>>> s
a      python
b           C
c        java
dtype: object
```

通过字典创建 Series，如果没有指定索引则按排序顺序取键值对构造索引与数据。
基于常量创建 Series 的方法如下。

```
>>> s = pd.Series(3, index = [0, 1, 2])
>>> s
0    3
1    3
2    3
dtype: int64
```

通过常量创建 Series 时，必须提供索引，根据索引的长度复制该常量。
Series 的访问有基于位置和基于索引两种方法。
可以使用类似于访问数组中数据的方法来访问 Series 中的数据。

```
>>> s = pd.Series(data = ["python", "C", "java"], index = ["a", "b", "c"])
>>> print(s[0])     #访问第 1 个数据
Python
>>> print(s[:2])  #访问前两个数据
a      python
b           C
dtype: object
```

Series 类似于一个字典，可以使用索引访问数据。

```
>>> s = pd.Series(data = ["python", "C", "java"], index = ["a", "b", "c"])
>>> print(s["b"])     #访问索引为 b 的数据
C
>>> print(s[["a", "c"]])  #访问索引为 a、c 的数据
a      python
c        java
dtype: object
```

2．DataFrame

DataFrame（数据框）是二维的表格型数据结构，它含有一组有序的列，每列可以是不同的类

型，数据以行和列的表格方式排列。可以将 DataFrame 理解为 Series 的容器，也可以将 DataFrame 看作共享同一个索引的 Series 的集合，它既有行索引，也有列索引。

DataFrame 对象可以使用以下函数创建。

```
pandas. DataFrame(data, index, columns, dtype, copy)
```

各参数含义如下。

- data：数据可以采用各种形式，如列表、数组、字典、常量、系列以及数据框。
- index：行标签（索引），如果没有传递索引值，默认 np.arange(n)。
- columns：列标签（列名），如果没有传递列名，默认 np.arange(n)。
- dtype：每列的数据类型。
- copy：用于复制数据，默认值为 False。

基于列表创建 DataFrame 的方法如下。

```
>>> import pandas as pd
>>> data = ["python", "C", "java"]
>>> df = pd.DataFrame(data)
>>> df
        0
0  python
1       C
2    java
>>> data = [["python", 90], ["C", 80], ["java", 70]]
>>> df = pd.DataFrame(data, columns = ["Course", "Grade"])
>>> df
Course  Grade
0  python     90
1       C     80
2    java     70
```

请注意上述结果与 Series 的区别，多了列标签（列名）。

基于字典创建 DataFrame 的方法如下。

```
>>> data = {"Course":["python", "C", "java"], "Grade":[90, 80, 70]}
>>> df = pd.DataFrame(data)
>>> df
   Course  Grade
0  python     90
1       C     80
2    java     70
```

字典中每个元素对应 DataFrame 中的一列，字典的键默认为列名，其中，键值可以为数组或列表，所有的键值必须长度相同，如果有索引，则索引的长度也应该与键值长度相同，如果没有指定索引，则使用默认值。

另外，多个 Series 组成的字典也可以创建 DataFrame，方法如下。

```
>>> data = {"Course":pd.Series(["python", "C", "java", "R"],
index = ["a", "b", "c", "d"]), "Grade": pd.Series( [90, 80, 70],
index = ["a", "b", "c"])}
```

```
>>> df = pd.DataFrame(data)
>>> df
   Course  Grade
a  python   90.0
b       C   80.0
c    java   70.0
d       R    NaN
```

请注意第二个 Series 的长度比第一个 Series 的长度少一个，在生成的 DataFrame 结果中，对应的第二类最后一个元素关联的索引 d 添加了 NaN 值。

9.6.2　pandas 文件操作

1. 读取文件

pandas 提供了多种用于将表格型数据读取为 DataFrame 对象的函数。下面主要介绍常用的 Excel 文件与 CSV 文件。

读取 Excel 文件的方法如下。

```
pd.read_Excel(filename)
```

如现有 Excel 文件 course.xlsx，数据存放于 Sheet1 中，具体操作如下。

```
xls = pd.read_Excel("course.xlsx")
sheet1 = xls.parse("Sheet1")
```

此时，Sheet1 为一个 DataFrame 对象，另外，需要注意的是，读取或导出 Excel 文件需要导入 openpyxl 库。

CSV 文件由任意数量的记录组成，记录之间由某种换行符分割，每条记录由字段组成，字段间的分隔符是其他字符或字符串，如逗号或制表符。

读取 CSV 文件的方法如下。

```
pd.read_csv(filename)
```

如现有 CSV 文件 course.csv，具体操作如下。

```
csv = pd.read_csv("course.csv")
```

2. 导出文件

pandas 可以将数据导出为 Excel 文件与 CSV 文件。

导出 Excel 文件的方法如下。

```
data.to_Excel(filepath, header = True, index = True)
```

其中，filepath 为导出 Excel 文件路径；参数 header 表示是否导出列名，默认为 True。参数 index 表示是否去掉行名称，默认为 True。

导出 CSV 文件的方法如下。

```
data.to_csv(filepath, sep = ",", header = True, index = True)
```

其中，filepath 为导出 CSV 文件路径；参数 sep 是 CSV 分割符，默认为逗号；参数 header 表示是否导出列名，默认为 True；参数 index 表示是否去掉行名称，默认为 True。

9.6.3　pandas 数据操作

1．数据清洗

数据清洗是数据分析过程中首先需要完成的工作，用于处理缺失值以及无意义的数据。

```
>>> import pandas as pd
>>> data = {"Course":pd.Series(["python", "C", "java", "R"],
index = ["a", "b", "c", "d"]), "Grade": pd.Series( [90, 80, 70],
index = ["a", "b", "c"])}
>>> df1 = pd.DataFrame(data)
>>> df1
   Course  Grade
a  python   90.0
b       C   80.0
c    java   70.0
d       R    NaN
```

针对上述生成的 DataFrame 数据，Grade 列有一个缺失值，数据清洗可以采用的方法包括删除有缺失值的行、数据补齐、不处理等方法。

删除有缺失值的行的方法如下。

```
>>> df2 = df1.dropna()
>>> df2
   Course  Grade
a  python   90.0
b       C   80.0
c    java   70.0
```

可以发现，通过 dropna()方法删除了有缺失值的行。

对缺失值进行数据补齐的方法有很多，如均值填充、中位数填充等，以均值填充为例，方法如下。

```
>>> df3 = df1.fillna(df1.mean())
>>> df3
   Course  Grade
a  python   90.0
b       C   80.0
c    java   70.0
d       R   80.0
```

可以发现，缺失值通过 fillna(df1.mean())方法被同一列的均值填充。

2．统计分析

DataFrame 拥有很多用于完成统计分析功能的函数，例如描述性统计、分组统计等。

描述性统计用于查看一组数据的概况，如平均值、标准偏差、最小值、最大值以及中位数等。常见的一些描述性统计方法如下。

```
>>> import pandas as pd
>>> import numpy as np
>>> data = {"Course":["python", "C", "java"], "Grade":[90, 80, 70]}
>>> df = pd.DataFrame(data)
```

```
>>> df
   Course  Grade
0  python     90
1       C     80
2    java     70
>>> df.sum()          #默认情况下按列求每列的和，此时参数 axis = 0，若要按行求和，改为 1
Course    pythonCjava
Grade             240
dtype: object
>>> df.std()        #求数值列的标准偏差
Grade    10.0
dtype: float64
>>> df.describe()#用于计算有关列的统计信息的摘要，包括数量 count，平均值 mean，标准偏差 std，最小值 min，1/4 中位数，1/2 中位数，3/4 中位数，以及最大值 max。
         Grade
count     3.0
mean     80.0
std      10.0
min      70.0
25%      75.0
50%      80.0
75%      85.0
max      90.0
```

常见的一些分组统计方法如下。

```
>>> data = {"Course":["python", "python", "java"], "Grade":[90, 80, 70]}
>>> df = pd.DataFrame(data)
>>> df
   Course  Grade
0  python     90
1  python     80
2    java     70
>>> group = df.groupby("Course")        #通过 groupby()方法进行分组，参数表示以这些列值分组
>>> group.groups   #分组后，使用 groups 属性查看分组情况
{'java': Int64Index([2], dtype='int64'),
 'python': Int64Index([0, 1], dtype='int64')}
>>> group.get_group("python")   #使用 get_group()方法可以选择需要的组
   Course  Grade
0  python     90
1  python     80
>>> group["Grade"].agg(np.mean)  #通过聚合函数计算每组对应的值，如通过 mean()函数计算每组的平均值
Course
java      70
python    85
Name: Grade, dtype: int64
```

pandas 数据操作的方法还有很多，如合并、排序、筛选、过滤等，限于篇幅，不再一一介绍，

读者可自行查看官方文档。

9.7　matplotlib 库

matplotlib 库是 Python 实现 MATLAB 功能最常用的绘图库，也是 Python 数据分析中重要的数据可视化工具。matplotlib 库通过 pyplot 模块提供了一套和 MATLAB 类似的绘图 API，将众多绘图对象所构成的复杂结构隐藏在这套 API 内部，用户只需要调用 pyplot 模块所提供的各类函数就可以方便快速地完成绘图。下面介绍 matplotlib 库中的相关函数。

1．figure()

调用 figure()方法创建一个绘图对象，若不调用 figure()方法创建绘图对象，matplotlib 会自动创建一个绘图对象。

通过 figure()方法创建绘图对象的方法如下。

```
>>> import matplotlib.pyplot as plt
>>> plt.figure(figsize = (8, 6))
```

参数 figsize 指定绘图对象的宽度和高度，单位为 in（1in=0.0254m），默认 1in 对应 100 像素，因此，这里创建了一个宽度 800 像素、高度 600 像素的图像窗口。

2．plot()

通过调用 plot()函数在当前的绘图对象中进行绘图。

```
>>> import numpy as np
>>> x_values = np.array(["python", "C", "java"])
>>> y_values = np.array([90, 80, 70])
>>> plt.plot(x_values, y_values, "k--", linewidth = 1.0, label = "C-G")
```

上述代码绘图效果如图 9-8 所示。

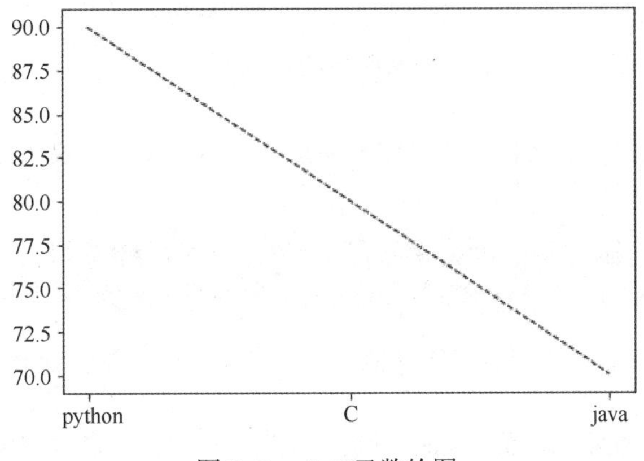

图 9-8　plot()函数绘图

x_values 和 y_values 分别表示将 x 值和 y 值数组传递给 plot 函数；"k--"用于设置绘制曲线的颜色和线型，如 k 对应黑色（black），--对应虚线；linewidth 设置线的宽度；label 设置曲线的名称，可通过 legend()方法进行显示。

3．subplot()

使用 subplot()可以绘制包含多个子图的图表。

```
plt.subplot(2, 2, 1)
```

```
plt.subplot(2, 2, 2)
plt.subplot(2, 2, 3)
plt.subplot(2, 2, 4)
```

上述代码绘图效果如图 9-9 所示。

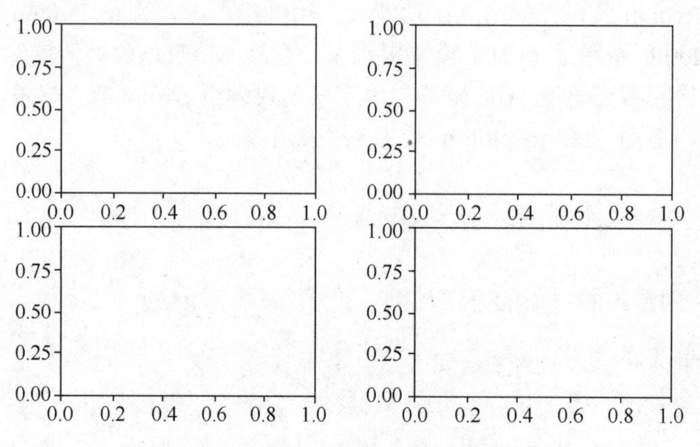

图 9-9　subplot()函数绘图

subplot(2, 2, 1)中的第一个参数 2 表示绘图区域分为 2 行，第二个参数 2 表示绘图区域分为 2 列，第三个数参数 1 表示当前在第 1 个子图上进行绘制。

4. 绘图对象的属性设置

绘图对象常见的属性如下。

- xlabel、ylabel：设置 x、y 轴的标题文字。
- title：设置图的标题。
- xlim、ylim：分别设置 x、y 轴的显示范围。
- axis()：设置 x、y 轴的起始坐标。
- grid()：显示网格线。
- legend()：显示图例，即图中表示每条曲线的标签和样式。

5. 中文的显示

matplotlib 的默认配置文件所使用的字体不能正确显示中文，若要在绘图中正确显示中文，需要加入如下代码。

```
plt.rcParams["font.sans-serif"] = ["SimSun"]          #指定默认字体
plt.rcParams["axes.Unicode_minus"] = False            #使负号正确显示，不然会显示为方块
```

其中，SimSun 表示宋体，也可以设置其他的中文字体，如黑体（SimHei）、楷体（KaiTi）。

6. 图像保存和显示

通过调用 savefig()方法将当前的 figure 对象保存为图像文件，通过调用 show()方法显示当前绘制的图像，具体操作如下。

```
plt.savefig("a.png", dpi = 160)
plt.show()
```

上述命令将当前的 figure 对象保存为 a.png 图像文件，参数 dpi 指定图像的分辨率为 160 像素，可以通过修改 dpi 的值来改变图像的质量。

7. 绘制直方图

pyplot 模块提供了 14 个用于绘制基础图表的常用函数，包括条形图、饼状图、散点图、直方

图、极坐标图等。下面以直方图举例说明如何通过 pyplot 模块中的图形绘制函数绘制各类图形。

直方图又称质量分布图，是一种统计报告图，由一系列高度不等的纵向条纹或线段表示数据的分布情况。一般用横轴表示数据类型，纵轴表示分布情况。直方图通过 pyplot 模块中的 hist()函数来绘制。hist()函数形式如下。

```
hist(x, bins = 10, color = None, range = None, rwidth = None, normed = False, orientation = "vertical", **kwargs)
```

其中，

参数 x 指定每个 bin（箱子）分布在 x 的位置；

参数 color 指定 bin 的颜色；

参数 range 指定 bin 的上下界；

参数 rwidth 指定 bin 的宽度；

参数 normed 指定是否对 y 轴数据进行标准化处理，如果为 False，默认每个 bin 中出现元素的个数为 y 轴数据，如果为 True，则将每个 bin 中出现元素的个数归一化为出现的概率作为 y 轴数据；

参数 orientation 指定 bin 的方向，有{"horizontal", "vertical"}可选，即水平与垂直。

假设现在有 100 个正态分布的随机数，通过直方图显示这些随机数的分布情况。

```
x = np.random.randn(100)
plt.hist(x, bins = 10, color = "blue", normed = True)
```

上述代码绘图效果如图 9-10 所示。

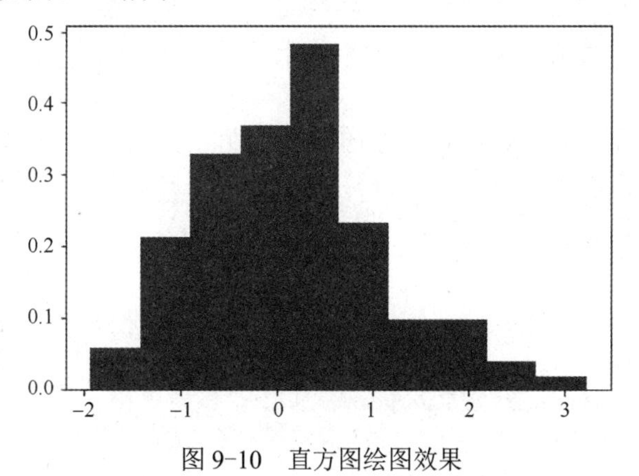

图 9-10　直方图绘图效果

9.8　应用实例

9.8.1 《满江红 · 写怀》词云展示

根据《满江红• 写怀》这首词的中文文本，生成个性化的词云。要求白色背景，词云形状设置为如图 9-11 所示的扇形。

```
满江红 · 写怀
宋 · 岳飞
怒发冲冠，凭栏处、潇潇雨歇。抬望眼，仰天长啸，壮怀激烈。三十功名尘与土，八千里路云和
```

月。莫等闲，白了少年头，空悲切。

靖康耻，犹未雪。臣子恨，何时灭。驾长车，踏破贺兰山缺。壮志饥餐胡虏肉，笑谈渴饮匈奴血。待从头、收拾旧山河，朝天阙。

【问题分析】

要设置个性化的词云形状，可以导入 Python 的第三方图形库 imageio。调用 imread()函数，来读入个性化的图案。比如扇形图案，要求图案背景为白色。词云会出现在扇形区域。扇形图案如下。

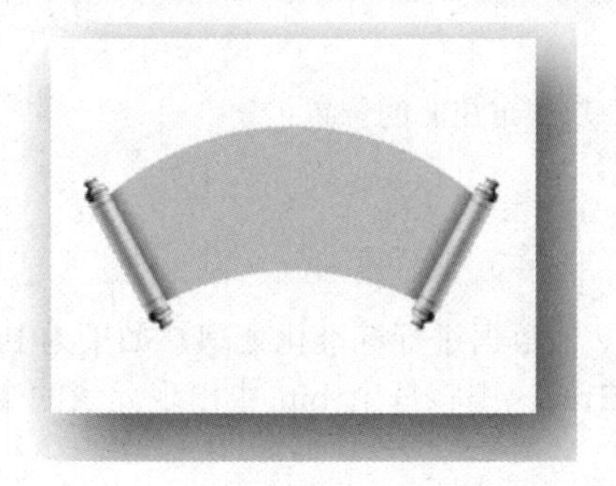

图 9-11　设置词云形状的扇形图案

处理步骤如下。

1）词云形状预设置。

```
import imageio.v2 as imageio
img = imageio.imread("D:\\fan1.jpg")
```

2）中文文本预处理：读入《满江红• 写怀》文本，并进行 jieba 分词，并将分词后的结果以空格重新拼接形成新文本。

3）生成词云对象：调用 wordcloud 库中的相关函数，完成实例化词云对象、根据文本生成词云、保存词云图片三步骤，将《满江红• 写怀》中文文本生成词云。在设置词云参数时，要设定 mask=img，即指定扇形形状为词云的效果形状。

【程序代码】

```
import jieba
import wordcloud
import imageio.v2 as imageio #导入 imageio 库
img=imageio.imread("D:\\fan1.jpg")     #预先设置词云形状为扇形图案
f=open("D:\\满江红.txt","r",encoding="utf-8")     #读入文本文件
txt=f.read()
f.close()
words=jieba.lcut(txt)                   #对中文文本进行分词处理
newtxt=" ".join(words)                  #用空格拼接中文词语
w=wordcloud.WordCloud(background_color = "white",\
width=400,height=300,font_path="SIMLI.TTF",max_words=30,max_font_size=80,\
mask=img)      #指定词云形状
w.generate(newtxt)                      #根据中文文本生成词云对象
w.to_file("D:\\满江红词云.png")          #保存词云图片
```

【运行结果】

最终生成的《满江红• 写怀》词云图片如图 9-12 所示。词云背景色为白色，图片宽、高分别为

400 像素和 300 像素，中文文本的字体为隶书，显示词的最大数目 50，最大字号为 80 像素，词云形状为预先设置的扇形图案。

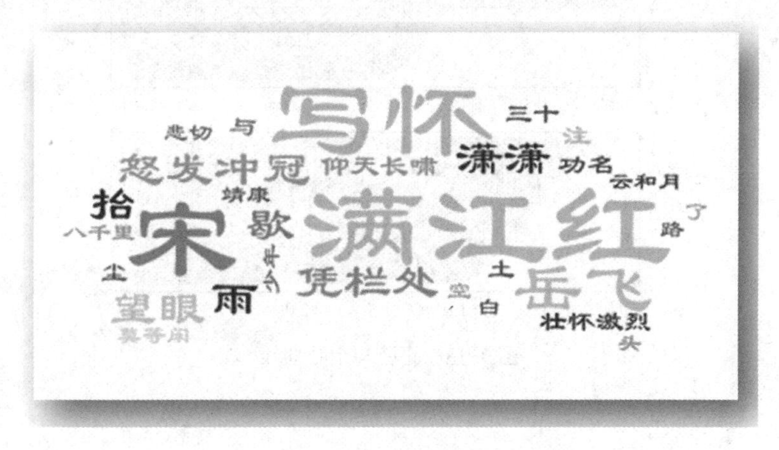

图 9-12　《满江红 · 写怀》词云图片

9.8.2　正弦与余弦图形的绘制

基于 numpy 库中的正弦与余弦函数以及绘图库 matplotlib 库，在一个图中绘制正弦与余弦曲线各 50 个。

【问题分析】

解决该任务的思路如下。

1）首先使用 matplotlib 库绘制两幅子图；

2）通过 numpy 库中的 linspace()函数产生 50 个参数的数组；

3）构建 for 循环；

4）在 for 循环中通过正弦与余弦函数绘制正弦与余弦曲线各 50 个；

5）显示图形。

【程序代码】

```
import numpy as np
import matplotlib.pyplot as plt
plt.figure()                          #创建绘图对象
ax1 = plt.subplot(211)                #创建子图 1
ax2 = plt.subplot(212)                #创建子图 2
x = np.linspace(0, 3, 50)
for i in x:
    plt.sca(ax1)                      #选择子图 1
    plt.plot(x, np.sin(i*x))          #绘制正弦曲线
    plt.sca(ax2)                      #选择子图 2
    plt.plot(x, np.cos(i*x))          #绘制余弦曲线
    plt.show                          #显示绘制的图形
```

【运行结果】

正弦与余弦曲线如图 9-13 所示（正弦曲线在上，余弦曲线在下）。

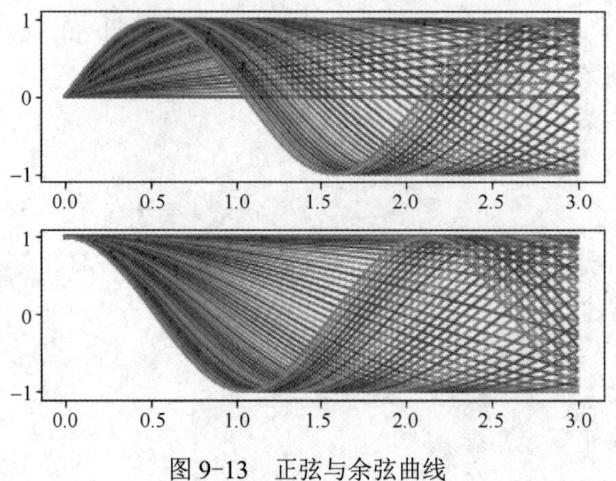

图 9-13　正弦与余弦曲线

9.9　习题

1．选取部分感兴趣的第三方库，使用两种安装方法进行安装。

2．以《三国演义》小说文本为例，使用 jieba 库进行中文分词，统计该小说中出场次数最多的 5 个人物。

3．以《三国演义》小说文本为例，统计小说的词频，并使用 wordcloud 库相关函数，制作前 30 个高频词词云，词云形状为关羽人物像轮廓。

4．综合使用 numpy、pandas、matplotlib 库，绘制一个总分成绩分布图。纵坐标表示线上总成绩，横坐标表示学生学号，绘制总成绩的均分横线，让每位同学的总分分布在均分线上下，观察每位同学的成绩与均分的距离。

数据源：score.xlsx 以及绘制效果分别如图 9-14 和图 9-15 所示。

1	学生学号	测验	考试	讨论区	线上总成绩
2	210241201	46.40	37.60	10.00	94
3	210241202	44.95	34.40	1.00	80.35
4	210241203	34.30	34.40	3.00	71.7
5	210241204	43.80	32.00	10.00	85.8
6	210241205	28.05	28.00	0.00	56.05
7	210241206	38.35	0.00	10.00	48.35
8	210241207	39.35	36.00	10.00	85.35
9	210241208	48.25	39.20	10.00	97.45
10	210241209	23.80	38.40	10.00	72.2
11	210241210	41.85	36.80	10.00	88.65
12	210241211	38.45	32.00	0.00	70.45
13	210241212	41.15	32.80	1.00	74.95
14	210241213	34.40	35.20	0.00	69.6
15	210241214	37.40	32.80	0.00	70.2
16	210241215	0.00	16.00	0.00	16

图 9-14　score.xlsx

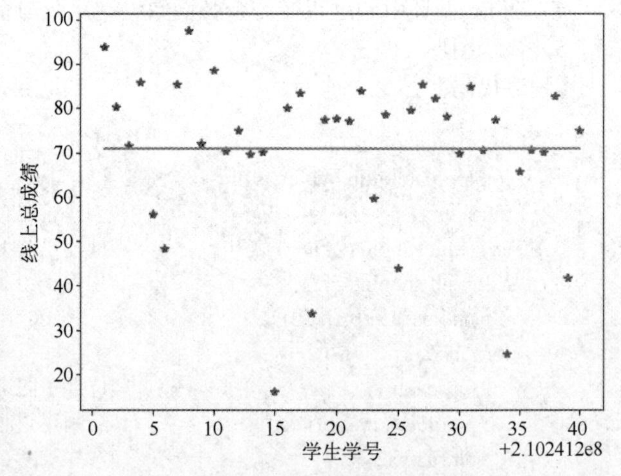

图 9-15　成绩散点分布图

第 10 章　Python 网络爬虫

网络爬虫，是按照一定的规则自动浏览万维网并获取信息的程序或者脚本。网络爬虫主要通过网页中的超链接信息不断获得网络上的其他页面，数据采集过程就像一个爬虫在网络上漫游，其主要应用于搜索引擎、社交应用、舆情监控、行业数据等方面。

【学习要点】

1．网络爬虫的基本处理步骤。

2．requests 库相关函数的使用。

3．lxml 库相关函数的使用。

4．XPath 路径及解析 HTML 文件方法。

5．selenium 库相关函数的使用，理解模拟浏览器行为。

6．多个库的组合使用解决复杂爬虫问题。

10.1　网络爬虫基本步骤

网络爬虫主要完成两个任务：一是获取目标网页，二是解析网页并提取需要的数据。

1．获取目标网页

获取目标网页，首先要实现 HTTP 请求。本章实现 HTTP 请求，分别使用 Python 的 Requests 库及 Selenium 库。

2．解析网页并提取需要的数据

解析网页，就是用来解析 HTML 页面，从 HTML 网页信息中提取需要的、有价值的数据和链接。本单元解析 HTML 页面，主要使用 Python 的 Lxml 库。

Lxml 库使用的是 Xpath 语法，其特点是简单易学、解析速度快。基本过程是将 HTML 网页元素解析为 DOM 树，就是通过文档对象模型（DOM）将 HTML 页面进行解析，并生成 HTML 树状结构，然后对之访问。可以用 Xpath 路径语言来对 HTML 文档中的元素和属性进行遍历和处理。

10.2　认识 HTML 页面

超文本标记语言（HyperText Markup Language），简称 HTML。

HTML 是网页制作必备的编程语言。“超文本”就是指页面内可以包含图片、链接，甚至音乐、程序等非文字元素。下面通过一个典型网页介绍来认识 HTML 页面。

网站名：Books to Scrape，是专门用来被爬取的网站（仅供学习 Python 使用，切勿用于其他用途），展示了书籍产品信息：书名、价格、评价、库存量等。

用 Chrome 浏览器打开网页http://books.toscrape.com，按页面序号显示相关书本信息，如第 10 页 http://books.toscrape.com/catalogue/page-10.html，如图 10-1 所示。

在该页面右击，选择“检查”命令，可查看 HTML 代码如图 10-2 右侧所示。

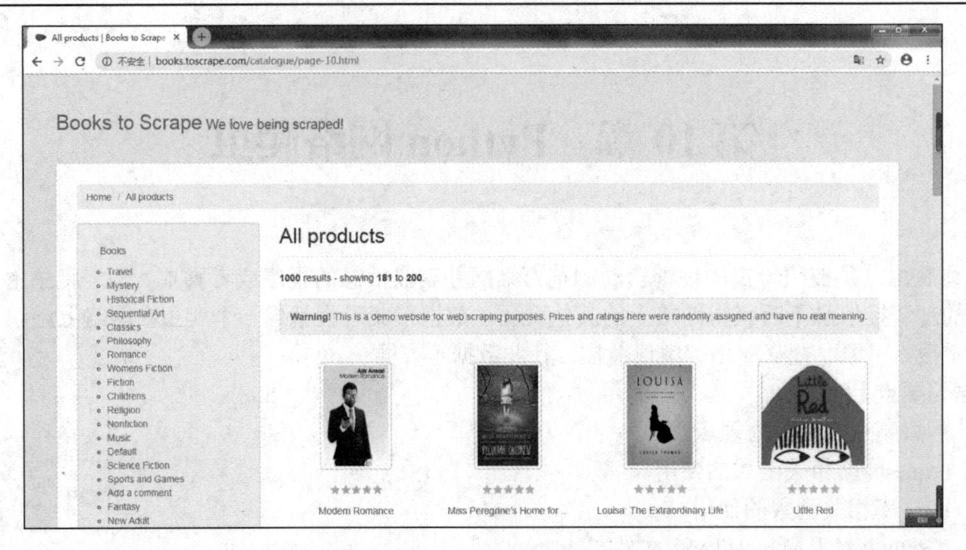

图 10-1 网站第 10 页

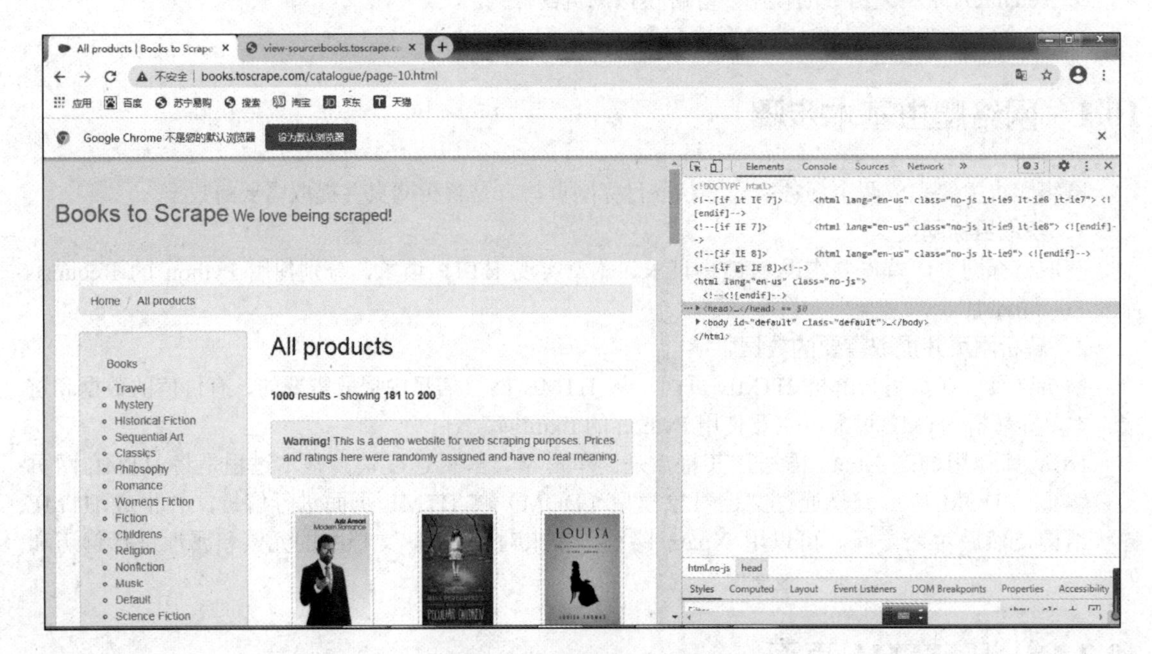

图 10-2 查看 HTML 代码

超文本标记语言的结构包括“头”部分（Head）和“主体”部分（Body），其中“头”部提供关于网页的信息，“主体”部分提供网页的具体内容。

HTML 模板

```
<html>
<head>
    <meta charset="utf-8">
    <title>Title</title>
</head>
<body>...</body>
</html>
```

- <html></html>称为根标签，所有的网页标签都在<html></html>中。
- <head> 标签用于定义文档的头部，它是所有头部元素的容器。头部元素有<title>、<script>、<style>、<link>、<meta>等标签。文档的头部描述了文档的各种属性和信息，包括文档的标题等。<title>和</title>标签之间的文字内容是网页的标题信息，它会出现在浏览器的标题栏中。
- <body>和</body>标签之间的内容是网页的主要内容，如<h1>、<p>、<a>、<img>等网页内容标签，出现在这些标签中的内容会在浏览器中显示出来。

10.3　爬取静态网页

10.3.1　获取网页

1．Requests 库

使用 Requests 库来实现 HTTP 请求，它是 Python 第三方库，需要使用 pip 命令来安装。

```
>pip install requests
```

使用时，首先导入 Requests 库。

```
>>>import requests
```

2．Requests 库相关方法

- #get 请求方法，获取网页。

```
>>> r = requests.get('http://books.toscrape.com/')
```

- #打印 get 请求的状态码。200：请求成功；404：请求的资源不存在。

```
>>> r.status_code
200
```

- #查看请求的文本编码，如 utf-8 编码。

```
>>> r.encoding
'utf-8'
```

- #打印请求到的内容。

```
>>> r.text
u'{"type":"User"...'
```

3．构造请求头部

一般网站服务器是通过读取请求头部的用户代理（User Agent）信息来判别请求是否来自正常的浏览器。因此，需要构造请求头部，来伪装成正常的浏览器。处理过程如下。

1）在网页上右击，在弹出的快捷菜单中选择“检查”选项，如图 10-3 所示。

2）选择“Network”选项，获取网页的头部信息，复制下来并处理成字典形式，如图 10-4 所示。

```
headers={"User-Agent":"Mozilla/5.0 (Windows NT 6.1; WOW64) AppleWebKit/537.36 (KHTML, like Gecko) Chrome/71.0.3578.10 Safari/537.36"}
```

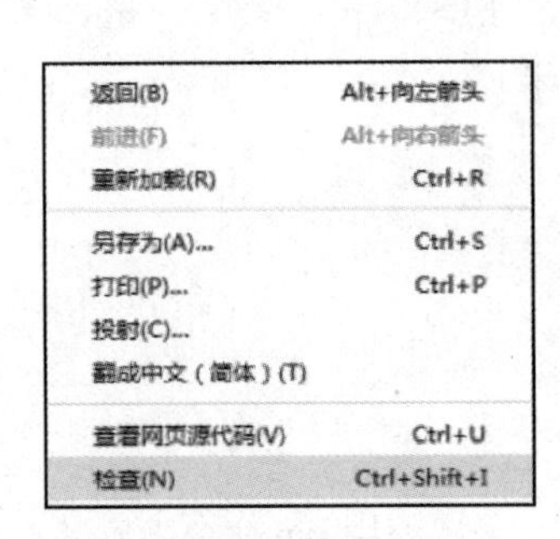

图 10-3　查看网页代码

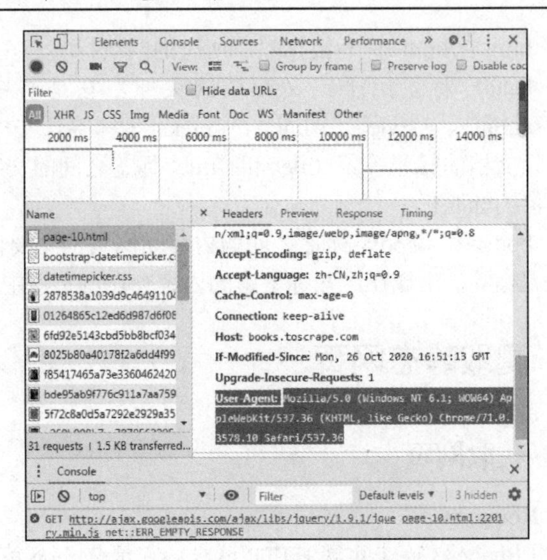

图 10-4　获取网页头部信息

10.3.2　解析网页

1．Lxml 库

Lxml 库是简单易学且解析效率非常高的网页解析库，它是 Python 第三方库，需要使用 pip 命令自行安装。

```
>pip install lxml
```

Lxml 库的大部分功能都存在于 lxml.etree 模块中，使用时，一般导入 Lxml 库的 etree 模块，具体方式如下。

```
>>>from lxml import etree
```

2．XPath

XPath(XML path language)即为 XML 路径语言，用于确定 XML 树结构中的某一部分的位置，能够在树结构中遍历节点（元素、属性等）。

- **选取节点。**

Nodename: 选取此节点的所有子节点。

/：从根节点选取。

//：从任意位置开始，选取所有节点。从匹配选择的当前节点选取文档中的节点，而不用考虑它们的位置。

.：选取当前节点。

..：选取当前节点的父节点。

@：选取属性。

- **谓语（补充说明节点）。**

谓语指的是路径表达式的附加条件，这些条件都写在括号中，表示对节点进行进一步筛选，用于查找某个特定节点或者包含某个指定值的节点。具体格式为：元素[表达式]

例如：

/bookstore/book[1]: 选取属于 bookstore 子元素的第一个 book 元素。

/bookstore/book[last()]：选取属于 bookstore 子元素的最后一个 book 元素。

/bookstore/book[last()-1]：选取属于 bookstore 子元素的倒数第二个 book 元素。

/bookstore/book[position()<3]：选取最前面的两个属于 bookstore 子元素的 book 元素。

//title[@lang]：选取所有 title 元素，且这些元素拥有名称为 lang 的属性。

//title[@lang='eng']：选取所有 title 元素，且这些元素拥有值为'eng'的 lang 属性。

/bookstore/book[price>35.00]：选取 bookstore 元素的所有 book 元素，且其中的 price 值需要大于 35。

/bookstore/book[price>35.00]/title：选取 bookstore 元素中 book 元素的所有 title 元素，且其中 book 元素的 price 元素的值需要大于 35。

- **选取未知节点**

：匹配任何元素节点。 如/bookstore/：选取 bookstore 元素的所有子元素。

@*：匹配任何属性节点。 如//*：选取文档中的所有元素。

node()：匹配任何类型的节点。如//title[@*]：选取所有 title 元素，且 title 元素需要带有任意属性

3．lxml.etree 解析库

lxml.etree 解析库，主要有以下操作及功能。

Element 类及对象操作：etree.Element()、Element.set()、Element.text/tail/tag、Element.xpath()/Element.find()等；

解析字符串/XML/HTML/文件：etree.tostring()、etree.fromstring()、etree.HTML()、etree.XML()。

- 使用 Element 类来创建节点、属性、文本等。
- 使用 etree.tosting() 将元素序列化为 XML 树的编码字符串表示形式。
- 使用 Element.set() 节点对象的 set()方法，给该 Element 已有的节点对象添加属性。
- 使用 Element.text、Element.tail 或 Element.tag 等属性，来获取和设置节点对象的相关文本等属性。
- 使用 Element.find()/findall()/iterfind()节点对象方法，来搜索和查询节点。
- 使用 Element.xpath()节点对象方法，返回与该路径表达式匹配的列表。注意：xpath 返回的匹配内容是列表格式，所以使用[0]索引来提取内容。
- 使用 etree.HTML()从字符串常量中解析 HTML 文档或片段，返回根节点，并且可以自动补全标签。

10.3.3　爬取静态网页实例

【例 10-1】 爬取Books to Scrape网站 1～10 页的书籍名称、价格、现货等信息，并写入 CSV 格式文件 books.csv 中。源代码参考文件 book1.ipynb。

（1）导入库

```
import requests
import time
from lxml import etree
```

（2）获取网页

用 Chrome 浏览器打开网页，http://books.toscrape.com/catalogue/page-10.html。

在网页上右击，在弹出的快捷菜单中选择“检查”命令，选择“Network”选项，获取网页的头部信息，并处理成字典形式。代码如下。

```
headers={"User-Agent":"Mozilla/5.0 (Windows NT 6.1; WOW64) AppleWebKit/537.36 (KHTML, like Gecko) Chrome/71.0.3578.10 Safari/537.36"}
f=open("books.csv","a",encoding="utf-8")        #追加方式打开 books.csv 文件
```

```
preurl="http://books.toscrape.com/catalogue/page-"    #URL 地址前缀部分
k=0    #计数器，作为所爬取到的书本信息序号
for i in range(1,11):  #爬取 1-10 页的页面内容
    r=requests.get(preurl+str(i)+".html",headers=headers)    #获取网页
    time.sleep(2)
    html=etree.HTML(r.content)                #解析网页，并返回 HTML 的树状结构 html
```

（3）解析网页

在网页中右击，在弹出的快捷菜单中选择“检查”命令。页面中每本书籍包括封面图片、书名、价格、现货等信息，寻找匹配某本书信息的 XPath 路径，操作如下：选择“Elements”选项，在右侧代码段移动鼠标指针，发现每一本书籍的信息都包含在每一个<li>…</li>标记中，如图 10-5 所示。

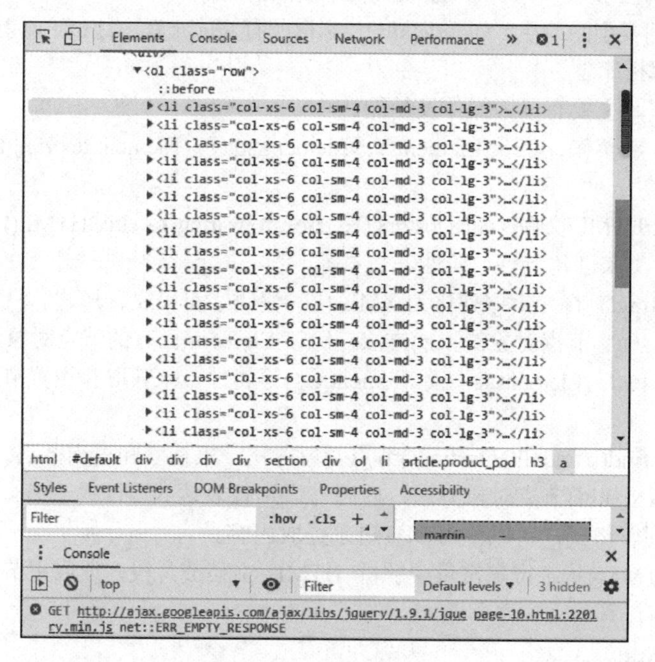

图 10-5 匹配<li>标记

右击一个<li>…</li>标记，在弹出的快捷菜单中选择“Copy”→“Copy XPath”命令，将书本信息对应的 XPath 路径复制下来，如下。

```
//*[@id="default"]/div/div/div/div/section/div[2]/ol/li[2]
```

上述路径表示首先匹配属性是 id="default"的节点，然后逐层匹配到标记 li 的第 2 个节点，即第 2 本书籍信息的节点，如图 10-6 所示。

若要得到页面所有书籍的信息节点列表，XPath 路径如下。

```
//*[@id="default"]/div/div/div/div/section/div[2]/ol/li
```

因此，获取书籍节点列表的代码如下。

```
booklist=html.xpath('//*[@id="default"]/div/div/div/div/section/div[2]/ol/li')
```

在左侧的网页上右击一本书籍的名称，并在弹出的快捷菜单中选择“检查”命令，在右侧“Elements”选项卡中将会显示对应的 html 代码，如图 10-7 所示。

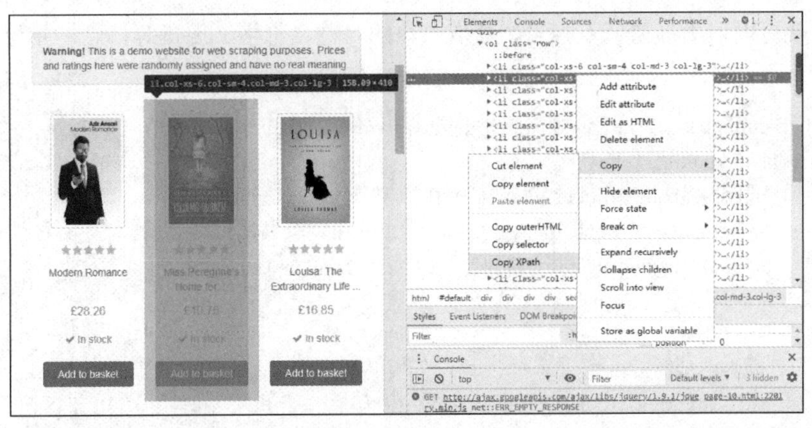

图 10-6　匹配节点

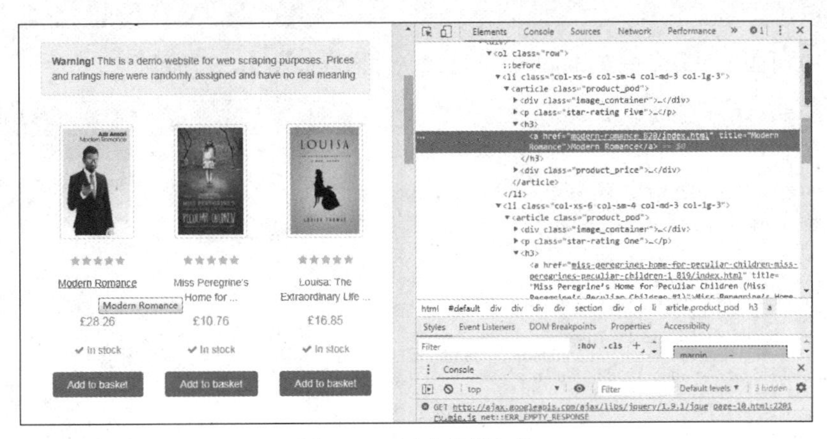

图 10-7　匹配书籍名称

在代码上右击，在弹出的快捷菜单中选择“Copy”→“Copy XPath”命令，将书籍名称对应的 XPath 路径复制下来，如图 10-8 所示。得到 XPath 路径如下。

```
//*[@id="default"]/div/div/div/div/section/div[2]/ol/li[1]/article/h3/a
```

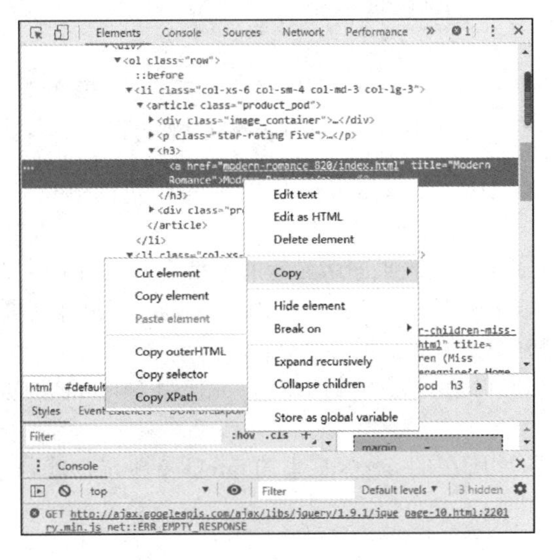

图 10-8　书籍标题 XPath 路径

照此方法就可以遍历书籍节点列表，获取书籍的名称、价格、现货等信息，并写入文件中，代码如下。

```
booklist=html.xpath('//*[@id="default"]/div/div/div/div/section/div[2]/ol/li')
  for book in booklist:
        a=book.xpath('article/h3/a/text()')[0]   #获取书籍标题信息
        b=book.xpath('article/div[2]/p[1]/text()')[0]   #获取书籍价格信息
        c=book.xpath('article/div[2]/p[2]/text()')[1].strip("\n").strip()
#获取书籍现货信息
        k=k+1
        item=[str(k),a,b,c]
        s=",".join(item)+"\n"
        f.write(s)        #将书籍信息写入 CSV 格式文件
f.close()
```

爬取 1～10 页面中书籍信息的 books.csv 格式文件内容如图 10-9 所示。

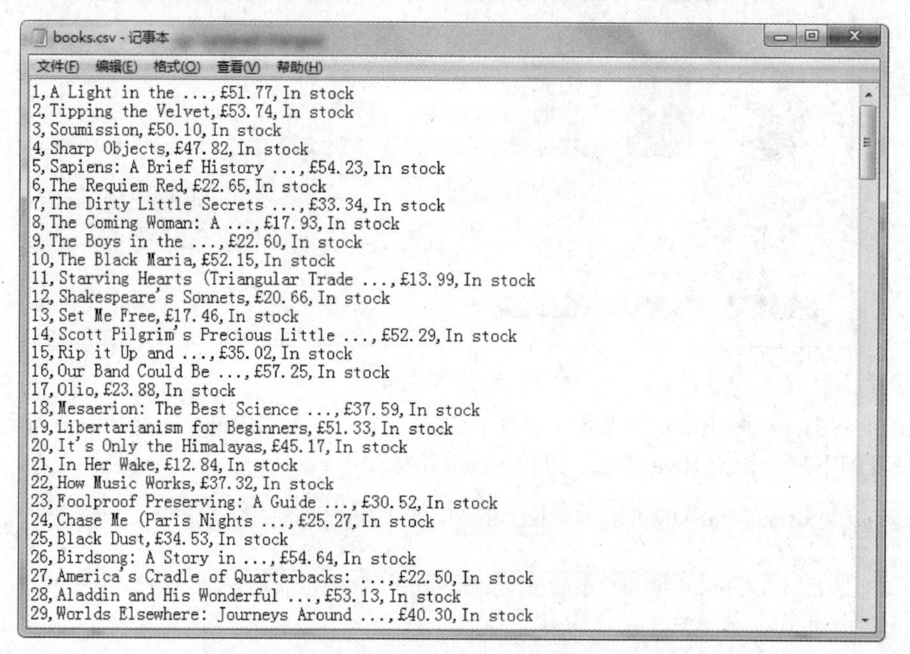

图 10-9 books.csv 格式文件内容

【例 10-2】 深层页面爬取Books to Scrape网站 1～10 页的书籍详细信息。源代码参考文件 books_detail.ipynb。

例 10-1 仅仅是爬取到了书籍列表页面所显示的书籍信息，如果需要显示书籍更详细的信息，就需要从书籍列表页面中提取出书籍详细信息的 URL，并爬取书籍详情页面。图 10-10 所示为书籍的详细信息页面，包括书籍介绍、库存数量等信息。

从书籍列表页面提取书籍详细信息页面的 URL，先使用 Chrome 浏览器的“检查”功能分析一下，如图 10-11 所示。

可以看到，书籍封面图片所在的<a>标签里的 href 属性，也就是书籍详细信息页面部分的 URL。

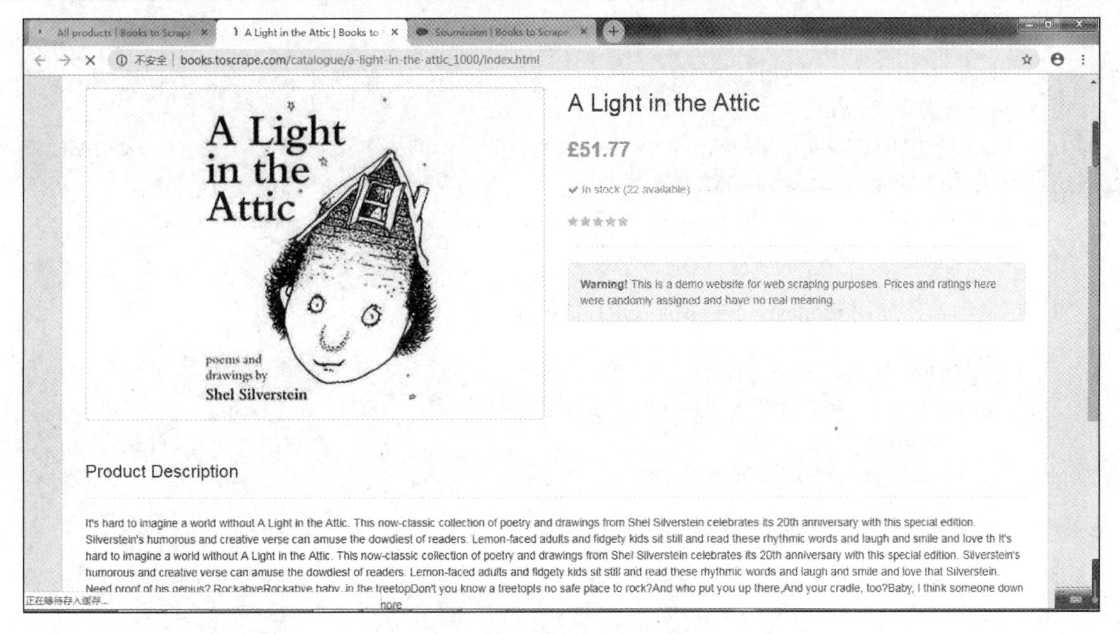

图 10-10　书籍详细信息页面

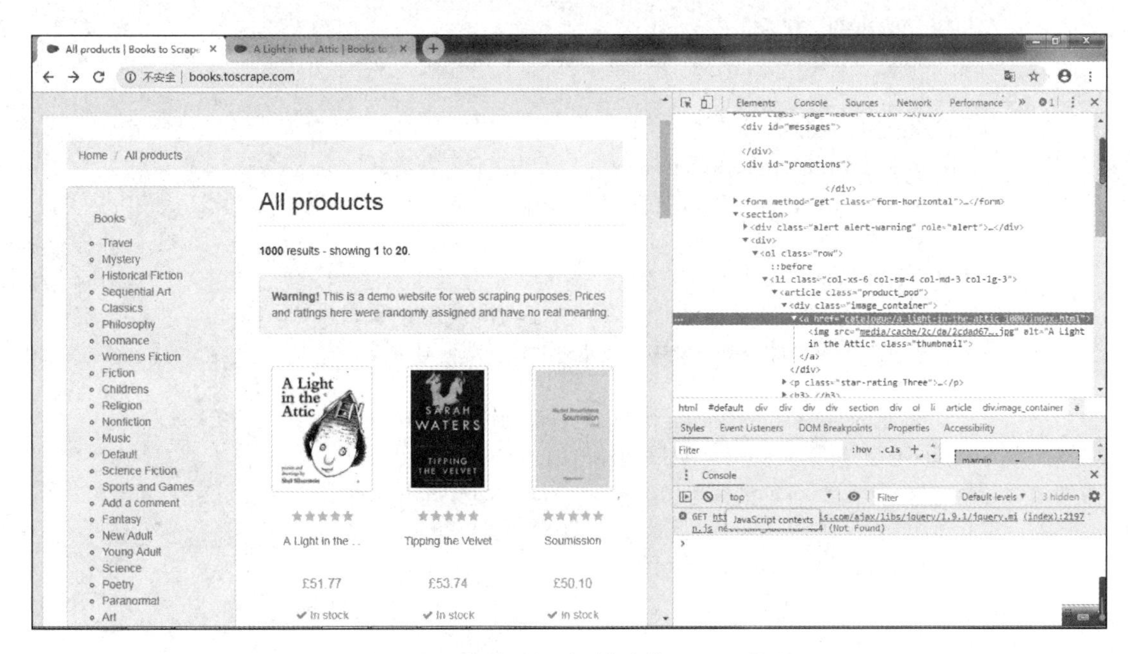

图 10-11　关联详细页面信息的 HTML 代码

```
<a href="catalogue/a-light-in-the-attic_1000/index.html">
```

而完整的书籍详细信息页面 URL 如下。

```
http://books.toscrape.com/catalogue/a-light-in-the-attic_1000/index.html
```

相关实现代码。

1）导入库并设置网页头部信息。

```
import requests
import time
from lxml import etree
headers={"User-Agent":"Mozilla/5.0 (Windows NT 6.1; WOW64) AppleWebKit/537.36 (KHTML, like Gecko) Chrome/71.0.3578.10 Safari/537.36"}
f=open("booksdetail.csv","a",encoding="utf-8")              #追加方式打开 booksdetail.csv 文件
preurl="http://books.toscrape.com/catalogue/"               #URL 地址前缀部分
```

2）定义函数，使用 requests 下载指定 URL 的网页。

```
def download(url):
    r=requests.get(url,headers=headers)
    time.sleep(3)
    return etree.HTML(r.content)
```

3）爬取书籍列表信息及详细信息，代码如下。

```
k=0   #计数器，用于统计爬取信息条数
for i in range(1,11):    #爬取 1-10 页面的书籍列表信息
    url=preurl+"page-"+str(i)+".html"
    html=download(url)
    bookslist=html.xpath('//*[@id="default"]/div/div/div/div/section/
div[2]/ol/li')
    for book in bookslist:
        a=book.xpath('article/h3/a/text()')[0]   #获取书籍标题信息
        b=book.xpath('article/div[2]/p[1]/text()')[0]   #获取书籍价格信息
        k=k+1
        #构造书籍详细信息页面
        bookurl=preurl+book.xpath("article/div[1]/a/@href")[0] #获取书籍 URL
        bookhtml=download(bookurl)      #获取书籍详细页面 DOM 树
        time.sleep(3)
        bookstock=bookhtml.xpath("//*[@id='content_inner']/article/table/
    tr[6]/td/text()")[0]                #获取书籍的库存信息
        bookdesc=bookhtml.xpath("//*[@id='content_inner']/article/p/
    text()")[0]                         #获取书籍的详细介绍
        item=[str(k),a,b,bookstock,bookdesc]
        s=",".join(item)+"\n"
        f.write(s)
        print("正在抓取",a)
f.close()
```

运行代码后，提示爬取过程如图 10-12 所示。

爬取的结果，具体查看 booksdetail.csv。

【例 10-3】 爬取Books to Scrape网站 1～10 页的书籍封面图片（见图 10-13），并自动保存到本地文件夹 book 中，文件名为书籍爬取序号。源代码参考文件 book_image.ipynb。

要求将书籍列表中的书籍封面图片下载下来，并保存到指定文件夹 book 中，以序号作为图片名。

```
正在抓取 A Light in the ...
正在抓取 Tipping the Velvet
正在抓取 Soumission
正在抓取 Sharp Objects
正在抓取 Sapiens: A Brief History ...
正在抓取 The Requiem Red
正在抓取 The Dirty Little Secrets ...
正在抓取 The Coming Woman: A ...
正在抓取 The Boys in the ...
正在抓取 The Black Maria
正在抓取 Starving Hearts (Triangular Trade ...
正在抓取 Shakespeare's Sonnets
正在抓取 Set Me Free
正在抓取 Scott Pilgrim's Precious Little ...
正在抓取 Rip it Up and ...
正在抓取 Our Band Could Be ...
正在抓取 Olio
正在抓取 Mesaerion: The Best Science ...
正在抓取 Libertarianism for Beginners
正在抓取 It's Only the Himalayas
```

图 10-12　爬取过程页面

图 10-13　书籍封面图片

首先，要获取书籍封面图片的 URL 地址，再根据这个 URL 地址请求并获得图片内容，然后保存图片到指定文件夹中。

```
import requests
import time
from lxml import etree
headers={"User-Agent":"Mozilla/5.0 (Windows NT 6.1; WOW64) AppleWebKit/537.36 (KHTML, like Gecko) Chrome/71.0.3578.10 Safari/537.36"}
preurl="http://books.toscrape.com/"      #URL 地址前缀部分
def download(url):
    r=requests.get(url,headers=headers)
    time.sleep(3)
```

```
        return etree.HTML(r.content)
    k=0   #计数器，用于统计爬取信息条数
    for i in range(1,11):     #爬取 1-10 页面的书籍列表信息
        url=preurl+"catalogue/page-"+str(i)+".html"
        html=download(url)
        bookslist=html.xpath('//*[@id="default"]/div/div/div/div/section/
    div[2]/ol/li')
        for book in bookslist:
            k=k+1
            title=book.xpath('article/h3/a/text()')[0]   #获取书籍标题信息
            imgurl=book.xpath('article/div[1]/a/img/@src')[0]   #获取书籍封面图片 URL
            imgurl=preurl+img_url[2:]   #截取、组合成有效的图片 URL 地址
            img=requests.get(imgurl,headers=headers)   #获取封面图片网页
            time.sleep(3)
            print("正在抓取",title,imgurl)
            dir="book\\"+str(k)+".jpg"
            f=open(dir,"wb") # 将图片写入文件夹，指定文件名为书籍名称
            f.write(img.content)
            f.close()
```

爬取结果如图 10-14 所示。

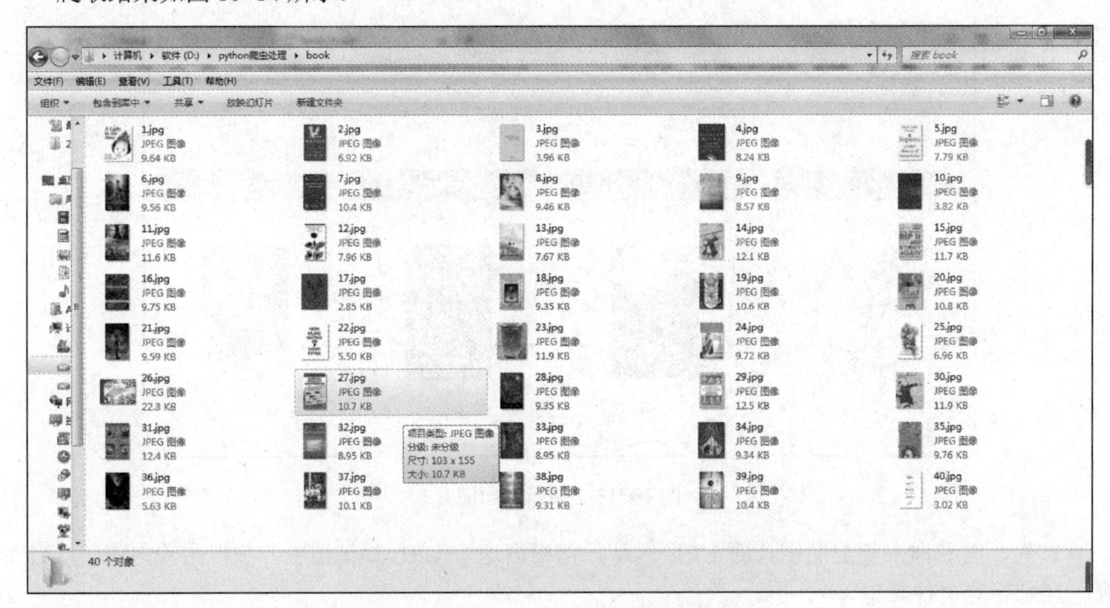

图 10-14　爬取 1～10 页书籍封面图片结果

10.4　爬取动态网页

任务目标：在豆瓣网站上爬取电影《心灵奇旅》的影片短评内容信息。

短评网址如下。

```
https://movie.douban.com/subject/24733428/comments?status=P
```

使用工具：selenium 自动化测试工具和 Chrome 浏览器。

开发环境：在路径“D:\python 爬虫处理\”下，启动 jupyter 工具开发。

短评网页显示如图 10-15 所示。

图 10-15　豆瓣网短评页面

爬虫分析：爬取《心灵奇旅》的影片短评内容，每页爬取的信息包括用户昵称、评价得分、评价时间以及具体发表的观影短评内容，每页显示 20 条短评内容。

另外，若要爬取用户个人详细信息，需要以用户名、密码登录，进行深层数据访问。因此，爬取过程中需要能够跟踪用户登录信息。

网站一般展示《心灵奇旅》影片的 500 条短评内容，需要对网页进行翻页操作。因此爬取过程中要能够自动模拟浏览器翻页操作，获取每一页的所需信息。

最后，要将爬取的信息以 CSV 格式文件保存下来，用于进一步分析使用。

10.4.1　获取页面 cookies

对于豆瓣网站，必须保持登录才能读取其深层网页信息，因此爬取过程中需要一直保持登录状态，可以采用 Cookies 保持登录的机制。

Cookies 是浏览器访问网站后，网站存放在客户端的一组数据，用于跟踪用户。Cookies 保持用户登录的过程如下：用户登录验证后，网站会创建登录凭证，包括用户 ID、登录时间、过期时间，并对登录凭证加密，将加密后的信息写到浏览器的 Cookies 中。以后每次浏览器的请求都会发送 Cookies 给服务器，服务器根据解密算法对其进行验证。

以豆瓣用户名和密码登录，在页面中右击，选择快捷菜单中的“检查”命令，并选择“Network”选项，刷新页面，选择右侧第一个 comments?status=P，并复制其中的 cookie 和 User-Agent 内容，将这部分字符串分别处理成字典形式，两个字典分别为 headers 和 cookies。

```
headers={'User-Agent': 'Mozilla/5.0 (Windows NT 6.1; WOW64) AppleWebKit/537.36 (KHTML, like Gecko) Chrome/71.0.3578.10 Safari/537.36'}
cookiestr='bid=9WR83ClrcfM; _pk_ses.100001.4cf6=*; ap_v=0,6.0;
__utma=30149280.994873699.1612672909.1612672909.1612672909.1;
__utmb=30149280.0.10.1612672909;
```

```
__utmc=30149280;
__utmz=30149280.1612672909.1.1.utmcsr=(direct)|utmccn=(direct)|utmcmd=(none);
__utma=223695111.869573397.1612672909.1612672909.1612672909.1;
__utmb=223695111.0.10.1612672909;
__utmc=223695111;
__utmz=223695111.1612672909.1.1.utmcsr=(direct)|utmccn=(direct)|utmcmd=(none); dbcl2="232136479:sf3Bz-nnqO3s";
ck=Xa-e; _pk_id.100001.4cf6=8ec4b80da1779cc6.1612672909.1.1612672956.1612672909.; push_noty_num= 0; push_doumail_num=0'
cookies={}                              #存储 cookies 信息的字典
for i in cookiestr.split("; "):         #遍历 cookie_str 字符串，将其处理成字典形式
    key,value=i.split('=',1)
    cookies[key]=value
```

10.4.2 Selenium 库

Selenium 库是一个用于 Web 应用程序测试的工具，测试应用程序能否很好地工作在不同浏览器和操作系统之上。Selenium 测试直接运行在浏览器中，模拟浏览器行为，就像真正的用户在操作一样。支持的浏览器包括 IE、Firefox、Google Chrome 等。

由于 Selenium 库是 Python 第三方库，因此需要使用 pip 命令来安装。

```
>pip install selenium
```

这里主要使用 webdriver 模块控制浏览器操作。

```
>>>from selenium import webdriver
```

1．下载 chromedriver 插件

Selenium 驱动 Chrome 浏览器，首先需要在浏览器端安装与其版本匹配的 chromedriver 插件。本书使用操作系统是 Windows 10，Chrome 浏览器版本是 71.0.3578.10。

chromedriver 插件下载可参考的链接地址 http://chromedriver.storage.googleapis.com/index.html。

找到与浏览器版本匹配的 chromedriver 插件，并予以下载，并放置在“D:\python 爬虫处理\”文件夹下。

2．webdriver 驱动浏览器，获取豆瓣短评网页

源代码参考文件 webdriver.ipynb。

```
from selenium import webdriver
from lxml import etree
import requests
import time
import pandas as pd
driver=webdriver.Chrome("d:/python 爬虫处理/chromedriver.exe")   #声明并调用浏览器
#使用 get()方法打开浏览器预设网址
driver.get("https://movie.douban.com/subject/24733428/comments?status=P")
film=etree.HTML(driver.page_source)
```

首先初始化浏览器驱动 driver，driver.get()方法会打开请求的 URL；page_source 属性，可以获取网页源代码，运行这段代码，会自动打开 Chrome 浏览器，然后访问豆瓣网站上电影《心灵奇旅》的短评页面。调用 etree.HTML()，将网页源代码解析为 DOM 树 film。

此刻浏览器打开的网页，地址栏下面会呈现：“Chrome 正受到自动测试软件的控制”字样，如图 10-16 所示。

图 10-16　浏览器受自动测试软件控制

10.4.3　爬取当前网页数据

源代码参考文件 sele.ipynb。

观察《心灵奇旅》的短评数据，在一条短评上右击，选择快捷菜单上的“检查”命令，查看该部分 HTML 代码，如图 10-17 所示。

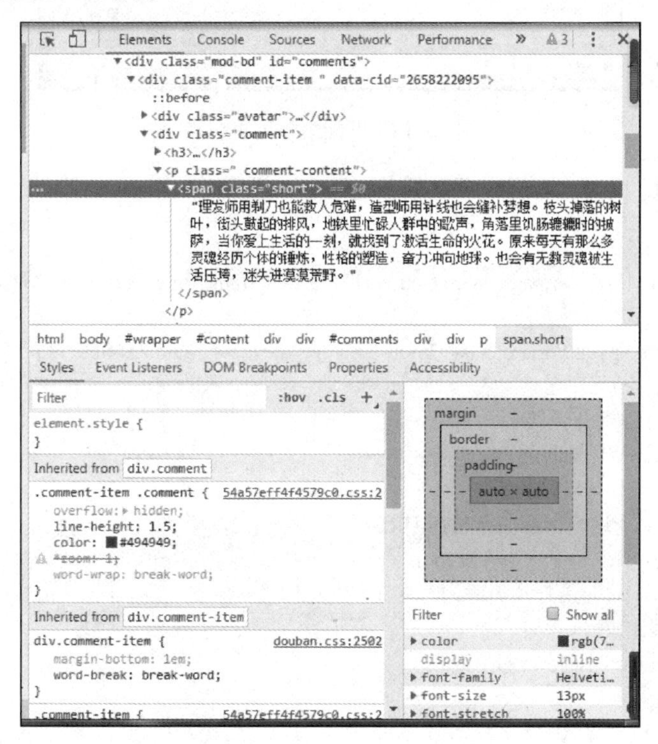

图 10-17　查看网页 HTML 代码

结合网页左右两侧，发现一个<div class="mod-bd">标签，其中包含若干个<div class="comment-item ">标签，每个<div>就是一个短评数据。包括用户昵称、评价得分、评价时间、用户个人详细信息链接，以及具体发表的观影短评内容，如图 10-18 所示。

获取短评数据列表节点代码如下。

```
reviewlist=film.xpath('//div[@class="mod-bd"]/div[@class="comment-item "]')
```

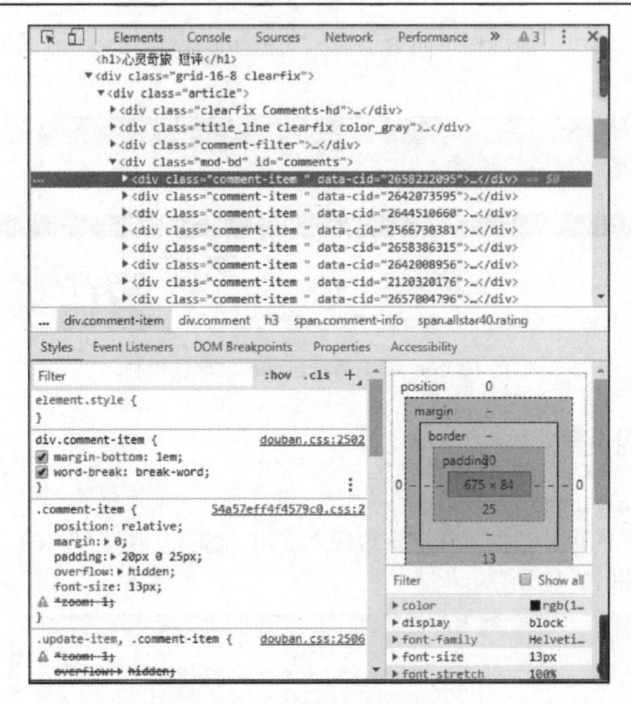

图 10-18　匹配短评列表节点

通过观察 HTML 代码，遍历影评数据节点列表，设置对应节点的 XPath 路径，分别获取各个影评相关数据。

```
film=etree.HTML(driver.page_source,etree.HTMLParser(encoding="utf-8")) #解析当前页面
#获取当前页面短评节点列表
reviewlist=film.xpath('//div[@class="mod-bd"]/div[@class="comment-item "]')
    names=[]  #用户名
    stars=[]   #评分星级
    times=[]   #评论时间
    contents=[]  #短评内容
    urls=[]     #用户详细信息链接 URL 地址
    addresses=[]   #用户所在城市
    regtimes=[]   #用户注册时间
    k=0    #计数器
    for r in reviewlist:    #遍历列表
        k=k+1
        #获取用户名
        name0=r.xpath('div[@class="comment"]/h3/span[@class="comment-info"]
/a/text()')[0]
        #获取评价星级
        star0=r.xpath('div[@class="comment"]/h3/span[@class="comment-info"]/
span[2]/@class')
        star0="" if star0==[] else star0[0][7:9]
        #获取评价时间
        time0=r.xpath('div[@class="comment"]/h3/span[@class="comment-info"]/
span[3]/@title')
        time0="" if time0==[] else time0[0][:11]
```

```
            #获取短评内容
            content0=r.xpath('div[@class="comment"]/p/span/text()')[0]
            names.append(name0)
            stars.append(star0)
            times.append(time0)
            contents.append(content0)
    #获取用户个人链接
            url=r.xpath('div[@class="comment"]/h3/span[@class="comment-info"]/
    a/@href')[0]
            urls.append(url)
            time.sleep(2)
            print([k,name0,star0,time0,content0,url])
```

使用 Jupyter Notebook 调试运行，结果如图 10-19 所示，说明已经正确获取《心灵奇旅》短评内容第 1 页数据。

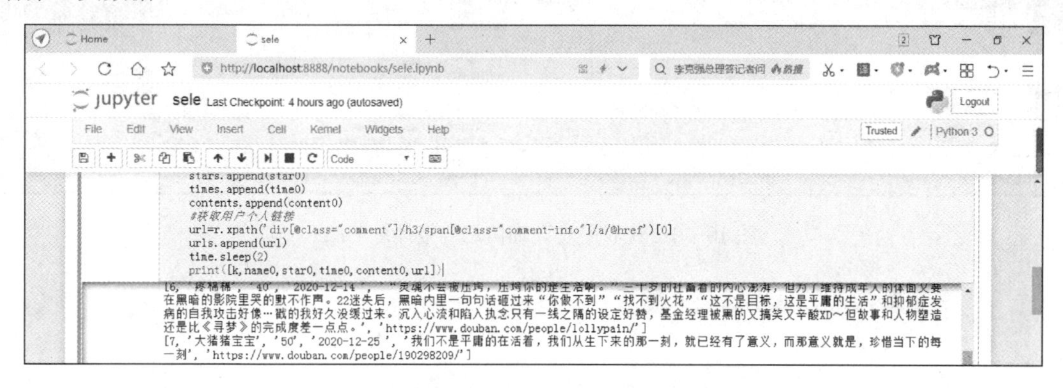

图 10-19　爬取影片短评内容第 1 页数据

10.4.4　爬取深层页面数据

源代码参考文件 sele.ipynb。

若要进一步获取该用户居住地以及注册豆瓣时间，则需要进入用户详细信息的链接地址 URL（见图 10-20），获取深层页面数据（见图 10-21），并通过 XPath 路径获取当前用户的常住地、注册时间的节点数据。

代码如下。

```
            #获取个人详细信息链接地址
            url=r.xpath('div[@class="comment"]/h3/span[@class="comment-info"]
    /a/@href')[0]
            #获取个人信息页面
            req=requests.get(url,cookies=cookies,headers=headers)
            #解析个人信息页面，生成 DOM 树 html
            html=etree.HTML(req.content)
            #获取用户常住地
            address=html.xpath('//div[@class="user-info"]/a/text()')
            address="" if address==[] else address[0]
            #获取注册时间
            regtime=html.xpath('//div[@class="user-info"]/div/text()')[1] [:11]
```

```
            addresses.append(address)
            regtimes.append(regtime)
```

图 10-20　获取用户详细信息链接地址 URL

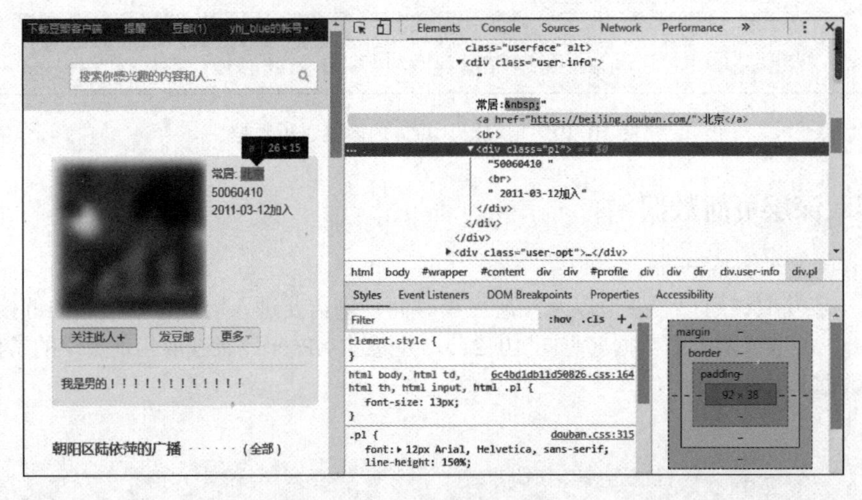

图 10-21　用户详细信息页面

10.4.5 保存爬取的当前页面数据

源代码参考文件 sele.ipynb。

```
data=pd.DataFrame({'用户名':names,'评级':stars,'评价时间':times,'短评':contents,'居住地':addresses,'注册时间':reg_times})
data
```

在 Jupyter Notebook 中调试运行，显示从当前页面爬取到的包含用户详细信息的 data 数据，结果如图 10-22 所示，每页包括 20 条短评记录。

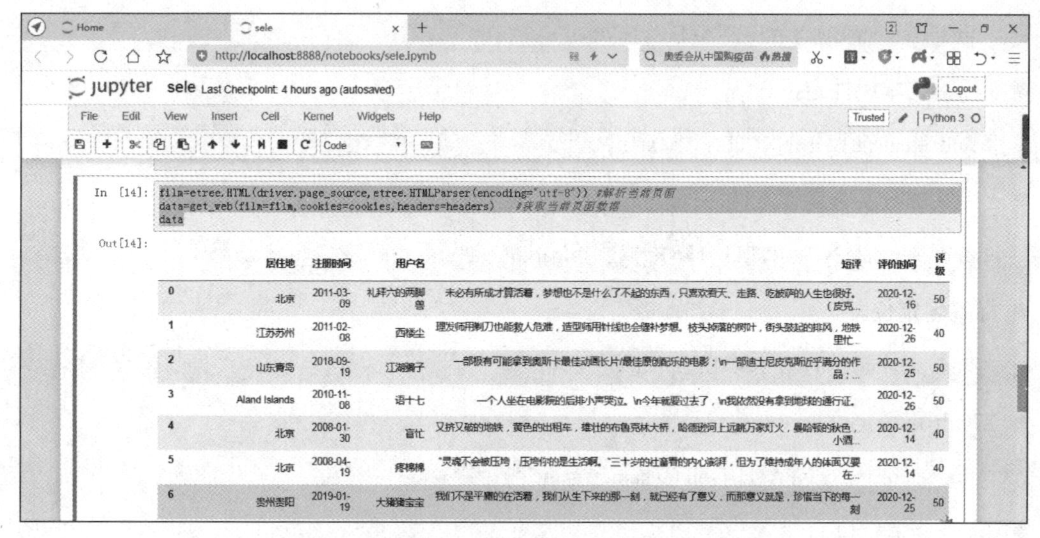

图 10-22　爬取包含用户详细信息页面的结果

读者可以利用学过的函数知识，将上述爬取当前页信息的代码整理成函数 get_web()，其中，参数 film 接收解析网页的 DOM 树，参数 cookies 接收 cookies 信息字典，参数 headers 接收 headers 信息字典，函数返回 DataFrame 形式的数据 data。

函数 getweb()，可由读者根据上述实现代码自行整合处理。源代码参考文件 sele.ipynb。

10.4.6　爬取深层多个网页

豆瓣网站关于影片《心灵奇旅》的影评中，一共包含 500 条影评记录，这些记录分布在多个网页中。在爬取过程中，需要进行页面加载及翻页处理，因此需要通过 Selenium 库的 webdriver 模块来模拟浏览器的页面加载及翻页动作。

源代码参考文件 sele.ipynb。

1．webdriver 设置延时等待，加载页面

在豆瓣影评中，如何判别一个页面是否完整加载进来了呢？可以通过设置延时操作，根据页面底端某些元素的载入情况来判定页面是否被完整载入。

首先导入 webdriver 模块的相关类。

```
from selenium.webdriver.common.by import By                       #导入 By 类
from selenium.webdriver.support.ui import WebDriverWait           #导入显性等待
from selenium.webdriver.support import expected_conditions as EC  #导入预期条件
```

下面对相关类及其属性进行介绍。

（1）from selenium.webdriver.common.by import By

By 是 selenium 中内置的一个类，在这个类中可以通过各种方法来定位元素。By 所支持的定位器的分类如下。

- id 属性定位。

```
find_element(By.ID,"id")
```

- name 属性定位。

```
find_element(By.NAME,"name")
```

- classname 属性定位。

```
find_element(By.CLASS_NAME,"claname")
```

- a 标签文本属性定位。

```
find_element(By.LINK_TEXT,"text")
```

- a 标签部分文本属性定位。

```
find_element(By.PARTIAL_LINK_TEXT,"partailtext")
```

- 标签名定位。

```
find_elemnt(By.TAG_NAME,"input")
```

- XPath 路径定位。

```
find_element(By.XPATH,"//div[@name='name']")
```

- css 选择器定位。

```
find_element(By.CSS_SELECTOR,"#id")
```

（2）from selenium.webdriver.support.ui import WebDriverWait

Selenium 显性等待，等待元素出现后再执行下一步。

（3）from selenium.webdriver.support import expected_conditions as EC

selenium.webdriver.support.expected_conditions 可以对网页上元素是否存在、可单击等进行判断，一般用于断言或与 WebDriverWait 配合使用。

等待条件如下。

- EC.presence_of_element_located：节点出现。
- EC.element_to_be_clickable：可单击。

如：等待页面中最后一个用户名是否可单击，由此判别页面是否已经被完整加载进来。如图 10-23 所示，右击最后一个用户名元素，复制其 XPath 路径。

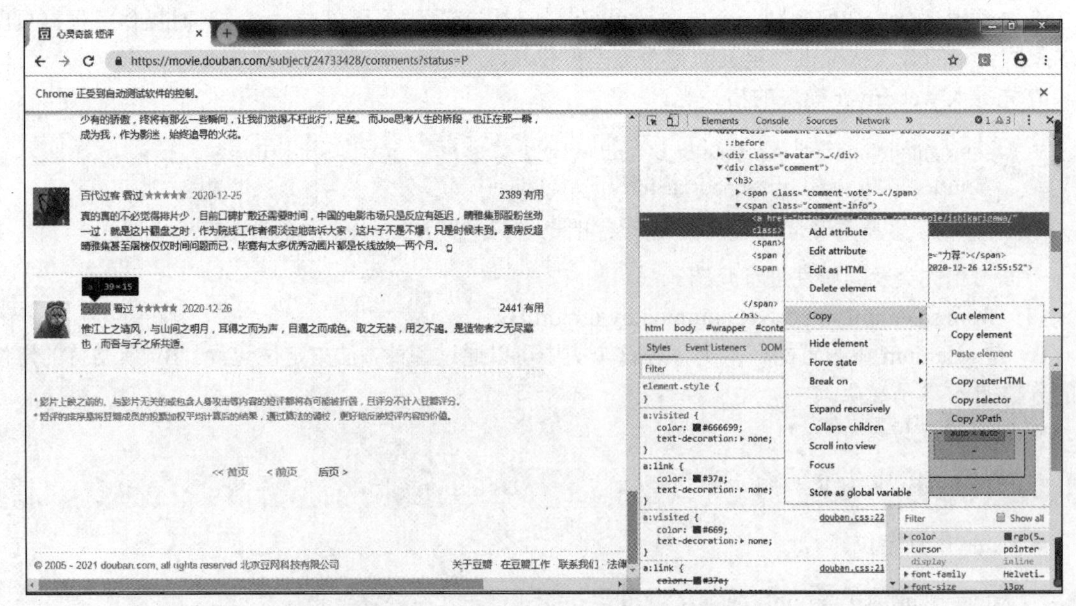

图 10-23　根据用户名是否可单击判别页面加载情况

设置可单击延时等待，代码如下。

```
wait = WebDriverWait(driver,20)
wait.until(          #设置最后一个用户名可单击延迟，保证页面被完整加载
        EC.element_to_be_clickable(
            (By.XPATH,'//span[@class="comment-info"]/a')
        )
    )
```

引入 WebDriverWait 显性等待对象 wait，指定最长等待时间为 20s。

调用 WebDriverWait 对象的 until 方法，传入要等待的条件 expected_conditions，比如这里传入 element_to_be_clickable 这个条件，代表节点可单击，其参数是节点的定位元组：（By.XPATH，Xpath 路径），采用 By.XPATH 方法来定位元素。

这样可以实现的效果就是，在 20s 内如果 Xpath 路径'//span[@class="comment-info"]/a'的节点（即最后一个用户名）被成功加载进来，就返回该节点，执行下一步操作。如果 20s 后还没有被加载进来，就抛出异常。

2．webdriver 设置延时等待，模拟 “后页” 标签翻页操作

在豆瓣影评中，如何实现翻页处理呢？可以通过设置延时操作，判别“后页”标签是否存在（可单击），用来模拟页面翻页动作。

要模拟网页“翻页”操作，首先要定位到网页“翻页”标签处。

webdriver 定位网页元素节点的方法如下。

- find_element_by_id("元素 id 属性")。
- find_element_by_name("元素 name 属性")。
- find_element_by_css_selector("Selector 标签")。
- find_element_by_xpath('XPath 路径')。
- find_element_by_link_text("链接文本")。
- find_element_by_partial_link_text("部分链接文本")。
- find_element_by_tag_name("元素标签名")。
- find_elements_by_class_name("元素 class 属性")。

采用 find_element_by_xpath()方法，定位短评页面中的“后页”标签节点，如图 10-24 所示。代码如下。

```
driver.find_element_by_xpath('//*[@id="paginator"]/a[@data-page="next"]')
```

设置延时操作，判别“后页”标签是否存在（可单击），用来模拟页面翻页动作。

```
backtn=wait.until(    #设置节点“后页”可以单击延时
        EC.element_to_be_clickable(
            (By.XPATH,'//*[@id="paginator"]/a[@data-page="next"]')
        )
    )
backtn.click()  #模拟网页“后页”，进行翻页操作
```

调用 WebDriverWait 对象的 until 方法，传入要等待的条件，表示节点“后页”可单击延时。若“后页”标签可单击，则执行单击操作，完成翻页功能。

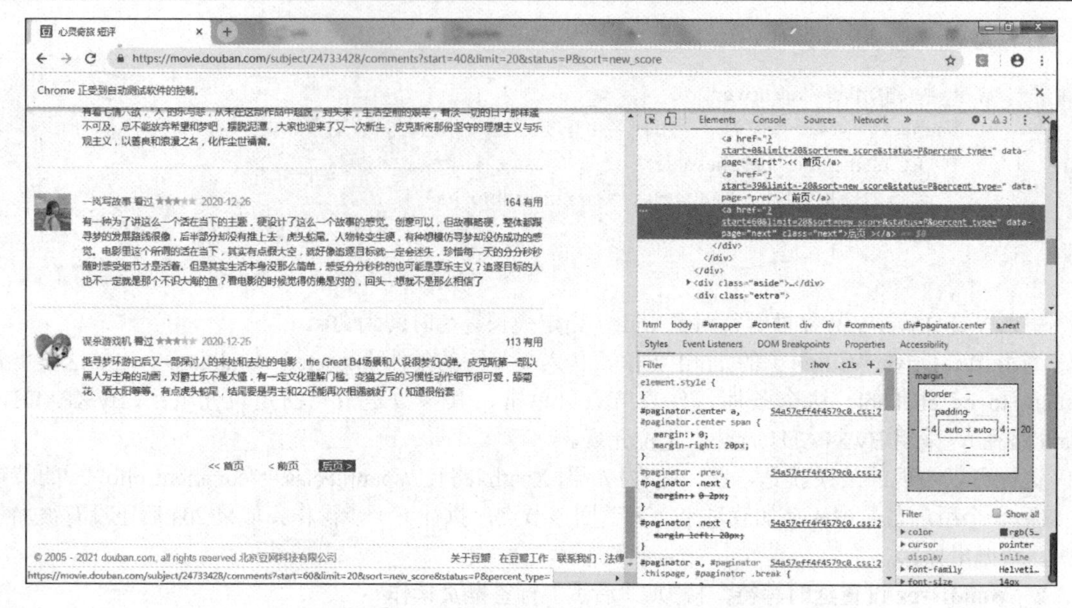

图 10-24 定位短评页面中的“后页”标签节点

10.4.7 主程序书写

分析：

首先定义数据框架 filmdata，用于存放爬取的所有数据。循环处理以下步骤。

- 设置延时等待对象 wait，通过判别页面最后一个用户名是否可单击，保证当前页面被完整加载进来。
- 设置“后页”标签延时等待，执行翻页操作：如果“后页”标签存在，则执行翻页操作；否则，产生异常，停止翻页；不管“后页”标签是否存在，都将对当前页面进行解析、爬取。此处，采用异常处理 try…except…finally 语句实现。
- 爬取当前页面：首先生成 film 对象，解析当前页面，并调用函数 getweb()函数，对当前页面进行数据爬取操作，将当前页面数据 data 合并到 filmdata 中去。
- 最后将爬取的所有数据 filmdata 写入 CSV 格式文件中。

源代码参考文件 sele.ipynb。

代码如下。

```
filmdata=pd.DataFrame()                          #定义数据框架
wait=WebDriverWait(driver,20)                    #定义显性延时
while True:              #循环处理
    wait.until(          #设置最后一个用户名是否可以单击延时，用于完整载入页面
        EC.element_to_be_clickable(
            (By.XPATH,'//span[@class="comment-info"]/a')
        )
    )
    try:          #获取“后页”标签，若异常，则停止翻页；否则，解析爬取当前页面
            driver.find_element_by_xpath('//*[@id="paginator"]/a
[@data-page="next"]')
    except:
        break
```

```
        finally:
            #解析当前页面
            film=etree.HTML(driver.page_source,etree.HTMLParser
    (encoding="utf-8"))
            #调用 getweb()函数获取当前页面数据
            data=getweb(film=film,cookies=cookies,headers=headers)
            filmdata=pd.concat([filmdata,data],axis=0)     #将 data 数据并入 filmdata 中
        backtn=wait.until(     #设置“后页”标签可以单击延迟
            EC.element_to_be_clickable(
                (By.XPATH,'//*[@id="paginator"]/a[@data-page="next"]')
            )
        )
        backtn.click( )                      #模拟网页“后页”翻页单击操作，用于爬取下一页
    filmdata.tocsv("D:\\heart.csv")      #将爬取的所有数据 filmdata 写入 CSV 格式文件
```

最终，将爬取出来的数据保存在 heart.csv 文件中，共计 500 条记录，如图 10-25 所示。

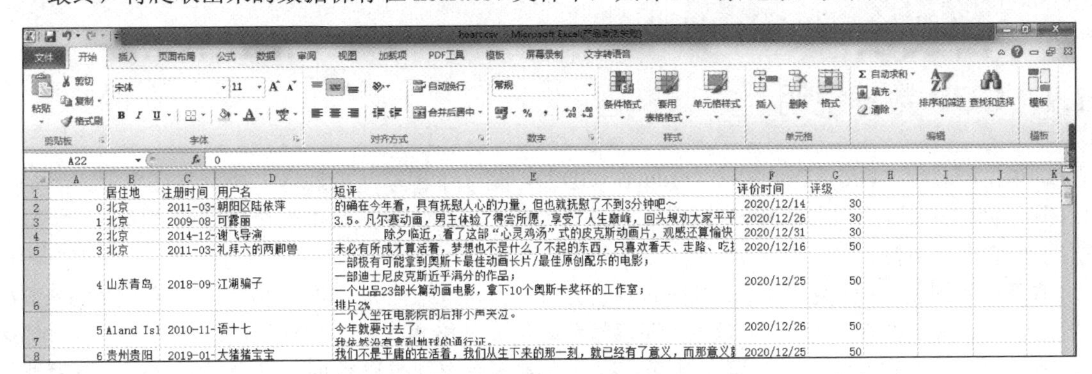

	居住地	注册时间	用户名	短评	评价时间	评级
0	北京	2011-03-	朝阳区陆依萍	的确在今年看，具有抚慰人心的力量，但也就抚慰了不到3分钟吧~	2020/12/14	30
1	北京	2009-08-	可露丽	3.5。凡尔赛动画，男主体验了得尝所愿，享受了人生巅峰，回头规劝大家平平	2020/12/26	30
2	北京	2014-12-	谢飞导演	除夕临近，看了这部“心灵鸡汤”式的皮克斯动画片，观感还算愉快	2020/12/31	30
3	北京	2011-03-	礼拜六的两脚兽	未必有所成才算活着，梦想也不是什么了不起的东西，只喜欢看天、走路、吃	2020/12/16	50
4	山东青岛	2018-09-	江湖骗子	一部极有可能拿到奥斯卡最佳动画长片/最佳原创配乐的电影； 一部迪士尼皮克斯近乎满分的作品； 一个出品23部长篇动画电影，拿下10个奥斯卡奖杯的工作室； 排片2%	2020/12/25	50
5	Aland Isl	2010-11-	语十七	一个人坐在电影院的后排小声哭泣。 今年就要过去了， 我依然没有拿到地球的通行证。	2020/12/26	50
6	贵州贵阳	2019-01-	大猪猪宝宝	我们不是平庸的在活着，我们从生下来的那一刻，就已经有了意义，而那意义	2020/12/25	50

图 10-25　heart.csv 保存爬取结果数据

然后，可以根据需要进一步分析爬取出来的数据，得出所需要的有价值的信息。如分析《心灵奇旅》好评与差评的比例、对短评文本进行中文词云分析等。

10.5　习题

1．选择一个网站，完成静态网页的爬取。

2．围绕兴趣主题，选择一个网站完成动态网页爬取，并将爬取结果保存到文件中。

第 11 章　Python 数据分析

数据分析是通过明确分析目的，梳理并确定分析逻辑，有针对性地收集、整理数据，并采用统计、挖掘技术分析、提取有用信息和展示结论的过程，是数据科学领域的核心技能。

Python 数据分析的流程概括起来主要有：数据采集、数据预处理、分析建模和可视化四个部分。本章将以国内生产总值（GDP）数据作为 Python 数据分析的对象，展示简单数据分析的处理流程。

【学习要点】

1．numpy 库相关参数与函数的使用。

2．matplotlib 库相关参数与函数的使用。

3．pandas 库相关参数与函数的使用。

4．多个库的组合使用，解决数据分析问题。

11.1　GDP 数据说明

国内生产总值（Gross Domestic Product，GDP），是一个国家（或地区）所有常住单位在一定时期内生产活动的最终成果。GDP 是国民经济核算的核心指标，也是衡量一个国家或地区经济状况和发展水平的重要指标。

本章以我国 GDP 作为 Python 数据分析的分析对象，选取 2006 年到 2021 年的我国 GDP 数据为数据来源，该数据格式为 CSV（CSV 即逗号分隔值文件格式，是一种通用的、相对简单的文件格式，被用户、商业和科学广泛应用，其文件以纯文本形式存储表格数据），该数据包括 9 个属性，分别为 Quarter、GDP_Absolute、GDP_YOY、Primary_Industry_Abs、Primary_Industry_YOY、Secondary_Industry_Abs、Secondary_Industry_YOY、Tertiary_Industry_Abs、Tertiary_Industry_YOY，各属性含义如表 11-1 所示。

表 11-1　GDP 数据属性含义

属性	含义
Quarter	季度
GDP_Absolute	国内生产总值绝对值
GDP_YOY	国内生产总值同比增长
Primary_Industry_Abs	第一产业绝对值_亿元
Primary_Industry_YOY	第一产业同比增长
Secondary_Industry_Abs	第二产业绝对值_亿元
Secondary_Industry_YOY	第二产业同比增长
Tertiary_Industry_Abs	第三产业绝对值_亿元
Tertiary_Industry_YOY	第三产业同比增长

11.2　GDP 数据预处理

数据预处理是指对所收集数据进行数据分析前所做的审核、筛选、排序等必要的处理；数据预处理，一方面是为了提高数据的质量，另一方面也是为了适应所做数据分析的软件或者方法。一般来说，数据预处理主要包括四个步骤，分别为数据清洗、数据集成、数据变换和数据归约。

每个大步骤又有一些小的细分点。

当然，这四个大步骤在做数据预处理时未必都要执行，需要基于具体的原始数据特点与数据分析要求。

在获得了我国 2006—2021 年的 GDP 数据之后，下一步的工作，需要对原始数据进行数据预处理，以得到格式规范、可用于数据分析的数据。

根据原始数据的特点，以及数据分析的要求，该 GDP 数据预处理的基本思路如下。

1）读入存储 GDP 数据的 CSV 文件；

2）中文字符转换；

3）数据类型转换；

4）数据重新排序。

由于原始数据已经比较规范，因此，相对应的数据预处理过程也较为简单。

【程序代码】

```
import pandas as pd
import numpy as np
from matplotlib import pyplot as plt
import matplotlib as mpl
mpl.rcParams['font.sans-serif'] = ['SimHei']
plt.rcParams['axes.unicode_minus'] = False

#读入存储 GDP 数据的 CSV 文件
GDP = pd.read_csv('2006-2021GDP.csv', encoding = 'utf-8')
#原始数据
print("原始数据：")
print(GDP)
print(type(GDP['GDP_YOY'][0]))

#中文字符转换
def quarter(x):
    quarter1 = x.replace('第', '').replace('季度', '').replace('年', '.')
    return quarter1
GDP['Quarter'] = GDP['Quarter'].apply(lambda x:quarter(x))

#数据类型转换
for i in range(64):
    GDP['GDP_YOY'][i] = eval(GDP['GDP_YOY'][i][:-1])
    GDP['Primary_Industry_YOY'][i] = eval(GDP['Primary_Industry_YOY'][i][:-1])
    GDP['Secondary_Industry_YOY'][i] = eval(GDP['Secondary_Industry_YOY'][i][:-1])
    GDP['Tertiary_Industry_YOY'][i] = eval(GDP['Tertiary_Industry_YOY'][i][:-1])
GDP['GDP_Absolute'] = GDP['GDP_Absolute'].astype('float')
GDP['GDP_YOY'] = GDP['GDP_YOY'].astype('float')
GDP['Primary_Industry_Abs'] = GDP['Primary_Industry_Abs'].astype('float')
GDP['Primary_Industry_YOY'] = GDP['Primary_Industry_YOY'].astype('float')
GDP['Secondary_Industry_Abs'] = GDP['Secondary_Industry_Abs'].astype('float')
GDP['Secondary_Industry_YOY'] = GDP['Secondary_Industry_YOY'].astype('float')
GDP['Tertiary_Industry_Abs'] = GDP['Tertiary_Industry_Abs'].astype('float')
```

```
GDP['Tertiary_Industry_YOY'] = GDP['Tertiary_Industry_YOY'].astype('float')

#重新排序
GDP.sort_values(['Quarter'], inplace = True)
GDP.reset_index(drop = True, inplace = True)

#预处理后的数据
print("预处理后的数据：")
print(GDP)
print(type(GDP['GDP_YOY'][0]))
```

【运行结果】

这里只是展示了一部分运行结果。

```
原始数据：
              Quarter  GDP_Absolute  ... Tertiary_Industry_Abs  Tertiary_Industry_YOY
0    2021年第1-4季度     1143670.0  ...              609680.0                  8.20%
1    2021年第1-3季度      823131.0  ...              450761.0                  9.50%
2    2021年第1-2季度      532167.0  ...              296611.0                 11.80%
3      2021年第1季度      249310.0  ...              145355.0                 15.60%
4    2020年第1-4季度     1015986.2  ...              553976.8                  2.10%
..                ...           ...  ...                   ...                    ...
59     2007年第1季度       57159.3  ...               27703.2                 14.10%
60   2006年第1-4季度      219438.5  ...               91762.2                 14.10%
61   2006年第1-3季度      155816.8  ...               67187.0                 13.70%
62   2006年第1-2季度       99752.2  ...               44996.5                 13.60%
63     2006年第1季度       47078.9  ...               22648.0                 13.10%

[64 rows x 9 columns]
<class 'str'>

预处理后的数据：
     Quarter  GDP_Absolute  ...  Tertiary_Industry_Abs  Tertiary_Industry_YOY
0     2006.1       47078.9  ...                22648.0                   13.1
1   2006.1-2       99752.2  ...                44996.5                   13.6
2   2006.1-3      155816.8  ...                67187.0                   13.7
3   2006.1-4      219438.5  ...                91762.2                   14.1
4     2007.1       57159.3  ...                27703.2                   14.1
..       ...           ...  ...                    ...                    ...
59  2020.1-4     1015986.2  ...               553976.8                    2.1
60    2021.1      249310.0  ...               145355.0                   15.6
61  2021.1-2      532167.0  ...               296611.0                   11.8
62  2021.1-3      823131.0  ...               450761.0                    9.5
63  2021.1-4     1143670.0  ...               609680.0                    8.2

[64 rows x 9 columns]
<class 'numpy.float64'>
```

11.3　GDP 数据分析

11.3.1　GDP 年度总值散点图

首先，通过绘制 GDP 年度总值散点图来观察 2006—2021 年期间，每年 GDP 的总体情况。

需要使用的数据包括 Quarter 与 GDP_Absolute。

运用的绘图方法为 scatter()。

【程序代码】

```
#GDP 年度总值散点图
x = []
y = []
for i in range(64):
    if '1-4' in GDP['Quarter'][i]:
        x.append(GDP['Quarter'][i][:-4])
        y.append(GDP['GDP_Absolute'][i])
x = np.array(x)
y = np.array(y)
plt.scatter(x, y, label = 'GDP 年度总值')
plt.title('2006-2021 年 GDP 年度总值散点图')
plt.legend(loc = 'best')
plt.xlabel('年份')
plt.ylabel('GDP 年度总值')
plt.show()
```

【运行结果】

2006—2021 年 GDP 年度总值散点图如图 11-1 所示。

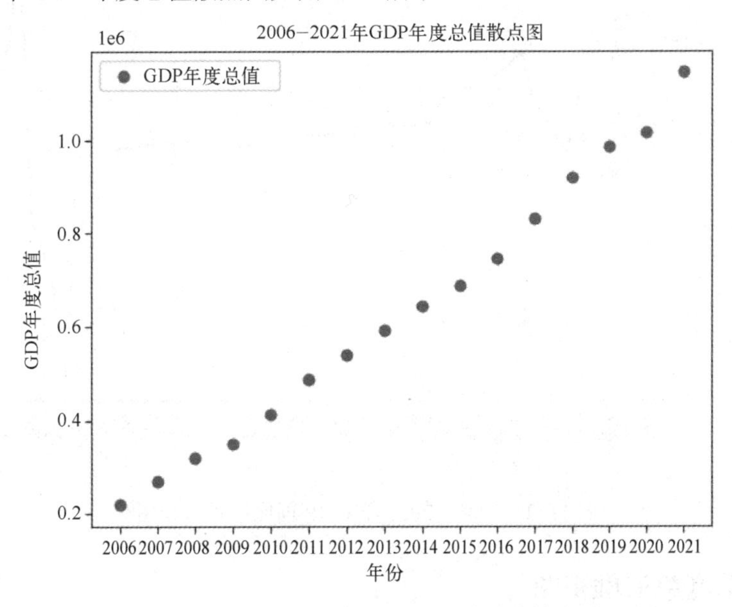

图 11-1　2006—2021 年 GDP 年度总值散点图

11.3.2 GDP 同比增长折线图

在了解了 2006 年至 2021 年期间每年 GDP 的总体情况后，可以通过 GDP 同比增长折线图来观察当前 GDP 与上年同期相比较的增长率。

需要使用的数据包括 Quarter 与 GDP_YOY。

运用的绘图方法为 plot()。

【程序代码】

```
#GDP 同比增长折线图
x = GDP['Quarter']
y = GDP['GDP_YOY']
plt.figure(figsize=(9, 3), dpi=150)
plt.plot(x, y, 'k-', label = 'GDP 同比增长')
plt.title('2006—2021 年 GDP 同比增长折线图')
plt.legend(loc='best')
plt.xlabel('季度')
plt.ylabel('同比增长')
#X 轴刻度倾斜显示
plt.xticks(rotation = 50,fontsize = '6')
plt.yticks(fontsize = '6')
plt.show()
```

【运行结果】

2006—2021 年 GDP 同比增长折线图如图 11-2 所示。

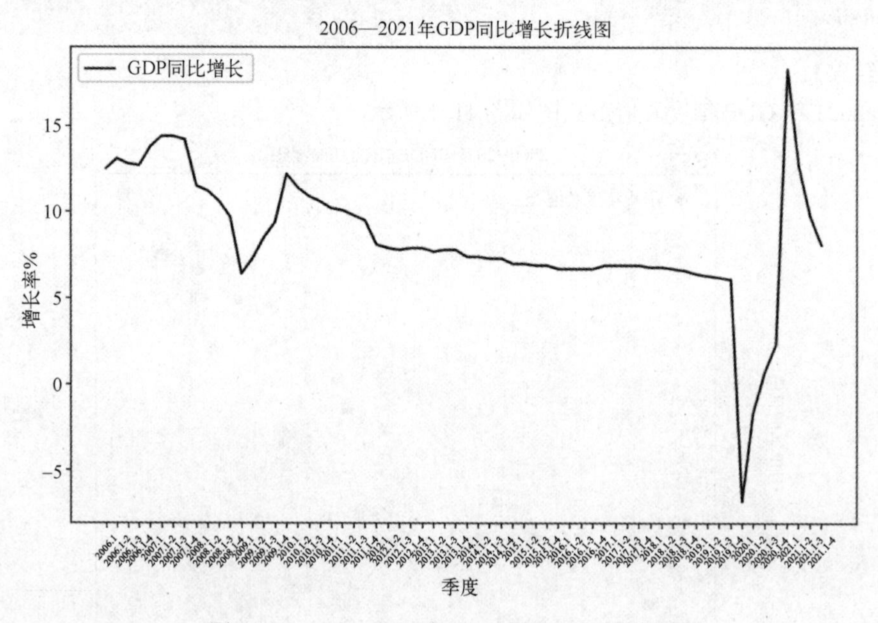

图 11-2 2006—2021 年 GDP 同比增长折线图

11.3.3 GDP 季度总值堆积图

堆积图是一种组合式的图形，是将若干图形堆叠起来的统计图形，通过 GDP 季度总值堆积图，可以观察每年各季度的 GDP 在当年 GDP 总值中的占比情况。

需要使用的数据包括 Quarter 与 GDP_Absolute。

运用的绘图方法为 bar()。

【程序代码】

```
#GDP 季度总值堆积图
x = []
y1 = []
y2 = []
y3 = []
y4 = []
for i in range(64):
    if GDP['Quarter'][i][0:4] not in x:
        x.append(GDP['Quarter'][i][0:4])
    if '1-4' in GDP['Quarter'][i]:
        y4.append(GDP['GDP_Absolute'][i])
    elif '1-3' in GDP['Quarter'][i]:
        y3.append(GDP['GDP_Absolute'][i])
    elif '1-2' in GDP['Quarter'][i]:
        y2.append(GDP['GDP_Absolute'][i])
    else:
        y1.append(GDP['GDP_Absolute'][i])
x = np.array(x)
y1 = np.array(y1)
y2 = np.array(y2)
y3 = np.array(y3)
y4 = np.array(y4)
y4 = y4 - y3
y3 = y3 - y2
y2 = y2 - y1
plt.bar(x, y1, label = '第 1 季度 GDP')
plt.bar(x, y2, bottom = y1, label = '第 2 季度 GDP')
plt.bar(x, y3, bottom = y1 + y2, label = '第 3 季度 GDP')
plt.bar(x, y4, bottom = y1 + y2 + y3, label = '第 4 季度 GDP')
plt.legend()
plt.title('2006-2021 年 GDP 季度总值堆积图')
plt.xlabel('年份')
plt.ylabel('GDP 值')
plt.savefig('2006—2021 年 GDP 季度总值堆积图.png')
plt.show()
```

【运行结果】

2006 年至 2021 年 GDP 季度总值堆积图如图 11-3 所示。

11.3.4　GDP 各产业同比增长折线图

该数据中 GDP 总值由第一产业、第二产业以及第三产业组成，各产业都在 GDP 中具有重要作用。

通过 GDP 各产业同比增长折线图，不仅可以观察当前各产业 GDP 与上年同期相比较的增长率，而且还可以观察同一时期，各产业 GDP 之间的变化趋势。

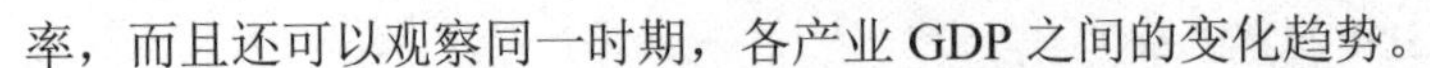

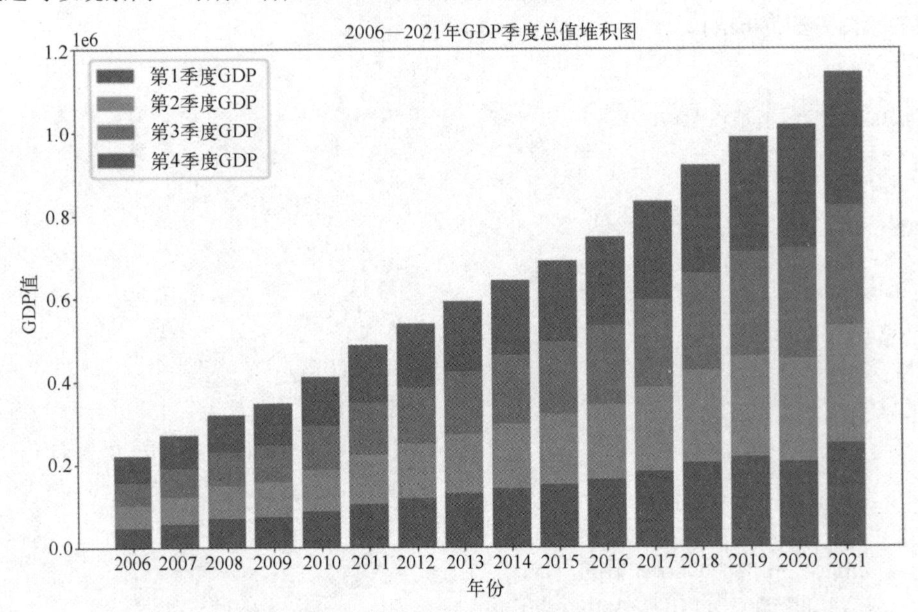

图 11-3　2006—2021 年 GDP 季度总值堆积图

需要使用的数据包括 Quarter、Primary_Industry_YOY、Secondary_Industry_YOY、Tertiary_Industry_YOY。

运用的绘图方法为 plot()。

【程序代码】

```
#GDP 各产业同比增长折线图
x = GDP['Quarter']
y1 = GDP['Primary_Industry_YOY']
y2 = GDP['Secondary_Industry_YOY']
y3 = GDP['Tertiary_Industry_YOY']
plt.figure(figsize=(9, 3), dpi=150)
plt.plot(x, y1, 'b--', label = '第一产业同比增长')
plt.plot(x, y2, 'y-.', label = '第二产业同比增长')
plt.plot(x, y3, 'r.', label = '第三产业同比增长')
plt.legend(loc='best')
plt.xlabel('季度')
plt.ylabel('增长率  %')
plt.xticks(rotation = 50, fontsize = '6')
plt.yticks(fontsize = '6')
plt.title("2006—2021 年 GDP 各产业同比增长折线图")
plt.show()
```

【运行结果】

2006—2021 年 GDP 各产业同比增长折线图如图 11-4 所示。

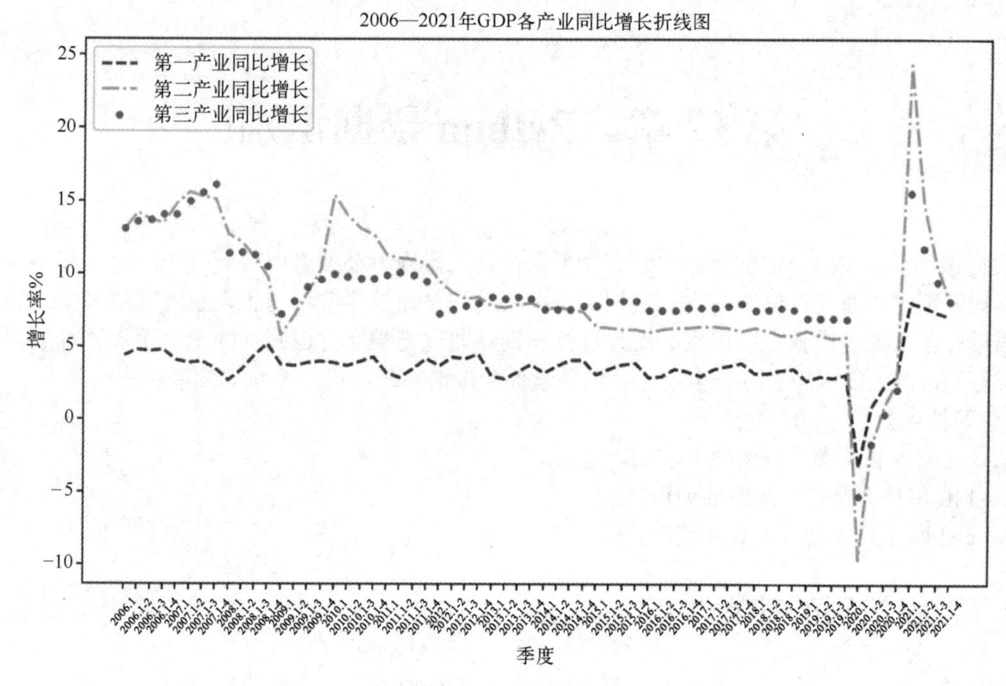

图 11-4 2006—2021 年 GDP 各产业同比增长折线图

接下来，还可以基于上述数据进行更深层次的数据分析，挖掘数据背后更多的有用信息，有待读者进一步展开数据分析工作。

11.4 习题

1．创建一个 5×5 的随机数组，并找出该数组中的最大值与最小值。

2．有二维列表 L = [[1, 1], [2, 3], [3, 4], [4, 6], [5, 7], [6, 8], [7, 10], [8, 12], [9, 13], [10, 15]]，基于列表 L 中的 10 个点通过 matplotlib 绘制连线，需要注意的是列表不可以作为 plot()函数的参数，需要转换为数组形式。

3．创建一个包含姓名列、性别列、成绩列的 DataFrame（姓名数据、性别数据、成绩数据请自行设定），要求 DataFrame 的索引分别为 a、b、c、d、e、f，计算成绩统计信息的摘要，按性别进行分组，并计算男生、女生的平均成绩。

第 12 章　Python 票据识别

票据识别，是按照一定的规则自动识别票据内容、实现办公或者财务流程自动化的程序或者脚本。票据识别主要通过对票据（本章实例中使用票据为普通发票或增值税发票，其他手撕或非正规票类需进行学习或者设置方能识别）图片进行识别，通过光学字符识别（OCR）手段进行数据采集并分类存储，其主要应用于办公自动化、财务软件、报销系统、税务系统等领域。

【学习要点】

1．cnocr 库相关参数与函数的使用。

2．PIL 库相关参数与函数的使用。

3．cv2 库相关参数与函数的使用。

12.1　票据识别的基本步骤

票据识别的主要任务：一是获取票据图片，二是解析票据图片并提取需要的数据。

1．获取票据图片

票据图片可以通过图像传感器进行采集或者在视频流中直接截取（识别），本单元中采用相对较易识别的电子普通发票样图进行实验。票据样图如图 12-1 所示。

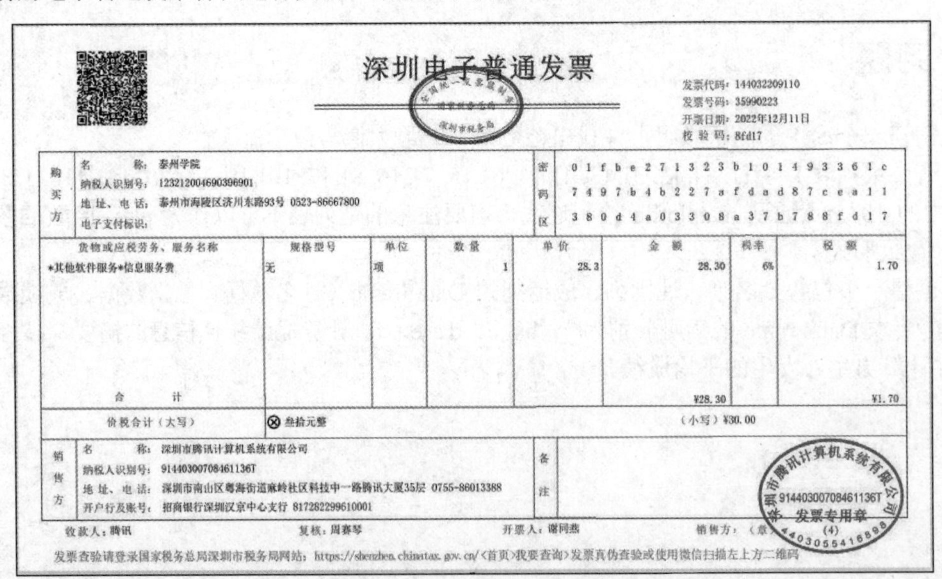

深圳电子普通发票

发票代码：144032209110
发票号码：35990223
开票日期：2022年12月11日
校 验 码：8fd17

购买方
名　　称：泰州学院
纳税人识别号：123212004690396901
地 址、电 话：泰州市海陵区济川东路93号 0523-86667800
电子支付标识：

密码区
0 1 f b e 2 7 1 3 2 3 b 1 0 1 4 9 3 3 6 1 c
7 4 9 7 b 4 b 2 2 7 a f d a d 8 7 c e a 1 1
3 8 0 d 4 a 0 3 3 0 8 a 3 7 b 7 8 8 f d 1 7

货物或应税劳务、服务名称	规格型号	单位	数量	单价	金额	税率	税额
*其他软件服务*信息服务费	无	项	1	28.3	28.30	6%	1.70
合　　计					¥28.30		¥1.70
价税合计（大写）	⊗ 叁拾元整				（小写）¥30.00		

销售方
名　　称：深圳市腾讯计算机系统有限公司
纳税人识别号：91440300708461136T
地 址、电 话：深圳市南山区粤海街道麻岭社区科技中一路腾讯大厦35层 0755-86013388
开户行及账号：招商银行深圳汉京中心支行 817282299610001

备注

深圳市腾讯计算机系统有限公司 91440300708461136T 发票专用章

收款人：腾讯　　复核：周赛琴　　开票人：谢同燕　　销售方：（章）　(4)

发票查验请登录国家税务总局深圳市税务局网站：https://shenzhen.chinatax.gov.cn/〈首页〉我要查询〉发票真伪查验或使用微信扫描左上方二维码

图 12-1　本章使用的票据样图

实际工作及生产环境中，票据图片可能会由于拍摄角度、光线、对焦等问题，不可避免地出现畸变及失真等情况；且实际报销过程中可能多张或多种票据在单页进行了张贴，情况较为复杂。本章将以图 12-1 为样张进行实验，后续练习中，读者可以自行使用个人发票样张进行实验。

2．解析票据图片并提取需要的数据

解析票据图片，就是用来解析静态票据样张，从票据样张中提取需要的、有价值的数据和信息。

票据解析又分为以下几个步骤。

1）定位识别区间（分为手动定位识别区间及通过机器学习自动识别区间两种）。

2）识别内容并提取数据。

下面将从识别内容开始，先了解文字识别的方法，然后学习识别票据内容和提取数据。

12.2 OCR 文字识别

光学字符识别（Optical Character Recognition，OCR），又称为文字识别。

OCR 技术始于 20 世纪 30 年代初期，针对印刷汉字的 OCR 技术则更晚，由 IBM 公司于 20 世纪 60 年代左右开始研究。

OCR 技术一般分为如下步骤：图像输入、预处理；二值化；噪声去除；倾斜校正；版面分析；字符切割；字符识别；版面恢复；后处理、校对。

Python V3 版本中的 OCR 识别库众多，使用较为广泛的包括 EasyOcr 模块、Pytesseract 模块、PaddleOCR 及针对中文识别的 cnocr 模块。

这里以 cnocr 为例，练习文字的基本识别方法。

需要通过 pip 工具进行 cnocr 库的安装，此处请读者检查一下自己的 Python 版本，cnocr 库的安装连带 torch 库的安装，需要 Python 为 64 位且最好为 3.9 的版本。另外，库的安装中有相当多的大型 whl 文件的下载，推荐使用国内的阿里云镜像进行安装。

阿里云镜像的安装方法 pip install cnocr -i https://mirrors.aliyun.com/pypi/simple/

因为 cnocr 对文字识别已经进行了初步训练，所以可以拿来直接使用，使用图 12-2 所示样张作为本小节的测试样张，对印刷体及手写楷体字符进行识别测试。

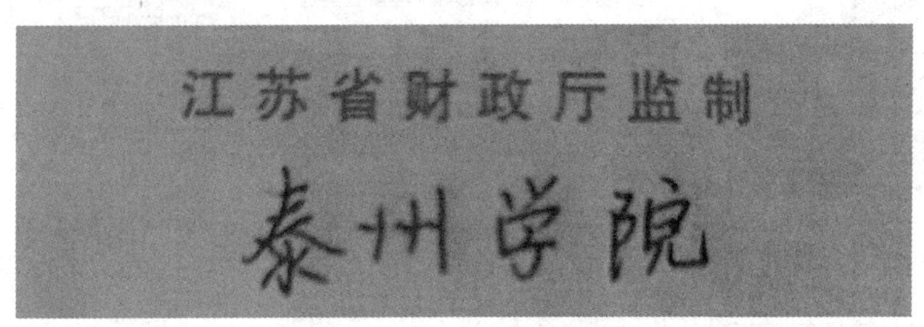

图 12-2　本小节使用测试样张

【程序代码】

```
#ocr 识别测试
from cnocr import CnOcr
ocr = CnOcr()
res = ocr.ocr('d://ocr//testocr.jpg')
str1 = res[0]["text"]
str2 = res[1]["text"]
print("识别所得字符串:", str1+" "+str2)
```

【运行结果】

测试样张识别结果如图 12-3 所示。

```
"C:\Program Files\Python39\python.exe" D:/ocr/ocrTest.py
识别所得字符串：江苏省财政厅监制 泰州学院
```

图 12-3　测试样张识别结果

cnocr 很好地识别出了样张中的印刷体及手写楷体字符，但是面对有畸变或者倾斜的情况时，识别效果则差强人意。

【思考及练习】

请尝试使用 EasyOcr、PaddleOCR 和 cnocr 三种工具，在不进行后期训练的情况下，比对一下这三种工具的识别效率和精度。

12.3　电子票据识别

有了上述 OCR 识别的实验经历，本小节将开启票据识别的实战之旅。

票据识别一般会识别并归纳票据上的有效财务信息，如：货物或应税劳务/服务名称、发票开票人、发票金额、销售方名称、纳税人识别号、发票代码、开票日期等（购买方信息一般无须识别出来，因为发票持有者就是购买方）。

在图像大小及分辨率较为稳定的电子发票中，需要使用 pillow 工具对发票进行切割，将其分割为上述 7 项识别信息所对应的区域，如图 12-4 和图 12-5 所示。这样一般可以提高识别效率和识别速度。

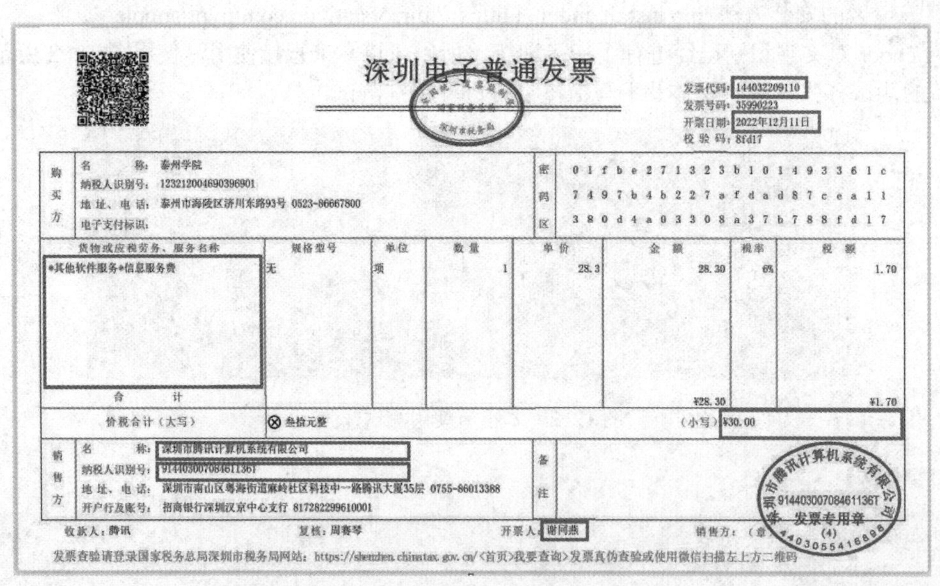

深圳电子普通发票

发票代码：144032209110
发票号码：35990223
开票日期：2022年12月11日
校 验 码：8fd17

购买方　名　　称：泰州学院
纳税人识别号：123212004690396901
地 址、电 话：泰州市海陵区济川东路93号 0523-86667800
电子支付标识：

密码区：
0 1 f b e 2 7 1 3 2 3 b 1 0 1 4 9 3 3 6 1 c
7 4 9 7 b 4 b 2 2 7 a f d a d 8 7 c e a 1 1
3 8 0 d 4 a 0 3 3 0 8 a 3 7 b 7 8 8 f d 1 7

货物或应税劳务、服务名称	规格型号	单位	数量	单价	金额	税率	税额
*其他软件服务*信息服务费	无	项	1	28.3	28.30	6%	1.70
合　计					¥28.30		¥1.70

价税合计（大写）　⊗叁拾元整　　（小写）¥30.00

销售方　名　　称：深圳市腾讯计算机系统有限公司
纳税人识别号：91440300708461136T
地 址、电 话：深圳市南山区粤海街道麻岭社区科技中一路腾讯大厦35层 0755-86013388
开户行及账号：招商银行深圳汉京中心支行 817282299610001

备注

收款人：腾讯　　复核：周賽琴　　开票人：谢同燕　　销售方：（章）

发票查验请登录国家税务总局深圳市税务局网站：https://shenzhen.chinatax.gov.cn/〈首页〉我要查询〉发票真伪查验或使用微信扫描左上方二维码

图 12-4　票据样图中需要切割的区域

2022年12月11日

图 12-5　票据样图中切割的开票日期区域

因为电子发票的大小基本固定，所以上述 7 项数据可以简单地依靠 pillow 中的 size 工具（函数）求得电子发票的票面尺寸信息，进而求得 7 处所需截图的相对坐标（pillow 截图以左上角作为起始坐标）。截图后，再依据 OCR 进行单项字符数据进行提取，从而完成电子发票的数据采集工作。

【程序代码】

```
#ocr 电子发票识别
from PIL import Image as PI
import io
from cnocr import CnOcr

#读取图片
img_url = 'd://ocr//fapiaobig.jpg'
with open(img_url, 'rb') as f:
    imgFlow = f.read()
new_img = PI.open(io.BytesIO(imgFlow))

#设置发票代码坐标
no_left = int((new_img.size[0])*1355/1723)
no_top = int((new_img.size[1])*100/1000)
no_right = int((new_img.size[0])*1533/1723)
no_bottom = int((new_img.size[1])*130/1000)
image_text_no = new_img.crop((no_left, no_top, no_right, no_bottom))

#设置开票日期坐标
date_left = int((new_img.size[0])*1349/1723)
date_top = int((new_img.size[1])*161/1000)
date_right = int((new_img.size[0])*1675/1723)
date_bottom = int((new_img.size[1])*191/1000)
image_text_date = new_img.crop((date_left, date_top, date_right, date_bottom))

#设置货物或应税劳务/服务名称坐标
cargo_left = int((new_img.size[0])*60/1723)
cargo_top = int((new_img.size[1])*420/1000)
cargo_right = int((new_img.size[0])*460/1723)
cargo_bottom = int((new_img.size[1])*655/1000)
image_text_cargo = new_img.crop((cargo_left, cargo_top, cargo_right, cargo_bottom))

#设置发票金额坐标
amount_left = int((new_img.size[0])*1325/1723)
amount_top = int((new_img.size[1])*705/1000)
amount_right = int((new_img.size[0])*1635/1723)
amount_bottom = int((new_img.size[1])*755/1000)
image_text_amount = new_img.crop((amount_left, amount_top, amount_right, amount_bottom))

#设置销售方名称坐标
seller_left = int((new_img.size[0])*265/1723)
```

```
        seller_top = int((new_img.size[1])*760/1000)
        seller_right = int((new_img.size[0])*925/1723)
        seller_bottom = int((new_img.size[1])*790/1000)
        image_text_seller = new_img.crop((seller_left, seller_top, seller_right, seller_bottom))

        #设置纳税人识别号坐标
        taxpayerno_left = int((new_img.size[0])*265/1723)
        taxpayerno_top = int((new_img.size[1])*790/1000)
        taxpayerno_right = int((new_img.size[0])*925/1723)
        taxpayerno_bottom = int((new_img.size[1])*825/1000)
        image_text_taxpayerno = new_img.crop((taxpayerno_left, taxpayerno_top, taxpayerno_right, taxpayerno_bottom))

        #设置发票开票人坐标
        drawer_left = int((new_img.size[0])*995/1723)
        drawer_top = int((new_img.size[1])*910/1000)
        drawer_right = int((new_img.size[0])*1150/1723)
        drawer_bottom = int((new_img.size[1])*940/1000)
        image_text_drawer = new_img.crop((drawer_left, drawer_top, drawer_right, drawer_bottom))

        #汇总信息并展示
        ocr = CnOcr()
        #注意，此处若未检测出数据则会报错
        res_no = ocr.ocr(image_text_no)[0]["text"]
        res_date = ocr.ocr(image_text_date)[0]["text"]
        res_cargo = ocr.ocr(image_text_cargo)[0]["text"]
        res_amount = ocr.ocr(image_text_amount)[0]["text"]
        res_seller = ocr.ocr(image_text_seller)[0]["text"]
        res_taxpayerno = ocr.ocr(image_text_taxpayerno)[0]["text"]
        res_drawer = ocr.ocr(image_text_drawer)[0]["text"]

        print("发票代码：" + res_no + "\n" + "开票日期：" + res_date)
        print("货物或应税劳务或服务名称：" + res_cargo + "\n" + "金额：" + res_amount)
        print("销售方名称：" + res_seller + "\n" + "销售方纳税人识别号：" + res_taxpayerno)
        print("开票人：" + res_drawer + "\n")
```

【运行结果】

电子发票识别结果如图 12-6 所示。

```
"C:\Program Files\Python39\python.exe" D:/ocr/paddleocr.py
发票代码：144032209110
开票日期：2022年12月11日
货物或应税劳务或服务名称：*其他软件服务*信息服务费
金额：¥30.00
销售方名称：深圳市腾讯计算机系统有限公司
销售方纳税人识别号：91440300708461136T
开票人：谢同燕
```

图 12-6　电子发票识别结果

通过简单的坐标算法的设置，可以很好地识别出电子发票的票面内容，同时大小不一的电子发票均能准确地识别。

【思考及挑战】

1）在电子票据数量很多的时候，一张一张识别会比较浪费时间，能不能实现批量识别。

提示：可以使用 os.walk()函数，对电子发票所在图片目录进行深度优先的遍历访问，以达到批量识别票据的效果。

2）票据信息应当保存于 CSV、Excel 文件或数据库中，根据自己所掌握的知识，扩展一下上述程序，实现批量识别并归类存储。

3）OCR 识别时，对货物这一栏的识别存在特殊符号“*”，有一定可能性会被识别为“水”，所以应该进行重新训练以达到提高正确识别率的目的，请读者自己动手，尝试训练识别模型或者寻找开源的、训练得较好的模型。

4）电子票据的长宽比固定，较大或者较小的票据都可以通过上述方法实现，但是请读者思考，如果是纸质票据通过扫描或者摄像手段获得的票面图像，应该会有畸变等情况，识别时会有什么情况发生。

12.4　纸质票据识别

有了上述 OCR 识别电子票据的实验经历，本小节将开启纸质票据识别的挑战之旅。

目前虽然国家大力进行税务改革，推行电子税票，但是在财务领域还是会面临相当多的纸质票据，纸质票据的票面内容也需要收集以达到办公、财务自动化的目的。

下面来看一张纸质票据，如图 12-7 所示。

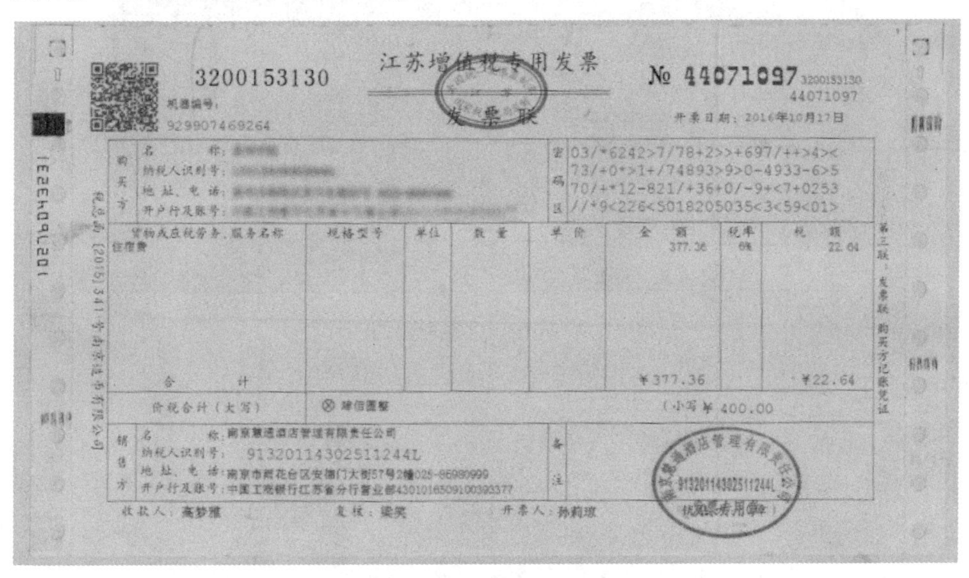
3200153130　江苏增值税专用发票　№ 44071097 3200153130 44071097

929907469264

发票联

03/*6242>7/78+2>>+697/++>4><
73/+0*>1+/74893>9>0-4933-6>5
70/+*12-821/+36+0/-9+<7+0253
//*9<226<5018205035<3<59<01>

377.36　22.64

¥377.36　¥22.64

(小写) ¥400.00

91320114302511244L

图 12-7　纸质票据

可以看到上述纸质发票有一定程度的倾斜，此时直接进行 OCR 识别是不可取的，只有先识别出票据轮廓，然后进行偏转，使票据方向为垂直方向时方可识别。

12.4.1　检测最大矩形并校正输出

可以先通过使用 opencv 库检测出票面中的最大矩形，如图 12-8 所示。

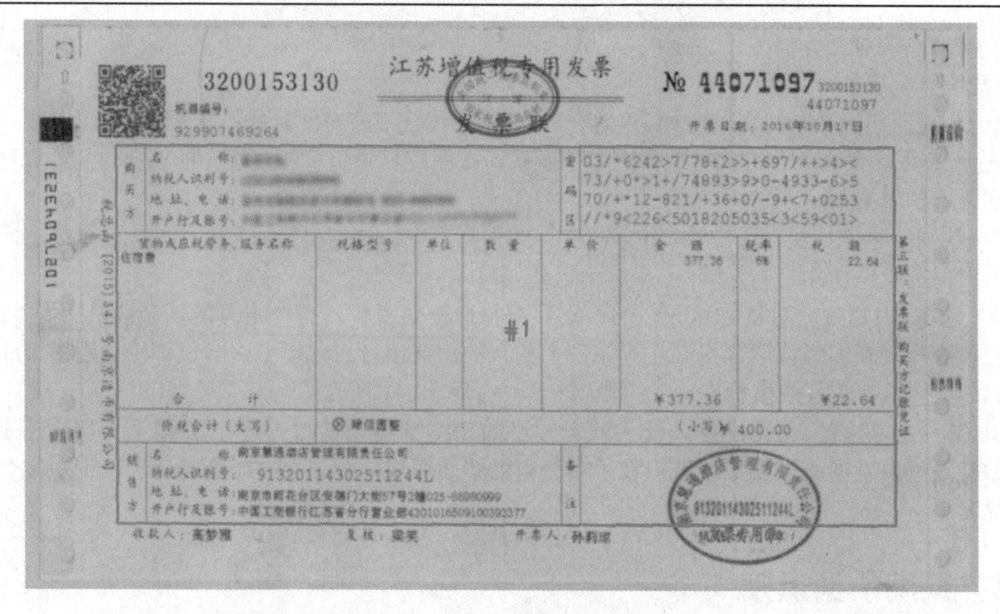

图 12-8　纸质发票样张矩形检出

检测出矩形后，通过计算倾斜角，进行校正，并输出校正结果图，如图 12-9 所示。

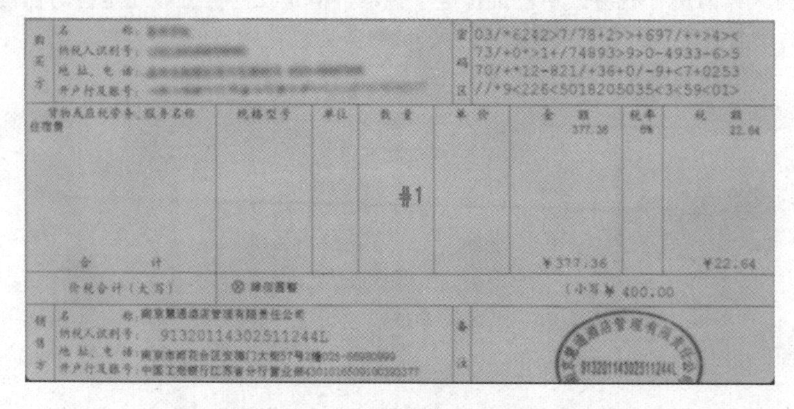

图 12-9　经校正并截取出的图片

【程序代码】

```
#OCR 识别纸质发票的样例代码 仅提取销售方名称作为样例
#find_square 函数主要进行了图片中最大矩形的标注和提取，并对截取图片进行了展示和保存

import numpy as np                #导入此库用于矩阵计算及角度计算
import cv2 as cv                  #opencv 库用于图像预处理
from PIL import Image as PI
import io
from cnocr import CnOcr           #OCR 识别库

# 设置 putText 函数字体，用来标记最大的矩形
font = cv.FONT_HERSHEY_SIMPLEX

# 计算夹角，近似 90° 的角才能判定为矩形，所以处理畸变图片需要其他预处理手段
```

```
def angle_cos(p0, p1, p2):
    d1, d2 = (p0 - p1).astype('float'), (p2 - p1).astype('float')
    return abs(np.dot(d1, d2) / np.sqrt(np.dot(d1, d1) * np.dot(d2, d2)))

#找出矩形，并截取矩形，供 OCR 使用
def find_squares(img,imgpath):
    squares = []
    #使用高斯滤波函数预处理图片
    img = cv.GaussianBlur(img, (3, 3), 0)
    #将图片转换为灰度图供处理
    gray = cv.cvtColor(img, cv.COLOR_BGR2GRAY)
    #在图片中进行边缘检测
    bin = cv.Canny(gray, 30, 100, apertureSize=3)
    #根据判断，首先找出所有疑似矩形的轮廓
    contours, _hierarchy = cv.findContours(bin, cv.RETR_EXTERNAL, cv.CHAIN_APPROX_SIMPLE)
    index = 0
    # 遍历并找出其中最大的矩形
    for cnt in contours:
        cnt_len = cv.arcLength(cnt, True)  # 计算矩形周长
        cnt = cv.approxPolyDP(cnt, 0.02 * cnt_len, True)  # 多边形逼近
        # 条件判断逼近边的数量是否为 4，轮廓面积是否大于 10000，并检测判断轮廓是否为凸
的，从而供截取出矩形
        if len(cnt) == 4 and cv.contourArea(cnt) > 10000 and cv.isContourConvex(cnt):
            M = cv.moments(cnt)  # 计算轮廓的矩
            cx = int(M['m10'] / M['m00'])
            cy = int(M['m01'] / M['m00'])  # 计算轮廓重心
            cnt = cnt.reshape(-1, 2)
            max_cos = np.max([angle_cos(cnt[i], cnt[(i + 1) % 4], cnt[(i + 2) % 4]) for i in range(4)])
            # 只检测矩形（cos90°  = 0）
            if max_cos < 0.1:
                # 检测四边形（不限定角度范围）
                index = index + 1
                #对轮廓进行标注，当然这里仅仅使用最大的
                cv.putText(img, ("#%d" % index), (cx, cy), font, 0.7, (255, 0, 255), 2)
                squares.append(cnt)
            box = cv.minAreaRect(cnt)
            img_h, img_w = img.shape[:2]
            boxs = cv.boxPoints(box)
            boxs = np.intp([boxs])
            # 用红色线条对所选出的最大矩形进行标注
            cv.polylines(img, boxs, isClosed=True, color=(255, 125, 125), thickness=1)
            center_x, center_y = int(box[0][0]), int(box[0][1])
            lenth1, lenth2 = int(box[1][0]), int(box[1][1])
            angle = box[2]
            # 根据边长，设置旋转角度
            if lenth1 > lenth2:
                angle = angle
```

```
            else:
                angle = -(90 - angle)
            # 根据 angle 旋转之前所选出的矩阵
            rotate_matrix = cv.getRotationMatrix2D(center=(center_x, center_y), angle=angle, scale=1)
            rotated_image = cv.warpAffine(src=img, M=rotate_matrix, dsize=(img_w, img_h))
            y_start = center_y - min(lenth1, lenth2) // 2 if center_y - min(lenth1, lenth2) // 2 > 0 else 0
            y_end = center_y + min(lenth1, lenth2) // 2 if center_y + min(lenth1, lenth2) // 2 < img_h else
img_h
            x_start = center_x - max(lenth1, lenth2) // 2 if center_x - max(lenth1, lenth2) // 2 > 0 else 0
            x_end = center_x + max(lenth1, lenth2) // 2 if center_x + max(lenth1, lenth2) // 2 < img_w
else img_w
            crop_image = rotated_image[y_start:y_end, x_start:x_end]
            # 显示校正后的矩形
            cv.imshow('crop_image', crop_image)
            # 截取并保存校正后的矩形
            cv.imwrite(imgpath,crop_image)
            return squares, img
```

12.4.2　数据提取

校正完成后，即可按上节介绍的方法进行数据提取。

【程序代码】

```
    # 在校正完成的图形上进行数据提取，这部分代码主要是通过调用 CnOcr 函数进行指定区域的文字
提取
    # OCRfunc 函数主要完成了指定区域的标注和提取两个工作
    def OCRfunc(imgpath):
            # 销售方名称检测样例，请根据此样例扩展 new_img.size[0]为高，new_img.size[1]为宽
            with open(imgpath, 'rb') as f:
                imgFlow = f.read()
            new_img = PI.open(io.BytesIO(imgFlow))
            # 定位销售方名称的识别区域
            no_left = int((new_img.size[0]) * 247 / 1598)
            no_top = int((new_img.size[1]) * 595 / 750)
            no_right = int((new_img.size[0]) * 742 / 1598)
            no_bottom = int((new_img.size[1]) * 630 / 750)
            image_text_no = new_img.crop((no_left, no_top, no_right, no_bottom))
            ocr = CnOcr()
            res_no = ocr.ocr(image_text_no)[0]["text"]
            print(res_no)

    def main():
        img = cv.imread("d://ocr//tax2.jpg") #读取原始票据样图
        imgpath = "d://ocr//result.jpg" #截取矩形区域的保存路径
        squares, img = find_squares(img,imgpath) #找出轮廓中的最大矩形
        cv.drawContours(img, squares, -1, (0, 0, 255), 2) #对矩形进行描边
        cv.imshow('squares', img) #展示最大矩形
        OCRfunc(imgpath) #对矩形中的特定区域进行 OCR 识别
```

```
if __name__ == '__main__':
    main()#执行 main 函数
    cv.destroyAllWindows() #关闭所有窗口
```

【思考及挑战】

尝试实现纸质发票样张的数据提取（可参考本书所附代码）。

可按如下步骤来实现：矩形内容框检出→矩形校正→分类内容截取→OCR 识别。

纸质发票种类繁多，可否通过外形进行判断，然后按照本章介绍的方法进行票据种类的识别，最后进行数据提取。

12.5　习题

1．请自行准备多张电子发票，完成电子发票的识别任务，尝试自动读取多张图片并完成内容识别和数据归纳。

2．请自行准备纸质发票扫描件或者图片，完成纸质发票的识别任务。

参 考 文 献

[1] 张莉，金莹，张洁，等. Python 程序设计教程[M]. 北京：高等教育出版社，2018.
[2] 王小银，王曙燕，孙家泽. Python 语言程序设计[M]. 北京：清华大学出版社，2017.
[3] 嵩天，礼欣，黄天羽. Python 语言程序设计基础[M]. 2 版. 北京：高等教育出版社，2017.
[4] 江红，余青松. Python 程序设计与算法基础教程[M]. 2 版. 北京：清华大学出版社，2019.
[5] 董付国. Python 程序设计基础[M]. 2 版. 北京：清华大学出版社，2018.
[6] HETLAND M L. Python 算法教程[M]. 凌杰，陆禹泽，顾俊，译. 北京：人民邮电出版社，2016.
[7] 赵璐，孙冰，蔡源，等. Python 语言程序设计教程[M]. 上海：上海交通大学出版社，2019.
[8] 唐永华，刘德山，李玲. Python 3 程序设计[M]. 北京：人民邮电出版社，2019.
[9] 周志化，任玉玲，陆树芬. Python 编程基础[M]. 上海：上海交通大学出版社，2019.
[10] HETLAND M L. Python 基础教程（第 2 版）[M]. 司维，曾军崴，谭颖华，译. 北京：人民邮电出版社，2010.